Understanding Instrument Flying

KMS 항공우주산업시리즈

알기 쉬운 계기비행의 이해 Ⅱ

안영태 · 안기준 지음

KM 경문사

머리말

Preface

항공에 관심을 갖고 비행을 배우고자 하는 수많은 학생들을 마주하고 있다. 그들의 열정과 소중한 꿈들을 지켜주며 또한 올바른 방향의 잣대 역할을 충실히 해보고 싶다.

하여, 본 교재를 통해 항공운항을 전공하거나 비행을 배우고자 하는 학생들에게 '계기비행'이라는 비행 분야에 대한 이론적 접근과 다양한 계기비행 방식의 절차들에 대하여 전반적인 이해와 이론체계를 구축하고자 집필을 결심하게 되었다. 이미 다양한 계기비행 관련 좋은 책자들이 존재하고 있는 실정임에도 그간의 교육 경험상 강단에서의 교육 실정에 보다 적합하고 효율적인 매체로서 그 기능을 충실히 수행할 수 있는 책자의 필요성을 실감하고 다양한 해석의 범주에 누를 끼치지 않는 영역들을 구해가며 어려운 행보 끝에 발간의 결실을 맺게 되었다.

오늘날 계기비행 절차를 지원하는 레이더 접근시설, 관제시스템 등 항해안전시설의 개발과 발전이 지속적으로 이루어지고 있으며 그 운영체계 또한 컴퓨터 시스템과 발전을 거듭하고 있는 위성항법시스템의 접목으로 정확도와 편리함이 미래를 향하여 발전되어 가고 있는 실정이다.

따라서 어느 이론도 비행에 있어서 영원할 수가 없다고 생각하며 이 책자에서 제시되는 이론과 절차들도 언제든 변경될 수밖에 없을 것이다. 다만 이러한 변화되는 상황 하에 차일피일 미루어 가며 계기비행을 배우고자 하는 학생들을 위한 도서의 출간을 더 이상 지연할 수 없다는 사명감으로 현존 계기비행에 관한 최신의 이론과 절차들에 대한 교육, 비행 절차에 적용할 수 있는 실질적인 책을 만들고자 노력하였다. 변화되는 비행환경과 운영체계의 특성상 추후 수정판의 필연적 발간이 요구되는 것 또한 사실이라고 사려된다.

본문 내용으로는 계기비행 절차와 관계된 항공법규를 필두로 운항환경에 적용되는 공역체계를 설명하였다. 기본 계기비행 절차에 대하여 주요 내용들을 정리하였으며 비행 단계별로 계기비행 절차들을 최대한 학생들의 시각에서 필수적인 내용 위주로 나열하였다. 그리고 다양한 문제들을 제시하여 내용 정리와 복습의 기회를 가질 수 있도록 구성하였으며 계기한정자격 등의 시험에도 유용하도록 다양한 문제들을 게재하였다.

항공기에 장착되는 각종 비행계기들의 기본원리와 작동 등에 대해서도 항공전자계통과 접목하여 충분한 이론 정리가 필요하겠지만 이 책의 본질적 취지가 비행절차에 대한 것을 위주로 하고자 계기의 원론적 범위 설정은 제한을 두었다.

이 책의 출간을 위하여 정성을 다해 조언과 감수를 해주신 극동대학교 유태정 학과장님과 비행교육원에서 교관과정 교육을 받으며 바쁜 와중에도 자료 정리와 구성에 많은 노력을 기울여준 비행교관 김지훈, 박윤서, 유민호, 김재영, 정형진 등 모든 분들께 고마움을 전한다. 그리고 특정분야의 전문서적임에도 흔쾌히 출판해 주신 경문사 편집부 여러분께도 심심한 감사를 전한다.

2022년 12월

안영태, 안기준

차례

Contents

01 출항 Departure

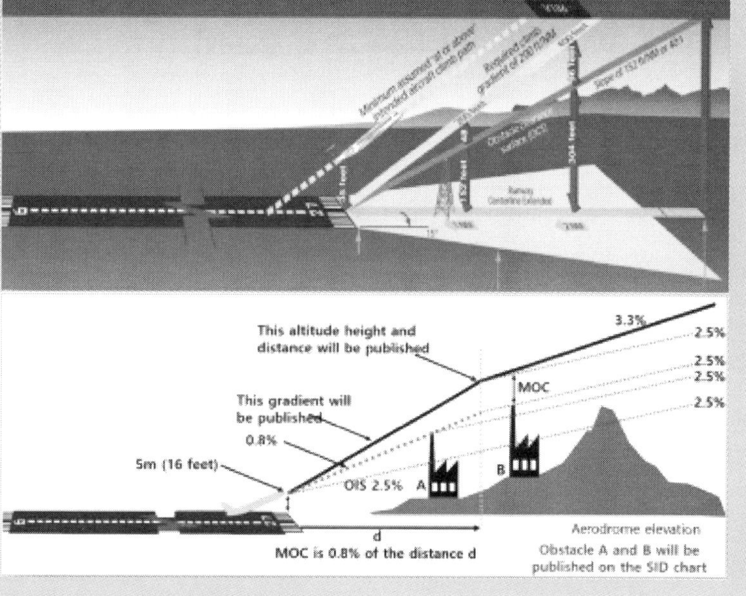

1.1 Departure Chart

Departure Chart는 출발공항으로부터 En-route까지의 예정된 항로까지의 전환을 용이하게 하며, Clearance Delivery Procedures를 간소화함으로써 비행 인가의 신속한 전달, 조종사 및 관제사의 업무량 감소, 주파수 혼잡 경감, 장애물 회피 보장, 적절한 공항 주변의 교통 흐름을 통제한다. 경우에 따라 연료 소비감소와 소음 관리(Noise abatement procedure)도 포함한다. IFR 비행에 앞서 비행하는 지역에 대해서는 가장 최신 차트를 준비해야 한다.

1.1.1 차트 획득(Obtaining Charts)

계기비행 차트는 Jeppesen Sanderson 그리고 National Aeronautical Chart Office (NACO)에 의해서 발간된다. NACO가 미국 국경 부근과 지역 안에 포함된 공항들에 대하여 발행하며, 한국의 경우 항공정보간행물(Aeronautical Information Publication)을 통해 발행한다. 반면에 Jeppesen은 더 넓은 범위로, 세계 각국의 계기비행 절차에 대한 차트를 발행한다.

1.1.2 출항기준(Departure Standards)

IFR 출항은 U.S. Standard for Terminal Instrument Procedures(TERPs) 또는 Procedures for Air Navigation Services Aircraft Operations(PANS-OPS)에 설립된 기준에 따라서 만들어졌다. TERPs는 항공기가 Nautical Mile당 최소 200ft씩 (3.3%) 상승하는 기준으로 활주로부터 주어진 거리에서 장애물과의 특정한 Clearance를 갖도록 기준을 설정한다(그림 1-1). 만약 장애물이 Nautical Mile당 152ft의 경사도를 관통하면 Ceiling, 특정한 상승률 시정 장애물 회피 기동 등의 특정한 회피 절차가 수립된다. 어떤 출항 절차에서는 안전한 출항을 확실히 하기 위해 이들 제한사항들이 복합적으로 요구된다.

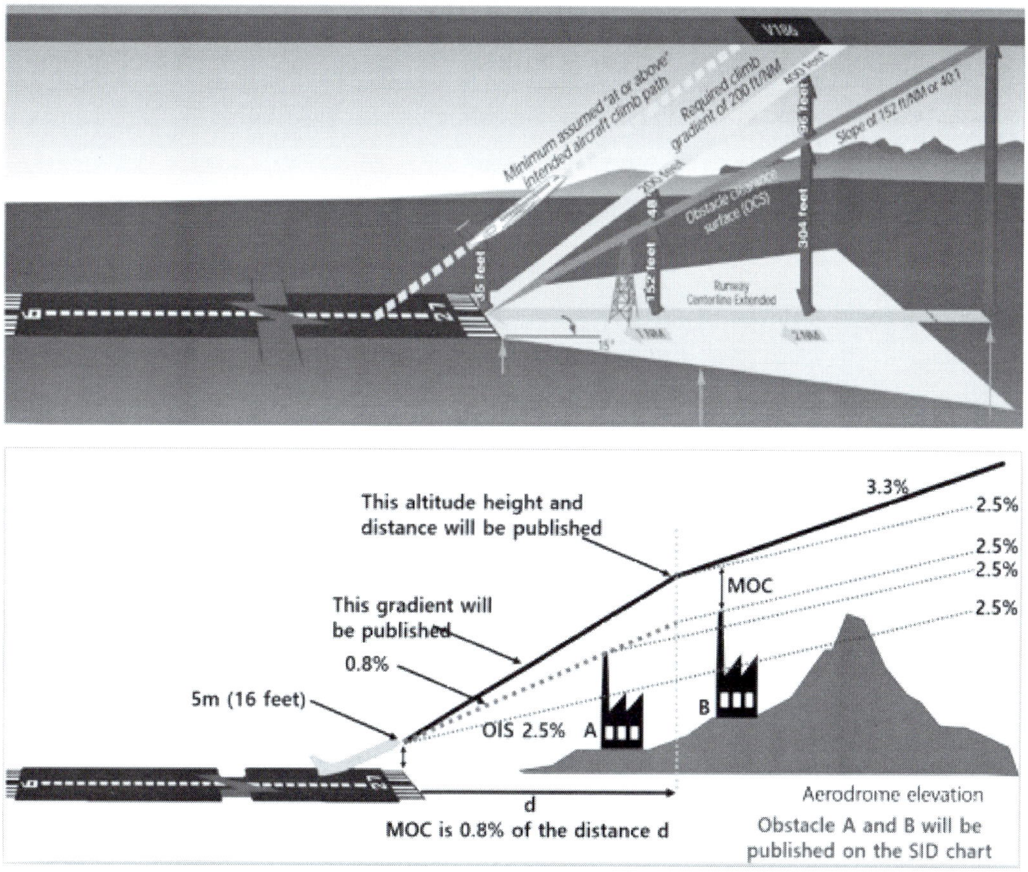

그림 1-1 장애물 회피기준 (TERPs 기준(상), PANS-OPS 기준(하))

1.1.3 계기출항절차(Instrument Departure Procedures)

DP(Departure Procedure)는 공항에서부터 항로가 시작되는 Fix까지 장애물 회피를 조종사에게 제공하기 위해 Graphic 또는 Textual 형태로 되어있는 계기절차이다. 출항절차의 형식에는 ODP(Obstacle Departure Procedure)와 SID(Standard Instrument Departure)의 두 종류가 있다.

가. 일반사항

출항절차는 장애물 회피를 보장하기 위해 특정 상승률을 취할 수 있는 항공기 성능을 요구한다. 따라서 출항절차를 포함한 출항허가를 받았을 때, 절차 수행을 위한 준비는 물론

이고, 항공기가 출항절차에 요구되는 성능을 충족할 수 있는지 확인해야 한다. 장애물 회피가 필요할 때 출항절차는 Feet Per Nautical Mile로 상승 Gradient를 명시한다. 이 Feet Per Nautical Mile 상승률 수치를 FPM(Feet Per Minute)으로 변환하고자 할 때는 Jeppesen DP에 나와 있는 표(그림1-2)를 사용할 수 있으며 환산표를 이용할 수 있다. 대체방법으로, Ground Speed를 60으로 나눠 상승률을 곱해줌으로써 상승률을 수학적으로 구할 수 있다. 예를 들어, 출항절차가 200 Feet Per Nautical Mile의 고도상승을 요구하고 기 계획된 Ground Speed가 150Kts라면 요구되는 상승률은 500 FPM이다. {(150/60)200}=500

Minimum climb gradient 6.6% required for ATC purpose.

Gnd speed-KT	75	100	150	200	250	300
6.6% V/V (fpm)	501	668	1003	1337	1671	2005

LOST COMMS See 10-3-0 LOST COMMS LOST LOST

Feet per NM	Gradient	Feet per Minute Ground Speed (Kts)					
		75	100	150	200	250	300
100	1.6%	125	167	250	333	417	500
200	3.3%	250	333	500	667	833	1000
300	4.9%	375	500	750	1000	1250	1500
400	6.6%	500	667	1000	1333	1667	2000
500	8.2%	625	833	1250	1667	2083	2500
600	9.9%	750	1000	1500	2000	2500	3000
700	11.5%	875	1167	1750	2333	2917	3500
800	13.2%	1000	1333	2000	2667	3333	4000
900	14.8%	1125	1500	2250	3000	3750	4500
1000	16.5%	1250	1667	2500	3333	4167	5000

그림 1-2 Ground Speed 따른 최소요구 상승률

또 어떤 DP는 10,000ft 이상의 고도까지 상승률을 유지하도록 요구한다. 그러므로 계산된 연속적인 상승 성능은 DP에서 요구하는 고도까지 유효해야 한다. 예를 들면 만약 DP가 고고도나 제트항로까지 올라간다면 제트항로는 최소 18,000ft의 MEA를 가지기 때문에 대부분의 소형항공기들은 DP를 수행하기가 힘들 것이다. 만약 이 순항고도까지 상승 중에 높은 밀도고도, 난류(Turbulence), 또는 착빙(Icing)과 같은 악 기상 상태를 조우한다면 이것은 중대한 요소가 될 수 있다. 또 다른 고려사항으로는 출항 중 상층풍속(Wind Aloft)이다. Climb Gradient는 대지속도(Ground Speed)에 근거하기 때문에 배풍(Tailwind)은 보다 큰 상승률을 요구한다. 기장으로서 조종사는 각각의 DP를 Review하고 항공기가 출항절차를

표 1-1 Instrument Departure Procedures 모식도

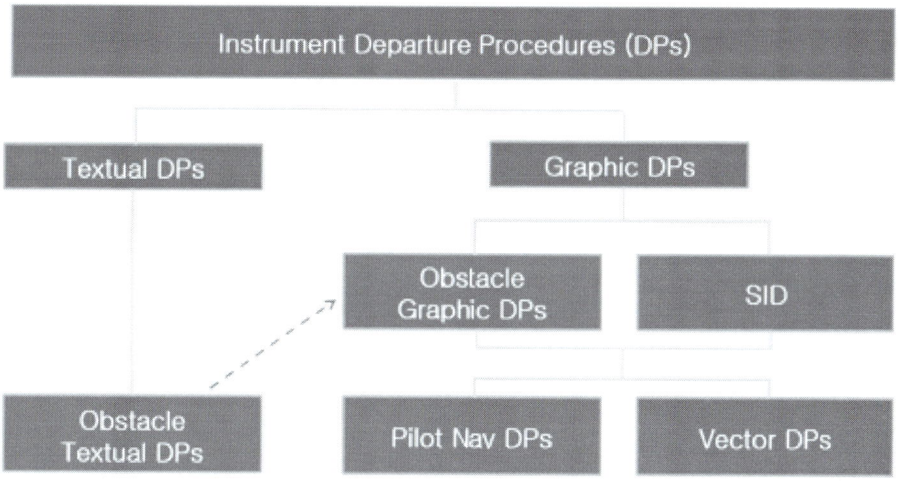

따를 수 있는 성능이 되는지 확인하고 그 성능이 부족하다면 DP를 거부해야 한다.

DP는 원문서로 되어있거나, 그림으로 도시 되어있다. IFR 출항절차와 관련된 출항절차들은 오직 장애물 회피를 위해서 존재하고 Jeppesen 공항 차트의 Additional runway information에서 볼 수 있다. 만약 ATC가 그림으로 된 DP 또는 다른 Instruction을 지정하지 않는다면 문서로 된 DP를 장애물 회피용으로 출항할 때나 항로로 전환할 때 사용할 수 있다.

FAA는 몇몇 복잡한 Textual DP를 상황인식 향상을 위해 Graphic DP로 변환하고 있다. 그래픽 출항절차(Graphic DP)는 별도의 차트로 발간하고 비행계획의 일부로 제출될 수 있다. 그래픽 DP가 단지 장애물 회피목적으로만 만들어졌다면 obstacle이라고 이름 붙여있다. 그리고 관제기관(ATC)에 의해 할당된 DP가 아니라면 장애물 회피가 제공될 수 있다.

계기출항절차를 위한 허가는 ATC에 의해 발행된다. 만약 SID(DP)를 위한 Graphic 또는 Textual 정보가 없다면 조종사는 허가를 요청하면 안 된다. 만약 조종사가 SID의 사용을 원하지 않는다면, 비행계획서의 Remark란에 "NO DP"라고 명시해야 한다.

Obstacle(ODP)와 SID는 Pilot Nav나 Vector 두 가지 형식으로 되어있다. A Pilot Nav DP는 ATC 커뮤니케이션을 최소화하여 정해진 항로를 따라 항법 할 수 있게 디자인되었고, 벡터 DP는 ATC의 레이더 항법 조언에 의해 출항할 수 있게 설립되었다.

출항절차로부터 Pilot Nav 혹은 Vector의 용어 삭제와 기간의 변경, 차트의 재발행과 관련된 FAA의 추가적 수정은 차트의 표시로써 알 수 있다. SID와 ODP 변경과 관련된 다른 추가적인 사항은 NOTAM 부분을 통해서 알 수 있다.

나. ODP(Obstacle Departure Procedure)

계기절차를 담당하는 Flight Technologies and Procedures Division에 의해 ODP는 발행된다. ODP는 장애물 회피를 위해 표준 이륙 최저치와 Climb Gradient가 표준치 보다 높을

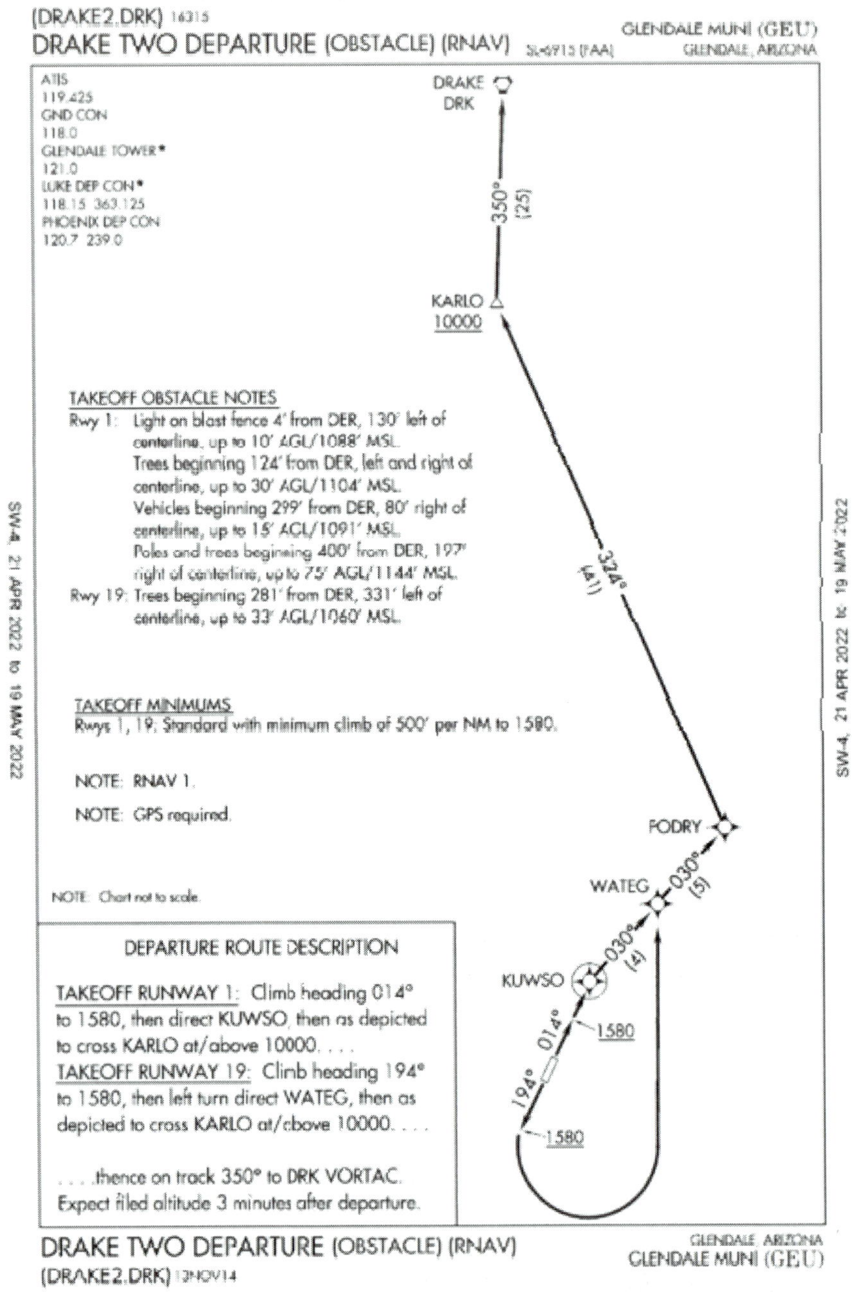

그림 1-3 Arizona Glendale RNAV ODP Chart

때 Graphic 또는 Textual 형태로 발행된다. Graphic ODP는 어려운 절차를 시각화시켜 발행된다. 장애물 회피만을 위한 ODP는 차트에 Obstacle이라고 표시되어 있기 때문에 구별하기 쉽다. 예를 들면 Teton One Departure(OBSTACLE)를 보면, 이 절차는 장애물 회피를 유지하는 동안의 최소한 필요한 것을 강조한다. 만약 다른 DP 절차(SID 혹은 Radar Vector)가 ATC로부터 요구받지 않는다면, ATC 허가 없이 ODP를 사용할 수 있다. RNAV 절차에는 제목에 RNAV가 인쇄되어 있다. 예를 들어, SHEAD 2 DEPARTURE(RNAV). ODP는 터미널 영역에서 적절한 항로 구조까지 가장 부담이 적은 경로를 통해 장애물 제거를 제공한다. ODP는 장애물 제거에 권장되며 대체 출발 절차(SID 또는 레이더 벡터)가 ATC에서 특별히 지정하지 않는 한 ATC 승인 없이 비행할 수 있다. 그래픽 ODP에는 절차 제목에 (OBSTACLE)이 인쇄되어 있다. 예를 들어, GEYSR 3 DEPARTURE(OBSTACLE)

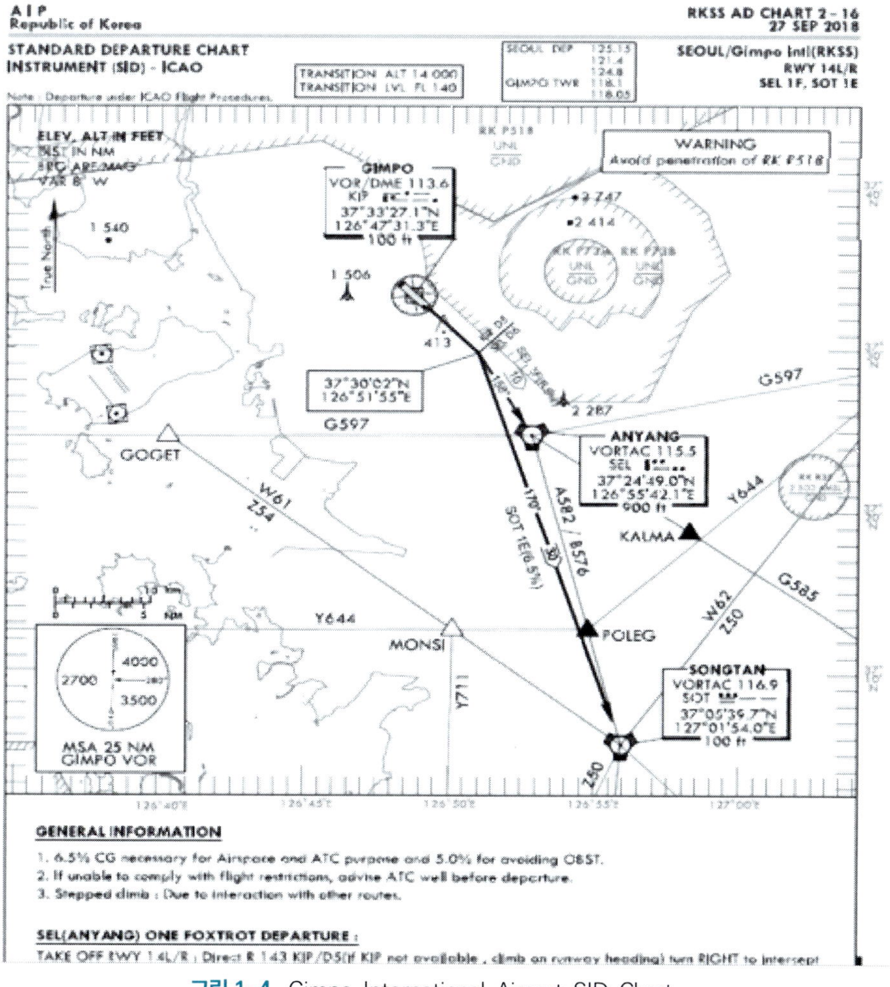

그림 1-4 Gimpo International Airport SID Chart

또는 CROWN ONE DEPARTURE(RNAV)(OBSTACLE).

다. SID(Standard Instrument Departure Procedure)

SID(Standard Instrument Departure Procedure)는 ATC의 요구에 의해 발전되었다. SID는 조종사와 관제사 간의 Workload를 줄이며, 교통흐름을 원활하게 하고, 부차적으로 발생될 환경적 영향을 줄이는 기능을 가지고 있다. SID는 또한 장애물 회피를 보장하고 Graphic화 되어있다. 이것은 항로 상의 Fix나 항행안전시설로부터 시작되어 계기비행에서 허락한 고도 또는 ATC Radar Service가 제공될 때의 위치에서 끝난다. SID는 조종사의 요구 또는 관제사에 의해 할당된다. 따라서 SID를 이용하여 비행하기 위해서는 ATC 허가가 요구된다.

라. Pilot Nav DP

Pilot Nav DP는 대체로 항로 내에 있는 적절한 Fix로 비행하기 위해 한 개 또는 몇 개의 Transition Route를 사용할 항공기에 적용할 최초의 몇 가지 비행안내지시를 포함한다. 많은 Pilot Nav DP는 DP를 따르는 데 도움이 되는 Radar 벡터 단계를 포함한다. Jeppesen과 NACO DP에 사용되는 기호들은 관련 항로나 지역, 그리고 접근도표에서 보는 기호들과 매우 유사하다. 두 차트 모두 초기 이륙 및 Transition Route에 문자 설명을 포함한다. 그리고 도표, 또는 Plan View, Routing을 포함한다. 몇몇 DP의 경우에 간편화를 위해 Transition Route는 문자 설명이 제공되지 않을 수도 있다(그림 1-5).

만약 그림 1-5에 나와 있는 HORTO Intersection이 끝나는 DP에서 기본적인 부분만을 이용하려 한다면, 컴퓨터 식별 코드, HORTO 4. HORTO을 IFR 비행계획서에 항로를 적는 첫 번째 부분에 기술하여야 한다. 이 코드는 ATC로 하여금 조종사가 공항에서 HORTO Intersection으로 가는 데 DP를 이용하려 한다는 것을 알게 한다. 아래의 DP Code에서 조종사는 HORTO Intersection으로부터의 남은 항로를 기록하는 것이 좋다. ATC Clearance는 "HL1280, cleared to Athens Airport, HORTO four departure, then as filed, maintain 5,000."과 같다.

만약 계획된 항로가 Transition route가 있고 transition 절차를 수행하기 위해 File하는 것이 유익하다. 예를 들면, 비행항로가 JERES으로 가게 한다고 가정해보자. 이 경우, JERES Transition route를 비행계획서에 포함할 수 있다. JERES Transition 비행계획을 제출할 때 항로의 첫 부분은 컴퓨터식별 코드인 HORTO.4(JERES)를 기록하여야 한다. 이것은 ATC에 HORTO FOUR DEPARTURE (RNAV)와 JERES Transition을 한다는 것을

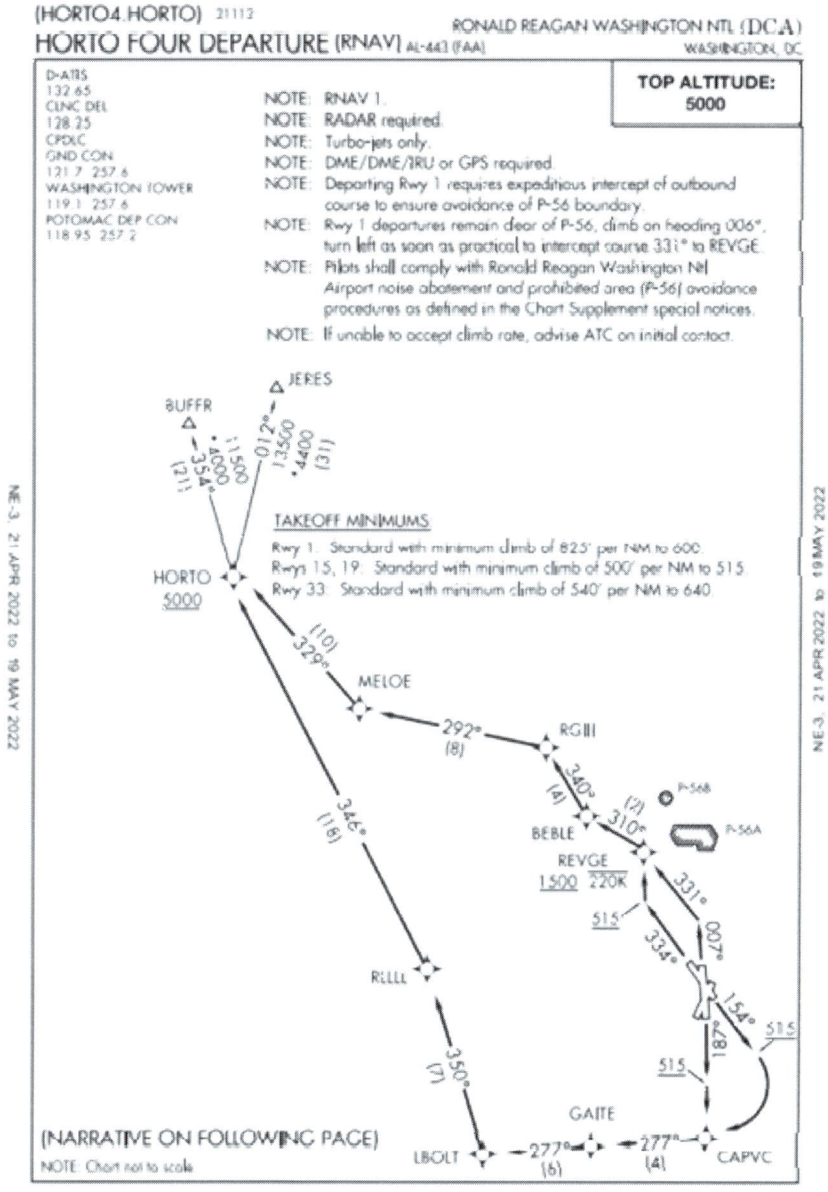

그림 1-5 Pilot Nav DP

말해주는 것이다. DP에 표시된 코드를 정확하게 기입하는 것은 ATC로 하여금 컴퓨터에 저장하고 비행계획서를 처리하는데 필요한 시간을 단축시켜 주는 것이다. HORTO에서 시작하여 나머지 항로는 다음의 코드를 기입한다. ATC가 발부하는 Clearance(허가)는 예를 들어 "HL1280, cleared to Athens Airport, HORTO Four Departure, JERES Transition, then as filed. Maintain 5,000"일 것이다.

동시에 DP를 따르는 동안 활주로 헤딩을 유지하라고 지시받을 것이다. 이 경우 활주로 중심연장선과 일치하는 헤딩을 유지하게 되고 Drift 수정은 적용하지 않는다. 예를 들면 만약 실제 RWY07의 중심선 자방위가 074°라면 074° Heading을 유지해야 한다.

1.2 출항 절차(Departure Procedures)

Radar 지원환경에서 IFR 출항은 지역 항행 시설로부터의 위치를 모니터하며 출항 관제사가 지시한 기수 방향을 유지하는 정도로 단순하다. 이 밖의 경우에는 산출된 계기 출항 절차를 따를 것이다. 원거리에선 조종사는 레이더 벡터나 Graphic DP의 이점 없이 전체 출항 절차를 수행해야 할 것이다. 이 Section에서는 이륙 최저치로부터 시작하여 IFR Departure에 관한 중요한 사항들을 다룰 것이다.

계기 이륙(Instrument Take off)은 비행 계기에만 의존해서 이륙하는 것은 아니다. 악기상 또는 야간에 활주로 방향을 인지하기 위해 외부 참조물(Runway, Runway Light, Runway Centerline Light, Runway Edge Light 등)과 항공기의 Heading Indicator를 참조한다. 즉 계기 이륙은 시계비행과 계기비행을 혼용하여 조종하는 것이지 Hooded Take off(조종석 외부를 가리고 이륙하는 것)를 하는 것과 같은 항공기의 조종을 하는 것은 아니다. 악기상 또는 야간에 계기 이륙하는 동안 비행 착각(Spatial Disorientation)이 발생하면 항공기의 속도가 V_1 이전인 경우는, 즉시 Rejected Take off를 수행하고 Airborne 이후는 즉시 계기 비행상태로의 전환이 요구된다.

1.2.1 이륙 최저치(Take Off Minimum)

FAR PART 97은 미국 내 공항들에 표준 계기 접근 절차를 규정해 두었다. FAA는 대형기와 상업적으로 운영되는 항공기를 위한 이륙 최저치를 규정한 규칙을 세운다. 특정 공항의 이륙 최저치가 공시되어 있지 않고 계기 접근 절차만 규정된 경우 표준 최저치는 단발과 쌍발 엔진의 경우 1SM의 시정 그리고 쌍발을 넘는 엔진 장착 항공기의 경우 ½ SM을 적용한다. 이륙 최저치의 기본 사항인 시정은 우시정, 활주로 시정, 활주로 가시거리 등으로 표현할 수 있다.

가. 우시정(Prevailing Visibility)

우시정은 기상 관측자나 타워의 관측자가 지평선의 절반 이상에서 관측할 수 있는 최대 거리이다. 지속적일 필요가 없는 이 시정은 Statute Mile이나 분수 형태의 Mile로 보고되고 METAR에 기록된다.

나. RVV(RWY Visibility Values)

이것은 Transmissometer라는 장비로 측정한 특정 활주로의 시정을 말한다. SM이나 분수 형태의(1/4, 5/8, etc) MILE로 보고되는 RVV는 특정 활주로의 최저치를 결정할 때 우시정을 대신하여 사용한다.

다. 활주로가시거리(RVR-Runway Visual Range)

이것은 우시정이나 RVV와는 달리 접근 경로상의 움직이는 항공기에서 조종사가 보는 수평거리를 RVR이라 한다. 이것은 계기 활주로 근처의 Transmissometer의 측정에 의거하며 100ft 단위로 보고된다. RVR은 활주로 시정 최저치를 결정할 때 RVV와 우시정을 대신하여 사용한다. 큰 공항의 주 계기 활주로에서는 세 개 이상의 Transmissometer를 이용하여 TOUCHDOWN RVR, MID-RVR, ROLL-OUT RVR등을 포함한 다수의 RVR을 제공한다.

항로 기상 보고에서 볼 수 있는 우시정이나 RVR은 오직 참고의 목적으로만 이용해야 한다. RVR은 거의 매분 한 번씩 바뀌기 때문에 관제사가 제공하는 정보를 가지고 이륙 최저치를 다루는 것이 더 정확하다. 어떤 경우에는 지형이나 장애물, DP 때문에 표준치보다 더 높은 이륙 시정이 필요할 수 있다. 또 어떤 공항은 운고와 시정을 이륙을 위한 최저치로 요구할 수 있다. 상승 성능도 한 가지 요소가 될 수 있다.

운고가 기상 최저치로 요구되는 때는 출항 중 피할 장애물이 있는 경우이다. 하지만 최저 상승 경사도가 공표되어 있고 그것에 따를 수 있는 경우에는 운고와 시정 최저치를 따르지 않아도 된다. 명시된 상승 경사도는 장애물 회피를 할 수 있도록 해주므로 표준 시정 최저치만으로도 충분하다. 만약 비표준 시정이나 운고가 이륙 최저치로 요구되는 것을 알았다면 특정 종류의 운용제한이 존재한다는 것을 생각하여 출항 전 추가 정보를 입수해야 한다.

FAR PART 91에 따른 운영자라면 IFR 이륙 최저치를 따를 것을 요구받진 않는다. 하지만 이런 최저치들은 상업적으로 운영되는 항공기들의 안전을 위해 수립된 것임을 기억해야 한다. 이런 항공기는 고등 훈련을 받은 숙련된 조종사들이 조종하며 대개 두 명의 조종사가 조종한다. 비록 합법적일지라도 상업적 목적의 비행을 자제해야 하는 기상에서 이륙하려 하는 것은 현명하지 못하다.

1) 활주로가시거리 측정과 통보(Observing and reporting runway visual range) : 활주로 가시거리의 측정은 활주로 위 약 2.5m(7.5ft) 높이에서 수행해야 한다.

가) 측정대상 활주로

활주로가시거리는 다음의 경우를 포함하여 시정이 악화된 기간에 사용하기 위하여 모든 활주로에서 측정해야 한다.

(1) 운영등급(CAT I) I 의 계기접근 및 착륙운영을 위한 정밀접근활주로

(2) 이륙용으로 사용되며, 고광도 활주로등과/또는 중심선 등이 있는 활주로

〈Note〉 정밀접근활주로는 공항시설등급에 상응하는 항공기 운항이 이루어질 수 있도록 계기착륙 시설(ILS) 또는 목시(目視)보조물 등이 설치된 계기유도 활주로를 말한다.

나) 활주로가시거리의 측기 위치

(1) 활주로가시거리 측정은 활주로 중심선으로부터 측면거리 120m 이내의 위치에서 수행해야 한다.

(2) 착륙접지대의 상태를 대표하는 곳인 활주로 전단으로부터 활주로를 따라 약 300m에 위치한 장소이어야 한다.

(3) 활주로 중간지점 및 반대편 끝 부분의 상태를 대표하는 측정지점은 활주로 전단으로부터 활주로를 따라 1,000m에서 1,500m 되는 지점에 그리고 활주로 반대편 끝으로부터 약 300m되는 거리에서 관측해야 한다.

(4) 이와 같은 측정지점의 정확한 위치와 필요한 경우 추가적인 측정지점은 활주로길이, 늪지대 그리고 기타 안개 다발지역 등의 항공, 기상 그리고 기후적인 요소를 검토한 후 결정해야 한다.

다) 활주로가시거리 측정용 측기

(1) 활주로가시거리는 관측자가 그림 1-6과 같은 장소에서 관측할 수 없는 것이 현실이므로 투과율계(transmissometer) 또는 전방산란측정기(forward-scatter meter)를 활주로 옆에 평행하게 설치하여 측정하며 조종사 눈높이에서 내려다 봤을 때의 값으로 간주하여 사용해야 한다.

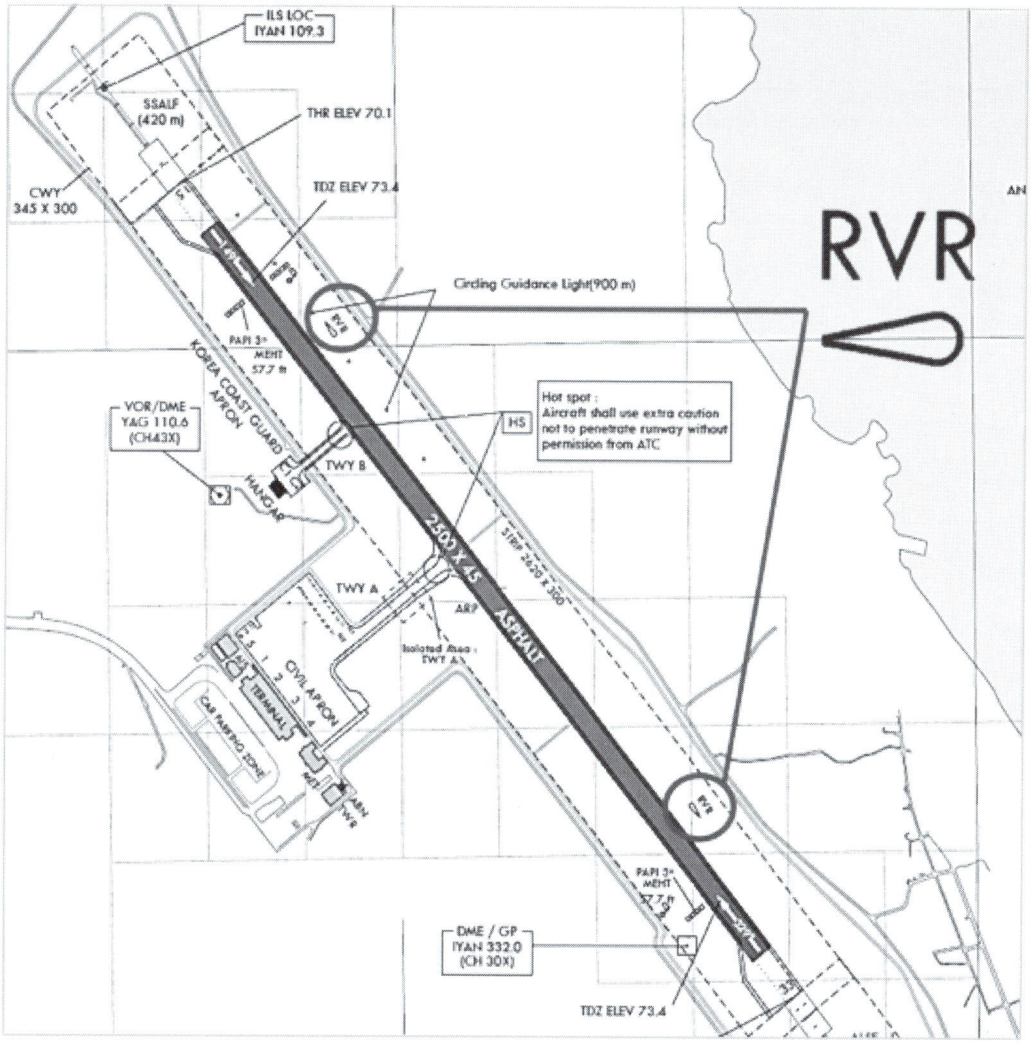

그림 1-6 활주로가시거리 측정 측기 위치(양양국제공항 공항차트)

(2) 투과율계 또는 전방산란측정기에 근거한 관측시스템은 운영등급(CAT Ⅱ, Ⅲ)의 계기접근 및 착륙을 하는 활주로의 활주로가시거리를 측정하는 데 사용해야 한다.

〈Note〉 ICAO DOC 9328: 정확도는 하나의 계기구성에서 또 다른 계기구성까지 다양할 수 있기 때문에 활주로 가시거리 측정계기를 선정하기 전에 성능특성을 검토·점검해야 한다. 특히 전방산란측정기의 검정은 투과율계의 표준에 부합되고 입증될 수 있어야 하고 정확도가 운영범위에 맞게 입증되어야 한다.

(3) 활주로가시거리 측정에 사용되는 계기는 각 활주로마다 별도로 계산해야 한다. 등강도를 사용할 때 RVR은 활주로 상에서 가용한 최대 등화강도의 3% 이하 등강도는 계산하지 않아야 한다. 계산에 사용되는 국지정시 및 특별보고용 등강도는 다음과 같다.

① 활주로등의 스위치를 켰을 경우 그 활주로에 실제 사용하는 등화강도

② 활주로등의 스위치를 끈 경우(또는 운항 재개 때까지 최저 등강도를 유지하고 있을 때)우세한 상태에서 운항에 사용되는 최적등화강도

METAR/SPECI에서 활주로가시거리는 활주로에서 사용가능한 최대 등화강도를 적용해야 한다.

라) 활주로가시거리의 보고 평균기간

활주로가시거리를 계기 시스템으로 측정하는 경우, 출력값은 최소한 매 60초마다 대표값이 갱신되어야 하며, 평균 기간은 다음과 같다.

- 정시 및 특별관측보고(METAR/SPECI)

10분간 평균값을 사용해야 한다. 단 10분 기간에 현저한 불연속이 발생한 경우에는 불연속 후에 발생한 값을 사용해야 한다.

〈Note〉 현저한 불연속은 활주로가시거리가 급격하고 지속적으로 변화하여 SPECI 부호형식의 특별보고 관측기준에 도달하거나 경과하여 최소한 2분간 지속될 때이다.

마) 활주로가시거리 측정방법

시정 또는 활주로가시거리가 1,500m 미만일 때 그 기간 내내 m 단위로 측정해야 한다.

〈Note〉 활주로가시거리 측정 장치의 고장 등으로 인하여 관측이 중지될 때에는 항공교통업무기관(비행정보실)에 통보하여 항공고시보(NOTAM)에 그 내용을 발표해야 한다.

바) 활주로가시거리 보고 단위

활주로가시거리는 400m 미만인 경우 25m 단위로, 400m 이상 800m 미만인 경우 50m 단위로, 800m 이상은 100m 단위로 표시해야 한다. 측정값이 보고 단위와 일치하지 않을 경우 낮은 쪽으로 절삭해야 한다.

사) 활주로가시거리 보고 형식

(1) 활주로가시거리의 약어 RVR를 나타내는 "R"로 시작하고 다음에 활주로 지시자가 붙고 " / " 다음에 m 단위의 RVR 값을 보고해야 한다.

예) R32/0400 (32방향 활주로가시거리 400m)
R32L/0400 (32방향 왼쪽편 활주로가시거리 400m)

(2) 활주로가시거리가 상한치 2000m를 초과할 때는 "P"를 사용하여 보고해야 한다.

예) R15/P2000 (15방향 활주로가시거리 2000m 초과)

(3) 활주로가시거리가 하한치 50m 미만일 때는 "M"을 사용하여 보고해야 한다. 단, 각 공항에서는 "M" 뒤에 시스템이 결정할 수 있는 최솟값을 사용하여 보고해야 한다.

예) R15/M0050(15방향 활주로가시거리 50m 미만)
R24/M0150(24방향 활주로가시거리 150m 미만)

(4) 착륙접지대의 대푯값만 보고해야 하며, 활주로상의 위치표시는 하지 않아야 한다. 착륙접지대 활주로가시거리 값을 4개까지 보고할 수 있으며 그 값에 대한 활주로표시를 해야 한다.

예) R16LL/0650 R16L/0500 R16R/0450 R16RR/0450
(16방향 맨 왼쪽 활주로가시거리 650m, 16방향 왼쪽 활주로가시거리 500m, 16방향 오른쪽 활주로가시거리 450m, 16방향 맨 오른쪽 활주로가시거리 450m)

(5) 관측시작 직전 10분간의 활주로가시거리의 변동은 다음과 같이 보고해야 한다.

- 활주로가시거리가 10분 동안에 뚜렷한 경향 즉 처음 5분간 평균보다 다음 5분간 평균이 100m 이상 변화하는 뚜렷한 경향이 나타나면 이러한 경향을 표시해야 한다. 활주로가시거리 값의 변동이 상승 또는 하강하는 경향을 보였을 때 이러한 사항은 각각 약자 "U 또는 "D"를 표시해야 한다. 이러한 상황에서 10분간의 실제 변동이 현저한 경향을 나타내지 않았을 때는 약자 "N"을 사용하여 보고해야 한다. 경향 표시가 불가능할 때에는, 앞의 약자 중 어떠한 표시도 하지 않아야 한다.

예) R12/1100U, R26/0550N, R20/0800D

- 10분 동안에 1분 활주로가시거리 값이 평균값보다 50m 또는 평균값의 20%를 초과하여 변화하였을 때, 1분 평균 최솟값과 1분 평균 최댓값을 10분 평균값 대신 보고해야 한다. 만약 관측시간 전 10분간 활주로가시거리 값이 현저한 불연속을 포함하고 있다면, 단지 불연속 이후에 발생한 값들을 변동 폭에 포함해야 한다.

예) R32/0800V1200, R14/0350VP2000

〈NOTE〉 현저한 불연속은 활주로가시거리가 급격하고 지속적으로 변화하여 SPECI 부호형식의 특별보고 관측기준에 도달하거나 경과하여 최소한 2분간 지속될 때이다.

1.2.2 Departure Departure Option

보통 IFR로 공항을 이륙할 때에는 네 개 정도의 선택 사항이 있다. 그것은 Graphic Instrument DP, Texture DP, Radar Departure, VFR Departure이다.

가. Graphic Departure Procedure

보통 간단히 DP라 불리는 이것은 교통량이 많은 공항에서 신속한 출항을 돕기 위해 출항 경로를 규정한 것이다. 보통 DP는 출항 인가와 절차를 간소화해서 조종사와 관제사의 업무를 줄여 주지만 주요 목적은 장애물을 회피하기 위함이다. 만약 DP가 공표된 공항에서 운용할 때에는 ATC 인가에 이것이 포함될 것이다. DP를 따르는 것은 의무는 아니지만 원하지 않는 경우에는 ATC에 통보해야 하며 그 방법으로 비행계획서에 "NO DP"라고 쓰는 것을 추천한다. DP가 지정될 때 얘기하는 것은 좋지 않다. DP를 따르기 원하면 Graphic DP 또는 Textual 중 적어도 하나를 가지고 있어야 한다.

나. Texture Departure Procedure

Graphic DP뿐 아니라 Texture DP도 계기 접근이 공표된 공항에서 필요시 수립한다. NACO Chart를 이용할 때 각 Terminal Procedures Publication 앞에 Texture DP가 수록되어 있다. 만약 Jeppesen 접근 차트를 이용할 경우 절차는 각 공항의 첫 번째 접근 차트의

KPVD/PVD　　JEPPESEN 15 OCT 21 (10-9A)　　PROVIDENCE, RI
RHODE ISLAND T F GREEN INTL

TAKE-OFF & OBSTACLE DEPARTURE PROCEDURE

Rwys 5, 23

2 operating RVRs are required All operating RVRs are controlling		Adequate Vis Ref	STD	
CL & HIRL	CL, or RCLM & HIRL		3 & 4 Eng	1 & 2 Eng
TDZ RVR 5 Mid RVR 5 Rollout RVR 5	TDZ RVR 10 Mid RVR 10 Rollout RVR 10	RVR 16 or 1/4	RVR 24 or 1/2	RVR 50 or 1

Rwy 16			Rwy 34				
Adequate Vis Ref	STD		With Mim climb of 250'/NM to 500'			With Mim climb of 220'/NM to 1100'	For Visual Climb Over Airport
	3 & 4 Eng	1 & 2 Eng	Adequate Vis Ref	STD 3 & 4 Eng	STD 1 & 2 Eng		
1/4	1/2	1	RVR 16 or 1/4	RVR 24 or 1/2	RVR 50 or 1	300-2	1000-2 1/2

OBSTACLE DP: Rwy 23, climb on heading 227° to 700' before turning right.

TAKEOFF MINIMUMS, (OBSTACLE) DEPARTURE PROCEDURES, AND DIVERSE VECTOR AREA (RADAR VECTORS)

22083

PROVIDENCE, RI

RHODE ISLAND TF GREEN INTL (PVD)
TAKEOFF MINIMUMS AND (OBSTACLE) DEPARTURE PROCEDURES
AMDT 13 07DEC17 (21280) (FAA)

TAKEOFF MINIMUMS:
Rwy 34, 300-2 w/min. climb of 220' per NM to 1100 or std. w/ min. climb of 250' per NM to 500 or 1000-2½ for VCOA.
DEPARTURE PROCEDURE:
Rwy 23, climb on heading 227° to 700 before turning right.
VCOA:
Rwy 34, obtain ATC approval for VCOA when requesting IFR clearance. Climb in visual conditions to cross Rhode Island TF Green Intl at or above 900 before proceeding on course.
TAKEOFF OBSTACLE NOTES:
Rwy 5, terrain 22' from DER, 437' left of centerline, 45' MSL.
Lighting 675' from DER, 598' left of centerline, 68' MSL.
Tree 794' from DER, 614' left of centerline, 74' MSL.
Tree 880' from DER, 722' right of centerline, 78' MSL.
Trees beginning 1215' from DER, 497' left of centerline, up to 107' MSL.
Tree 1303' from DER, 849' right of centerline, 88' MSL.
Trees beginning 1464' from DER, 733' right of centerline, up to 105' MSL.
Trees beginning 2080' from DER, 454' left of centerline, up to 115' MSL.
Trees beginning 2205' from DER, 783' right of centerline, up to 120' MSL.
Rwy 16, terrain 32' from DER, 221' right of centerline, 34' MSL.
Tree, building, terrain beginning 82' from DER, 136' right of centerline, up to 71' MSL.
Tree 406' from DER, 579' left of centerline, 49' MSL.
Trees beginning 1172' from DER, 792' left of centerline, up to 72' MSL.
Trees beginning 1468' from DER, 407' left of centerline, up to 87' MSL.
Tree 1570' from DER, 827' right of centerline, 85' MSL.
Tree, pole beginning 1585' from DER, 490' left of centerline, up to 110' MSL.

그림 1-7 Jeppesen과 NACO의 Non Standard Minimum

반대쪽에 있는 공항 차트에 인쇄되어 있다. 더 큰 공항에서는 독립적으로 다른 페이지에 기록되어 있다. Graphic DP와 다른 Texture DP는 분리의 목적으로 이용할 때를 제외하고는 IFR 인가에 포함되지 않는다. 보통 하나의 Texture DP가 설립되어 있고 이에 따르는 것을 결정하는 것은 조종사의 책임이다. IFR 상황에서 DP는 지형과 장애물로부터 회피하기 위한 유일한 방법이다. 비록 장애물 회피나 간격분리의 책임은 조종사에게 있지만 VFR 상황에서는 ATC에 VFR CLIMB 인가를 요구하여 즉각 출항할 수 있다. VFR에서 상승이 인가되면

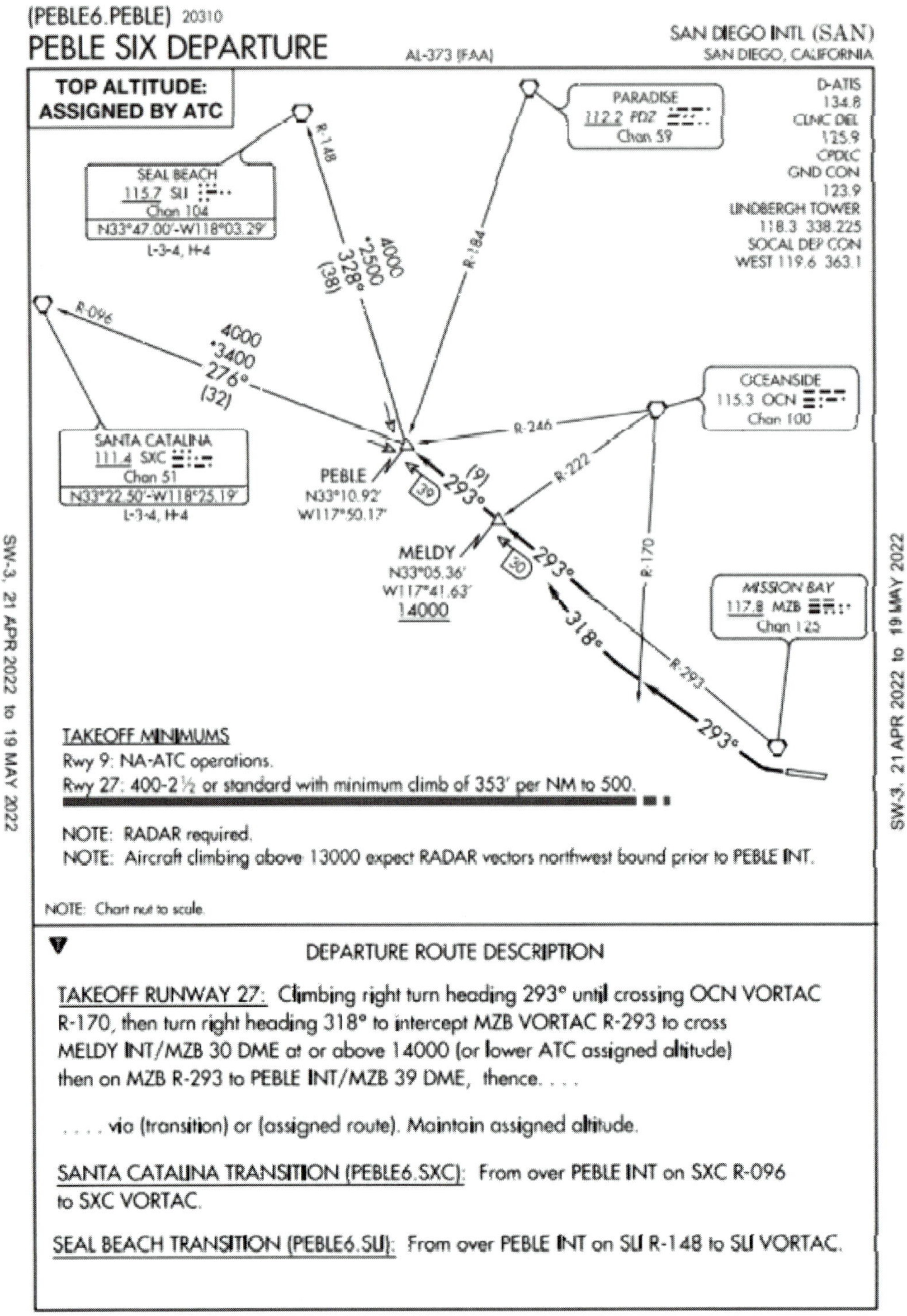

그림 1-8 DP 요구 상승률

관제사는 "CLIMB VFR"이나 필요하다면 "CLIMB VFR BETWEEN 4,000 AND 10,000" 이와같이 말을 축약하여 인가를 줄 것이다. 만약 VFR 상황에서 비행이 불가능하게 될 것 같은 경우 그에 따라 인가가 날 것이다.

다. Radar Departure

이것은 Radar 장비를 갖춘 접근 관제소로부터 제공되고 Tower와 긴밀한 협조를 필요로

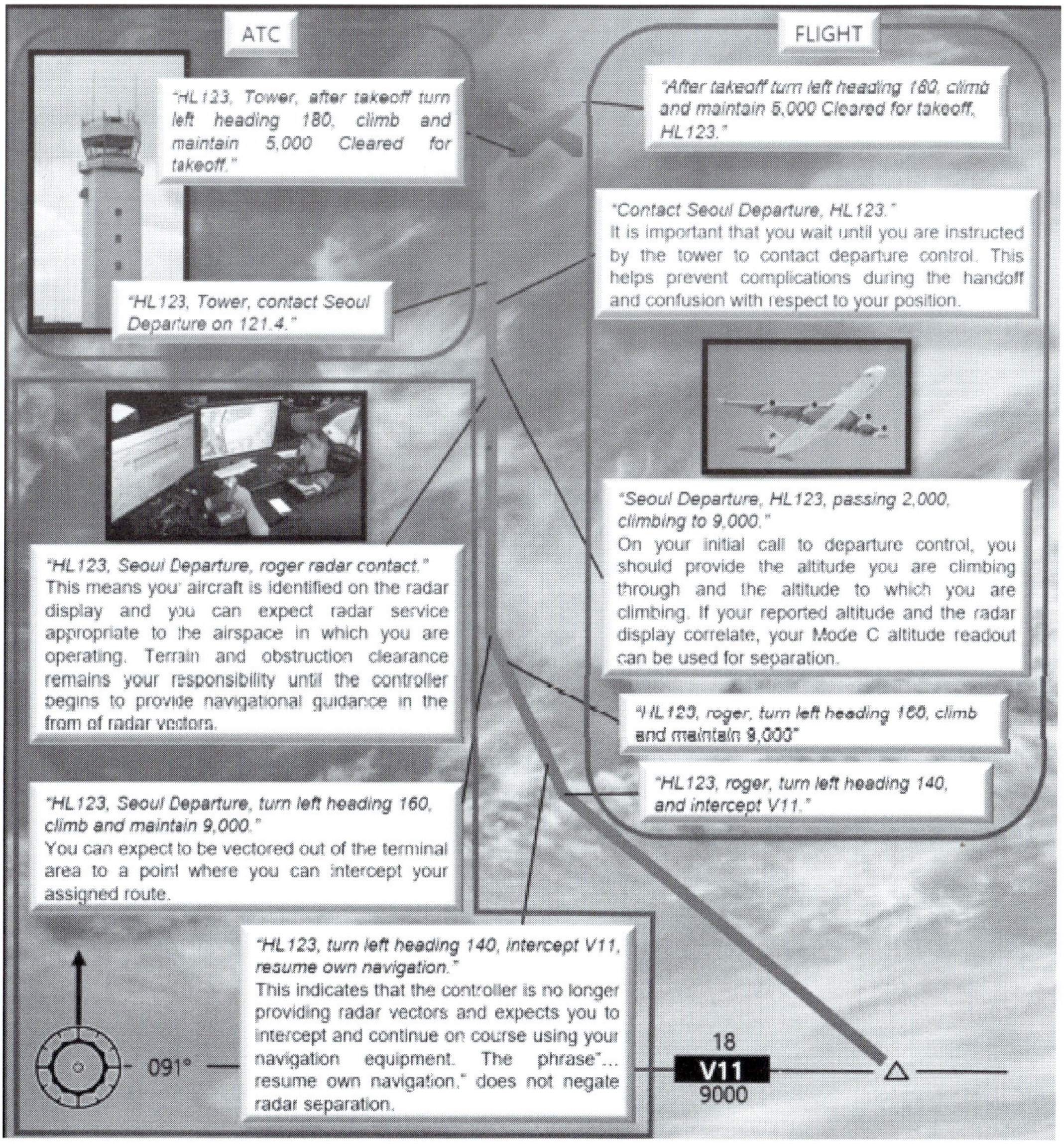

그림 1-9 Radar Departure

한다. 만약 이륙 직후 레이더 벡터를 받으면 그 지시에 따라 비행해야 한다. 이런 종류의 조언은 첫 IFR 항로 인가를 받을 때 제공되거나 이륙 직후 Tower가 줄 수 있다. 일단 이륙 인가를 받은 후 항공기의 안전 운항의 책임은 관제사에게 이륙 후 출항 관제사에게 이항될 것이다. 어떤 상황에서 조종사는 이전에 지정된 항로를 벗어나는 쪽으로 인도될 수 있다. 이런 경우 그 이유를 설명받는다. 일반적으로 악기상을 피하거나 지형 회피, 간격 분리 등의 이유로 행하여진다. 이 Radar Vector는 항공기가 원래의 코스 상으로 들어갈 때까지 지속되고 위치를 안내하여 준다. 어떤 경우에 계속적인 Radar 감시 능력이 있는 Radar 관제사에게 관제권이 이항되기도 한다. 만약 잘못 안내되고 있다는 생각이 들면 관제사에게 물어봐서 목적을 확인해야 한다. 덧붙여 현 위치에서 항상 방위를 유지하여 필요할 경우 자체 항법을 할 수 있도록 하라. 어떤 이유에서든 Radar Contact이 끊어지면 관제사가 비행경로 추적을 위해 추가적인 정보를 요구할 수 있다. 추가적인 정보에는 특정 항법시설 통과나 고도 도달 또는 코스 상으로의 진입이나 진행 등이 포함된다.

라. VFR Departures

여건이 허락되면 조종사는 VFR 상황에서 이륙할 수 있고 인가를 이륙 후 ARTCC에서 받을 수 있다. 그러나 지형 장애물과 관련된 위치를 정확히 파악하고 있어야 한다. 덧붙여 IFR 인가를 받기 전까지는 반드시 VFR 기상 상황하에 있어야 하고 인가에 따라 코스 상으로 진행하기 위해서는 ATC 허락을 받아야 한다. 만약 IFR 운용을 위한 최저고도보다 낮은 고도에 있을 경우에는 최저고도 이상으로 올라오기 전까지의 장애물 회피의 책임은 조종사에게 있다.

1.2.3 출항 방법 선택

IFR로 공항을 이륙하기 위해 준비할 때 조종사는 상황을 충분히 검토하고 현 상황에서 가장 적합한 출항 방법이 무엇인지 결정해야 한다. 공항 인근의 지형지물과 장애물들을 잘 파악하고 난 후 Texture DP, Graphic DP가 가능한지 결정해라. 만약 한가지가 있다면 그것은 원하는 항로상으로 신속하게 인도해 줄 것인가? 아니라면 관제기관에서 Radar로 안내를 해줄 능력이 있는가? 날씨나 지형은 VFR로 이륙하기 적절한가? 일단 이런 질문에 답했다면 적절한 행동을 선택할 수 있을 것이고 이에 따라 계획된 절차에 익숙해지도록 하며 IFR 인가를 받고 출항하도록 하라.

1.2.4 제트항공기의 출항절차

앞서 언급한 출항절차를 바탕으로 한 CE 560을 기준으로 한 제트항공기의 출항절차에 대해 알아보자.

- 관제탑으로부터 이륙 허가 획득
- 항공기를 활주로에 정확히 정대 후 정지
- HSI의 Heading bug를 계기 Top index 밑에 Set (현재 Heading)
- 이륙준비 단계에서 기재취급, Before take off checklist 수행해서 확인
  - NAV-Aid와 비행계기를 SID 또는 Departure route에 따라 적절히 Set
  - Flight director의 Pitch attitude를 Take off attitude 위치에 Set
  - Speed bug를 원하는 속도 Set

구 분	V_1	V_R	V_2	Take off weight 12,500LBS 기준
CTN SIM	100	103	110	

  - 모든 계기비행에 Warning flag의 출현 거부를 확인한다.

Thrust N1 70%(CTN SIM)에 Set, Engine의 모든 기관이 안정되면 Wheel Brake를 Release 하며, 서서히 Take off Thrust N1(CTN SIM) 93%로 Set(70knot 이전에 Take off Thrust에 Set) 조종장치는 중립의 위치에서 약간 전방으로 해서 잡고 Wheel(Yoke)은 Wings level이 되도록 잡는다. 측풍이 있을 때 Wheel (Yoke)을 level로 유지하면 풍상쪽의 Wing이 들리고 항공기의 방향 유지가 어렵다. Rudder control 또는 방향 조종장치로서 항공기의 기수를 활주로 방향으로 잘 유지한다. 항공기 속도가 V_1에 이르면 두 손으로 조종장치를 잡는다.

※ **기장 훈련 시:** V_1 속도 이전까지 바른 손은 Throttle을 쥐고 왼손은 조종장치를 쥔다. 항공기 속도 V_R에서 항공기의 기수를 유연하게 들어 올려 Take off Attitude로 유지한다. Early rotation 또는 Late Rotation(기수를 들어 올리는 조작)은 이륙거리를 증가시키고 급격한 조작은 Take off stall speed를 증가시키는 요인이 되기 때문에 Rotation 조작은 알맞은 속도로 이루어져야 한다.

항공기의 기수를 Rotation 하는 조작은 항공기 종류에 따라 다소의 차이가 있으나 일반적으로 Jet 항공기는 Airborne 후 35ft에서 V_2 속도로 가속되면 정상적인 이륙 조작이다.

항공기가 Airborne 후 Positive climb 시 Landing gear를 up한다. Positive climb은 고도계가 지면으로부터 100ft 상승하고 Vertical velocity indicator가 상승을 지시하는 때이다.

V_2+10의 속도로 계속 상승하며, Landing gear를 올리면 빠른 속도로 가속되기 때문에 V_2+10의 속도로 상승하기 위한 항공기 상승 자세를 유지해야 한다. 그러나 항공기의 Body angle limitation은 선행되어야 한다.

항공기의 Departure track은 SID 및 Departure route procedure에 따르고 Climb technique는 Noise abatement procedure에 따라야 한다.

* Noise Abatement Departure Procedure (ICAO)

Procedure A

– Take off power / Thrust
  Take off flap
  Climb V_2 + 10 to 20
  (Take off body angle의 제한은 선행되어야 한다)

<u>At 1,500ft above above aerodrome elevation</u>

Climb thrust set
Climb V_2 + 10 to 20

<u>At 3,000ft</u>

Acceleration 500 fpm ~ 1,000fpm (200ft/NM 이상)
Flap up (Flap speed schedule)
Enroute climb

고도 10,000ft까지는 Maximum 250knot로 climb하고 10,000ft 이상에서는 En-route climb speed로 상승한다.

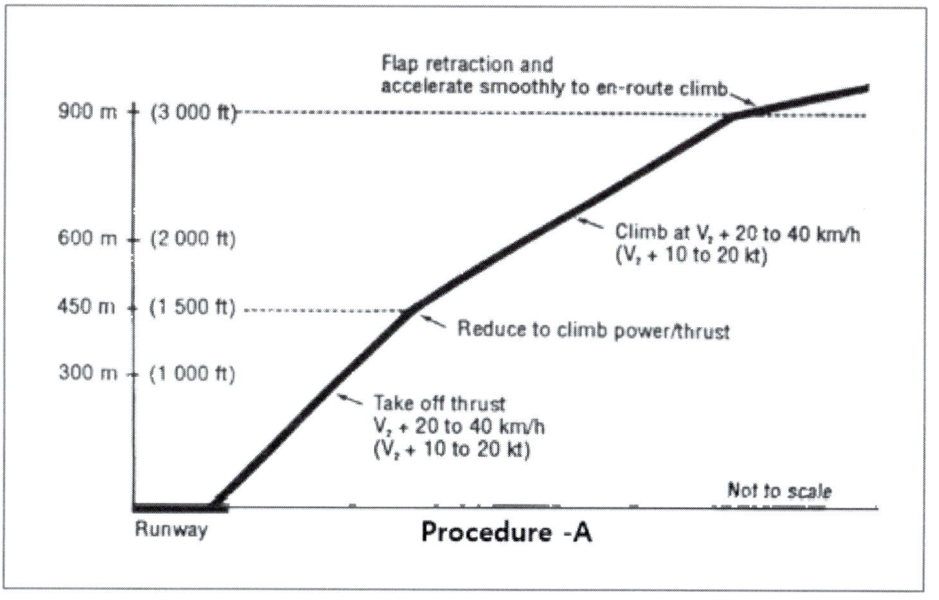

그림 1-10 NADP Procedure A

Procedure B

- Take off Thrust
  Take off flap
  Climb V_2 + 10 to 20knot

At 1,000ft above aerodrome elevation

Positive rate of climb으로 상승하면서 (200ft/NM 이상)
Flap up (Flap speed schedule)
Zero flap minimum safe maneuvering speed로 증속하면서
Climb Thrust에 Set 한다.
V_{ZF} + 10 knot로 3,000ft까지 상승한다.

At 3,000ft 이후의 En-route climb 절차는 Procedure A의 En-route climb Procedure와 같다. Take off 시는 항시 당해 공항의 Noise abatement의 절차를 따라야 하고 Noise Abatement procedure가 없는 공항에서는 항시 Procedure A의 절차를 따라야 한다.

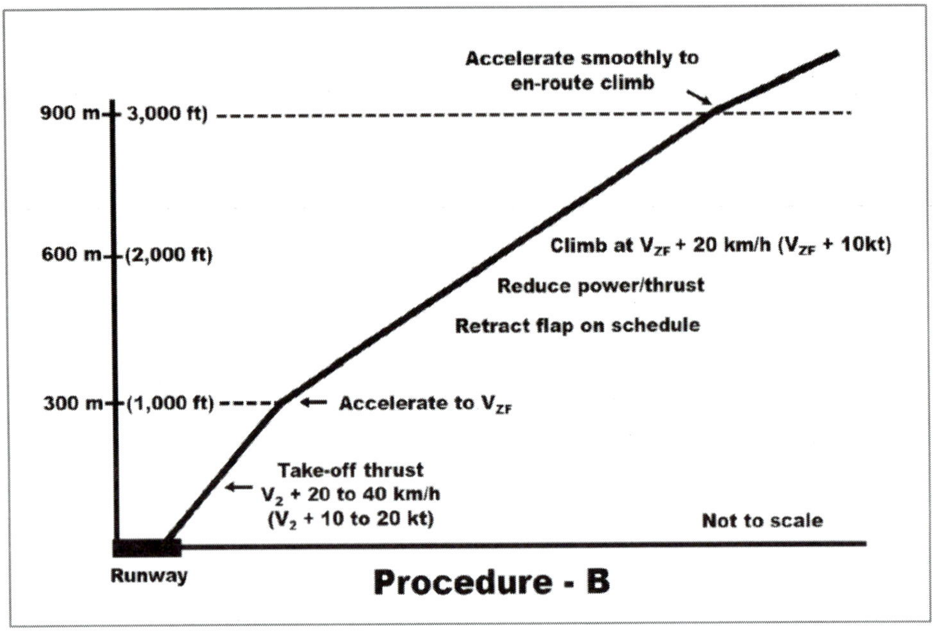

그림 1-11 NADP Procedure B

※ FAR 91.821: Civil supersonic airplanes noise limit(stage 2 적용)

Pound	dB
600,000LBS 이상	108dB
300,000LBS 이상	103dB
150,000LBS 이상	98dB
75,000LBS 이상	93dB
* 1/2 LBS당 5dB씩 감소	

Take off을 위한 제반속도의 관계는 다음과 같다.

$V_R \geq V_1$ $V_R \geq 1.05 \times V_{MCA}$ $V_{MCG} \leq V_1 \leq V_{MBE}$ $V_2 \geq V_R$

$V_2 \geq V_R$ $V_2 \geq 1.10 \times V_{MCA}$ $V_2 \geq 1.20 \times V_S$

Normal Take off & Acceleration 절차는 다음 그림과 같다.

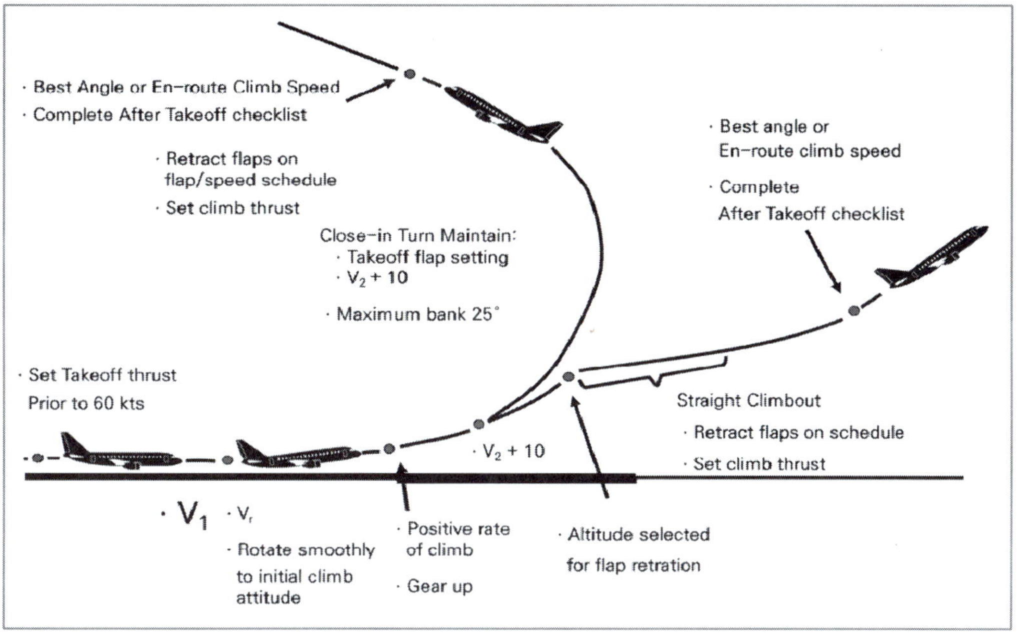

그림 1-12 Normal Take off & Acceleration Procedure

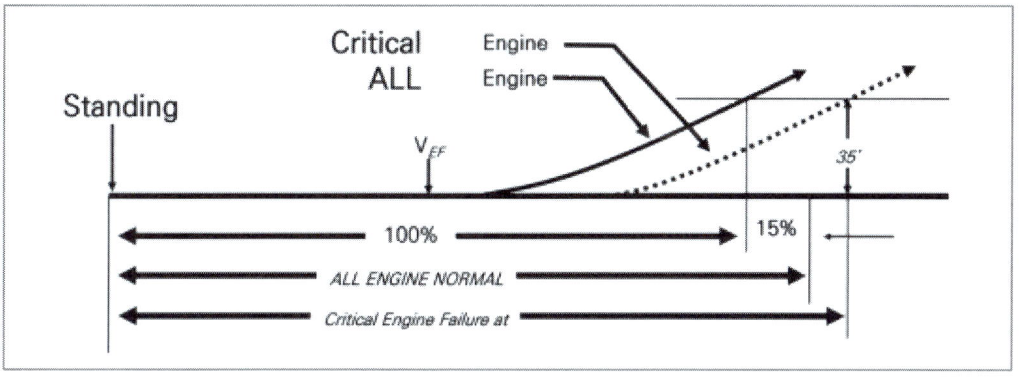

그림 1-13 Minimum runway length for Take off

Take off을 위한 최소한의 활주로 길이는 다음과 같다.

ACC-GO Distance with engine failure at V_1

ACC-STOP distance with engine failure at V_1

V_{EF} (Engine Failure Speed)

이륙 중 임계 엔진(Critical Engine)이 고장난 것으로 가정했을 경우의 속도로 주 조종장치만으로 이륙을 안전하게 계속할 수 있도록 V_{MCG} 이상에서 선정한다.

V_{EF} means the speed at which the critical engine is assumed to fail during take off.

V_{EF} is the calibrated airspeed at which the critical engine is assumed to fail. V_{EF} must be selected by the applicant, but may not be less than V_{MCG}.

V_1 (Take off decision speed)

Take off Roll 중 이 속도에서 One engine failure일 때 나머지 활주로에서 정상 이륙을 할 수도 있고 나머지 활주로(Stop way 포함)에서 Throttle idle, Maximum brake 사용, Speed brake out 해서 항공기를 정지시킬 수 있어야 한다.

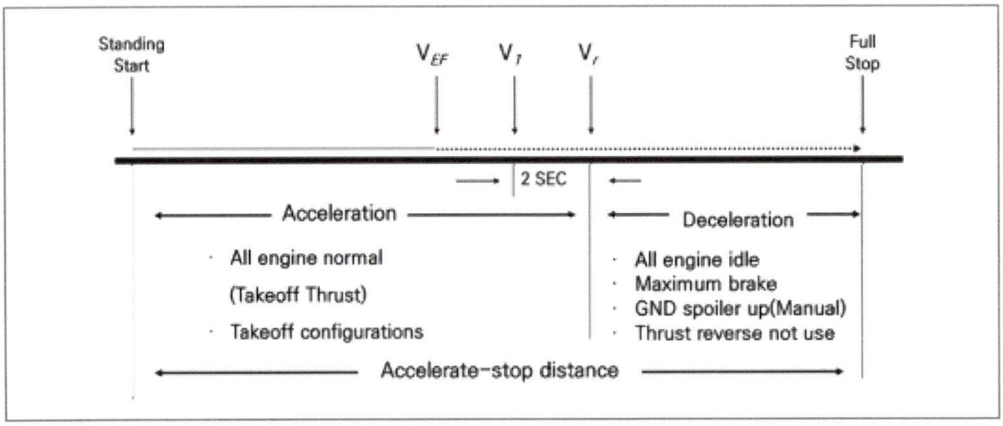

그림 1-14 V speed

V_1 means the maximum speed in the take off at which the pilot must take the first action (e.g., apply brakes, reduce thrust, deploy speed brakes) to stop the airplane within the accelerate-stop distance. V_1 also means the minimum speed in the take off, following a failure of the critical engine at V_{EF}, at which the pilot can continue the take off and achieve the required height above the take off surface within the take off distance.

V_2 (Take Off Safety Speed)

Secondary climb segment에서 필요한 Climb gradient를 얻을 수 있는 속도이다.

〈Note〉 Secondary climb segment란?

Landing gear가 완전히 접힌 때부터 Flap을 Retraction하기 시작하는 고도까지의 구간이며, 이 고도를 Cleanup altitude라 한다. 이 구간 중의 최소속도는 V_2다.

> V_2 means take off safety speed and that's all it is a safe speed at which the aircraft can climb on one engine, and will achieve by 35 feet AGL(Above Ground Level) following an engine failure at V_{EF}. V_2 is aptly named, it keeps you safe with a margin above stall and minimum control speeds, it even gives you maneuverability.

V_R (Rotation Speed)

Take off 자세로 항공기를 당겨주는 속도이며 정상적인 당김율은 항공기를 부양시켜 V_2 속도에서 35ft의 높이를 얻을 수 있는 속도이다.

가. V_R은 다음 속도보다 커야 한다.

① V_1

② 1.05 V_{MCA}

③ 이륙 표면으로부터 35ft에 도달하기 전에 V_2가 되는 속도

④ Rotation Rate를 실용상 최대로 했을 때 V_{LOF}가 다음 속도보다 크게 되는 속도

i) 1.1 V_{MU} (모든 엔진 작동상태에서의 V_{MU})

ii) 1.05 V_{MU} (1개 엔진 작동불능 상태에서의 V_{MU})

나. 1개 엔진 작동 불능의 경우와 모든 엔진 작동의 경우에도 동일한 V_R을 사용하여 이륙 규정을 만족한다.

다. 설정된 V_R보다 5KTS 낮은 속도로 부양(airborne)을 시작했을 때 1개의 엔진이 작동 불능상태의 경우 이륙거리는 정확히 V_R에서 부양했을 때 1개의 엔진 작동 불능이 된 경우의 이륙거리를 넘지 않는다는 것을 증명하여야 한다.

라. 항공기 운항에 대해 설정된 이륙순서에서 벗어난 조작을 행하였다 하더라도 위험한 상황이 발생함이 없이 계획된 이륙거리를 1% 이상 증가시키지 않아야 한다.

만일 이륙 활주로표면으로 부터 35ft 에서 V_2에 도달할 수 있도록 V_R을 선정한다면, V_R은 V_2와 마찬가지로 이륙중량 및 Flap 확장 각으로 결정된다.

그러나 이와 같이 계산된 속도가 $1.05V_{MCA}$나 V_{LOF}를 만족하는 조건의 속도보다 낮다면 이러한 조건의 속도들의 최대값에 V_R을 일치시키는 것으로 설정되어 35ft에서의 속도 V_2는 $1.2V_s$(또는 $1.1V_{MCA}$)보다 증가된다.

V_R, in terms of calibrated airspeed, must be selected in accordance with the conditions of paragraphs (1) through (4) of this section:

(1) V_R may not be less than--

(i) V_1;

(ii) 105 percent of V_{MC};

(iii) The speed that allows reaching V_2 before reaching a height of 35 feet above the take off surface; or

(iv) A speed that, if the airplane is rotated at its maximum practicable rate, will result in a V_{LOF} of not less than --

(A) 110 percent of V_{MU} in the all-engines-operating condition, and 105 percent of V_{MU} determined at the thrust-to-weight ratio corresponding to the one-engine-inoperative condition; or

(B) If the V_{MU} attitude is limited by the geometry of the airplane (i.e., tail contact with the runway), 108 percent of V_{MU} in the all-engines-operating condition, and 104 percent of V_{MU} determined at the thrust-to-weight ratio corresponding to the one-engine-inoperative condition.

(2) For any given set of conditions (such as weight, configuration, and temperature), a single value of V_R, obtained in accordance with this paragraph, must be used to show compliance with both the one-engine-inoperative and the all-engines-operating take off provisions.

(3) It must be shown that the one-engine-inoperative take off distance, using a

rotation speed of 5 knots less than V_R established in accordance with paragraphs (e)(1) and (2) of this section, does not exceed the corresponding one-engine-inoperative take off distance using the established V_R. The take off distances must be determined in accordance with regulations

(4) Reasonably expected variations in service from the established take off procedures for the operation of the airplane (such as over-rotation of the airplane and out-of-trim conditions) may not result in unsafe flight characteristics or in marked increases in the scheduled take off distances established.

V_{LOF} (Lift-Off Speed)

요크(Yoke)를 이륙 위치로 당기는 조작이 V_R에서 시작되었고 정확한 당김율로 항공기를 들어 주었다면 항공기가 지상에서 부양되는 속도이다.

V_{LOF} is the calibrated airspeed at which the airplane first becomes airborne.

V_{MCA} (Minimum Control Speed in the Air)

Take off airborne 후 One engine failure 시 take off thrust 하에서 Full rudder와 5°의 Bank로서 일정 Heading을 유지할 수 있는 최저속도이다.

V_{MCA} is the minimum speed in the air where the one engine inoperative directional control can be maintained with a maximum of 5 degrees of bank at the most adverse conditions.

V_{MCA} is used in determining the minimum V_R and V_2(Not limiting in Boeing).

V_{MCG} (Minimum Control Speed on the Ground)

Take off roll 중 One engine failure 시 Take off thrust를 Setting하고 Full rudder를 사용해서 활주로 방향을 유지할 수 있는 최저속도이다.

V_{MCG}, the minimum control speed on the ground, is the calibrated airspeed during the take off run at which, when the critical engine is suddenly made inoperative, it is possible to maintain control of the airplane using the rudder control alone (without the use of nosewheel steering), as limited by 150 pounds of force, and the lateral control to the extent of keeping the wings level to enable the take off to be safely continued using normal piloting skill.

V_{MCG} is the lowest speed you have control of the aircraft following a failure of the critical engine without the aid of the nosewheel; where you have enough rudder effectiveness to keep the airplane within 30 feet of runway centerline with the critical engine failed.

V_{MU} (Minimum Unstick Speed)

항공기가 안전하게 부양하여 지속적으로 이륙할 수 있는 최소의 속도이다. 이 속도 미만으로 부양(airborne)하고자 한다면, 항공기 동체 뒷부분이 활주로 지면에 닿게 되는 상황을 예상할 수 있다.

즉, 동체 뒷부분이 활주로 지면에 닿지 않는 최대 각 상승에서의 부양 속도이다.

V_{MU} is the calibrated airspeed at and above which the airplane can safely lift off the ground, and continue the take off. VMU speeds must be selected by the applicant throughout the range of thrust-to-weight ratios to be certificated. These speeds may be established from free air data if these data are verified by ground take off tests.

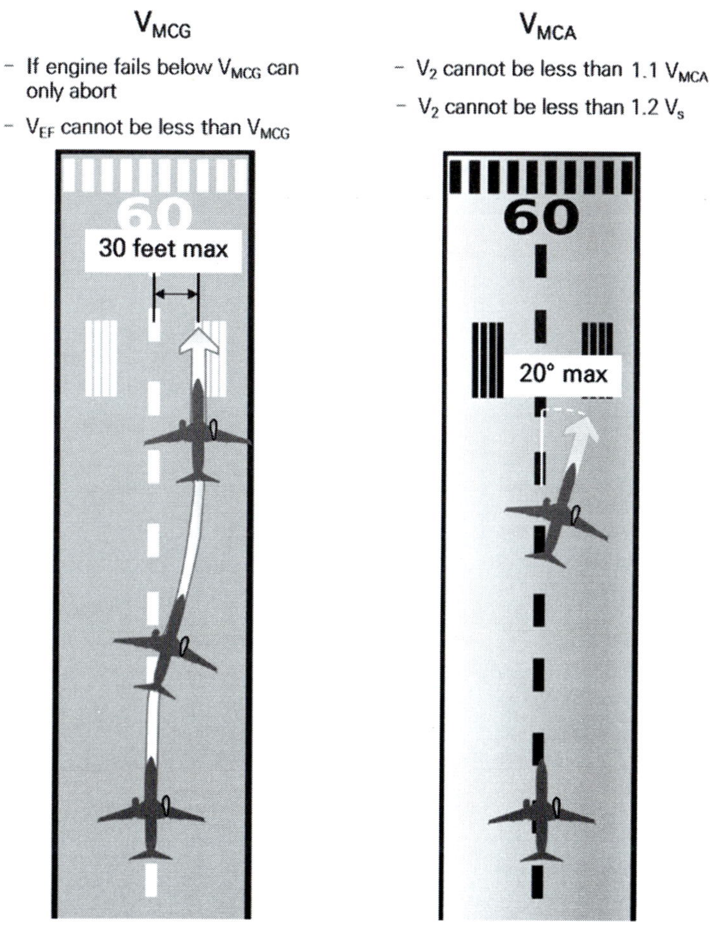

그림 1-15 V_{MCG}와 V_{MCA}

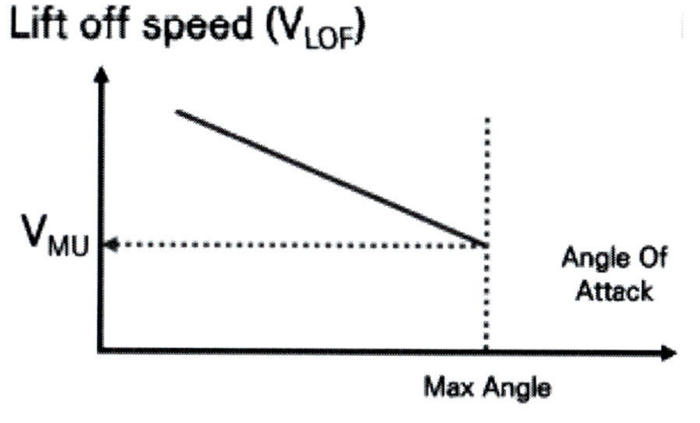

그림 1-16 V_{MU} 산출 그래프

SID CAHRT : SUPUL 1A Departure (RKPD)

AIP
Republic of Korea

RKPD AD CHART 2-9
10 FEB 2022

STANDARD DEPARTURE CHART
INSTRUMENT (SID) - ICAO

TRANSITION ALT 14 000
TRANSITION LVL FL 140

JEJU	DEP	119.225
JEONGSEOK	TWR	124.35

JEJU/Jeongseok(RKPD)
RWY 19
SUPUL 1A

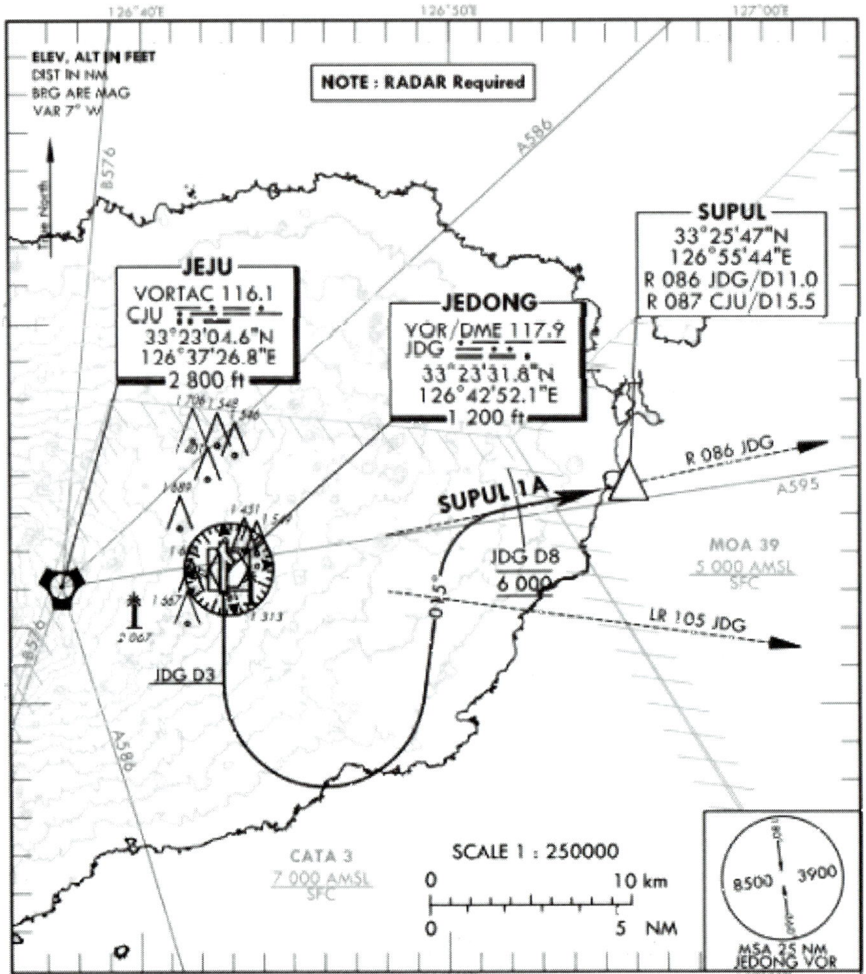

GENERAL INFORMATION

1. Minimum climb gradient 6.3% to 6 000 ft for ATC purpose and avoiding OBST.
2. If unable to comply with restrictions, advise ATC before departure for alternatives.
3. Departure turn limited to 210 kt IAS maximum.
4. Within JEJU TMA, maximum 250 kt IAS below 10 000 ft.

SUPUL ONE ALPHA DEPARTURE

TAKE OFF RWY 19 : Climb on RWY HDG until JDG D3, turn left HDG 015° to intercept R 086 JDG.
Proceed to SUPUL at 6 000 ft, then as directed by ATC.
Reach at 6 000 ft until passing JDG D8. Maintain 6 000 ft until instructed by ATC.

그림 1-17 AIP 제주도 정석공항(RKPD) SUPUL 1A Departure SID 차트

1. V_1, Rotate: End of Runway 1, 2sec, ADI (10°) 3sec
   Positive Climb: Gear Up
   $V_2 + 10$: flaps up, ignition normal, Set HDG Mode, ALT Arm
   Venr (160Kts): set SPD mode (pitch up 17°)
   Passing JDG 3NM : set HDG 015
2. 1,500ft (2,700ft MSL): set climb thrust (pitch down 15°), Contact Tower
3. Set NAV Mode (HDG 015에 Roll Out후)
4. 3,000ft (4,200 ft MSL): set VS mode (SPD 200Kts까지 증속)
   (TCS를 누르고 PITCH 5° down하고 1,000 fpm이 되면 TCS-rel')
   이후 안정되면 after T/O checklist
5. 5Kts before (195Kts): Set SPD Mode (up 8°)
6. NAV capture: Set HDG 086
7. 1,000ft to level (5M'): 83% N1 (1,000FPM)
   ALT hold: 77% N1 (200Kts)
8. SUPUL : U511T NOW PASSING SUPUL

02 순항 En-Route

2.1 En-Route and Area Charts

항행안전시설의 증가 그리고 항로와 공역 시스템 정밀도의 증가는 En-route Charts를 IFR 비행을 위한 필수조건이 되었다. 게다가 현재의 위치를 추적하는 데에 있어서 En-route Charts는 안전고도를 유지하기 위한 정보와 안전시설의 신호 범위를 확신 시켜 준다. Area Charts는 주요 공항지역을 더 자세히 나타내며 주로 항로차트 간의 전환으로서 사용된다. 당신은 이 섹션에서 Jeppesen 차트와 NACO 차트의 예를 볼 것이며 각각의 차트 시스템은 각각의 Symbol을 가지고 있으나 익히고 해석하기 쉽다. 여기서 Symbol은 보통의 모양을 나타내고 있지만 차트는 계속 업데이트 되고 있으므로 사용하는 차트와 익숙해지는 것이 중요하다.

2.1.1 En-Route Charts

미국에서는 A등급 공역의 시작이 18,000ft MSL이다. 그래서 저고도와 고고도 항로 지역을 나누기가 용이하다. 18,000ft 이하의 항로들은 Low Altitude En-route Charts라고 표시되어 있으며 Victor Airways라고 불리운다. 18,000ft 이상에서 FL450까지는 High Altitude En-route Charts로 나타내어지며 제트 루트(Jet Routes)라 불린다. 대부분의 첫 계기비행은

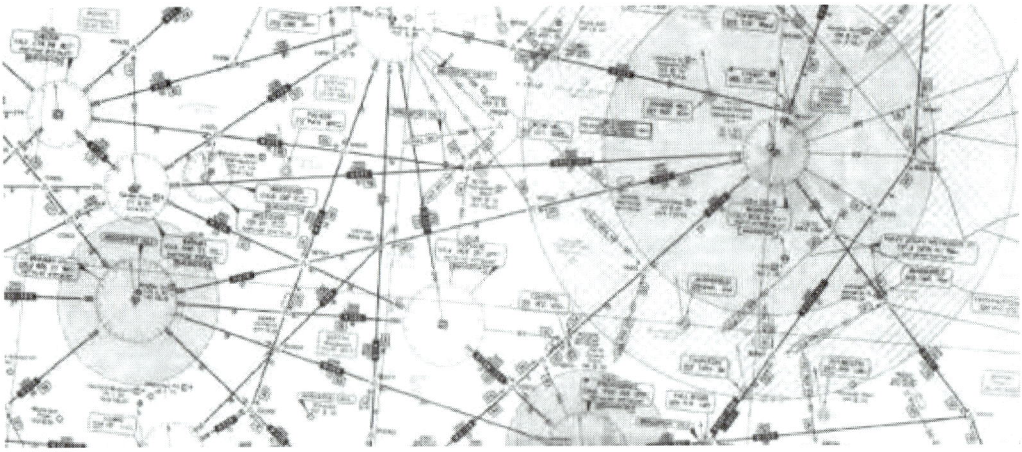

그림 2-1 Aeronautical 차트에 나타난 항공로

18,000ft 이하에서 이루어지기 때문에 이 섹션에는 Low Altitude Enroute Charts를 중심으로 한다. High Altitude Enroute Charts도 비슷한 Symbol을 사용하지만 제트 루트들만 나타난다. 왜냐하면 제트 루트를 사용하는 항공기들은 대부분 더 빠른 속도에서 날기 때문에 더 작은 비율로 큰 지역을 커버하고 있기 때문이다.

WAC(World Aeronautical Charts)나 Sectional Charts들과 비교할 때, En-route Charts는 아주 단순화되어 있다. 어떤 Symbol들은 비슷하지만, Visual Navigation Charts들에 나타난 대부분의 정보들은 En-route Charts에서 빠져있다. Visual Charts들에 나타난 지형지물, 등고선, 장애물의 높이, 길, 도시, 그리고 마을들은 IFR En-route Charts에 포함되어 있지 않다. 사실, En-route Charts에 나타난 유일한 지형정보는 바다나 강의 주요 생김새나 공항이다. 조종사는 주로 항행안전시설 간의 항로를 따라갈 것이고 최대 IFR 고도를 비행함으로서 지형과 장애물은 피해갈 수 있다. 그러므로 IFR 운항을 위해 필요한 정보의 공간을 위해 상세함은 생략될 수 있다.

2.1.2 FRONT PANEL

Jeppesen과 NACO 모두 첫 페이지는 그 차트에 의해 포함된 지역을 나타낸다. 비록 두 차트는 비슷한 내용을 담고 있지만 각각의 차트지역은 다를 수 있다. 첫 장에는 차트 자체보다는 당신에게 필요한 차트를 더 쉽게 찾기 위해 주의 경계선이나 주요 도시들이 나와 있다. Jeppessen에서는 Area Charts에 나타내어진 부분은 회색 그림자로 나타내어진다. NACO는 Area Charts가 가능한 도시들은 검은색으로 나와 있다. 둘 다 시간 경계 지역이 나타내어지고, NACO는 점으로, Jeppesen은 T로 나타내어진다. NACO와 Jeppesen은 항로차트에 나타나는 Symbol들의 해석을 돕기 위해 기호를 사용한다. Jeppesen에는 소개 부분에 기호의 해석을 제공하며 대부분의 NACO 차트들은 기호가 차트 오른쪽에 나와 있다. 차트 기호의 뜻을 잘 알아두어야 하며 기호들의 적절한 업데이트가 필요하다.

2.1.3 NAVIGATION AIDS

모든 항로는 전기적인 항행시설로 정의된다.

가. VOR

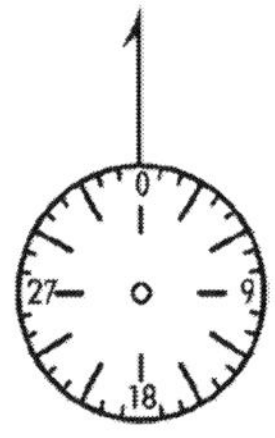

항로차트의 VOR 표시는 작은 나침반 표시이다. VOR의 화살표는 자북을 가리키며 플라터로 베어링을 재기 쉽다. NACO Symbol의 중심은 WAC와 sectional 차트에서 쓰이는 VOR 표시와 비슷하다.

나. TACAN

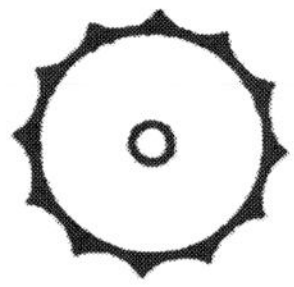

연결된 VOR이 없는 대부분의 TACAN 역은 민간 DME 유닛에 의해 사용된다. Jeppesen 기호, 톱니 모양의 원은 TACAN, DME 시설을 나타낸다.

다. VORTAC과 VOR/DME

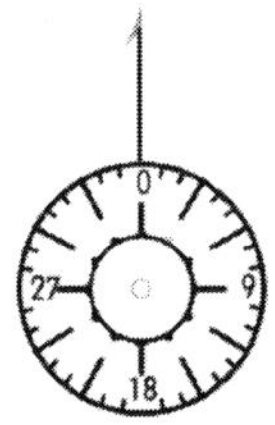

이 시설들은 민간 시설들과 기능적으로 동일하기 때문에 Jeppesen은 VOR과 TACAN/DME Symbol을 합쳐서 하나의 Symbol을 사용한다. NACO는 VORTACs와 VOR/DMEs를 WAC와 Sectional Charts의 Symbol을 나침반 모양 중심에 표시하여 나타낸다.

라. NDB

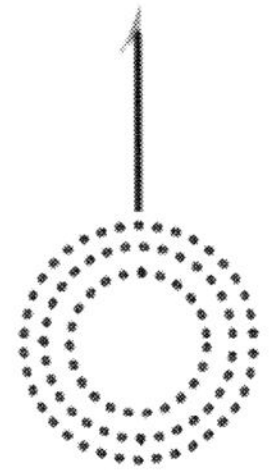

무지향 Beacon은 플러터로 자북을 잴 수 있게 자북 표시와 함께 나타낸다. 이 Symbol의 작은 버전은 Compass Locator를 Beacon을 나타낸다. Jeppesen 차트에서는 Compass Locator는 그 시설이 En-route 기능이나 TWEB 정보를 제공할 때만 나타내어진다.

마. ILS Localizer

계기 착륙용 유도전파 발신기의 Symbol은 ILS, MLS, LDA, 그리고 SDF 시설들을 나타낼 때 사용된다. NACO는 항로 ATC 기능이 있을 때만 Symbol을 사용하나, Jeppesen은 조종사의 비행계획을 돕기 위해 다 보여준다. Jeppesen 차트에서는 이 시설이 En-route 기능을 제공할 때의 Symbol은 주파수와 식별기호를 원 안의 박스에 넣고 있다. 로칼라이저의 Back Course는 fix 지정을 위해 사용되기도 하며 그것들은 차트에 표시되어 있다.

바. Remote Communication Outlet(RCO)의 Symbol

이것들이 항행시설이나 공항근처에 설치되어 있지 않을 때 FSS Remote Communication Outlets을 나타내기 위해 사용된다.

사. Facility Information

이것은 이름, 주파수, 항행시설의 식별부호와 함께 제공된다. 식별부호를 위한 모르스 코드도 함께 제공되며, Jeppesen 차트에서는 상자에 나타내어지면 그 시설이 항로의 일부분이고 상자가 없으면 항로가 아닌 항행정보를 나타냄을 알려준다. NACO 차트에서는 각각의 항행시설은 상자가 쳐져 있다. 다른 데이터의 다양성은 항행시설 Symbol 옆에 문자나 Symbol로 나타내어질 수도 있다.

2.1.4 VICTOR Airways

가. VICTOR AIRWAYS의 V는 VHF를 상징한다.

이런 항로들은 VOR, VORTAC, 그리고 VOR/DME를 연결하기 때문에 첫 번째 VOR국들이 정해지면, 그들 간의 항로들은 저주파수 항로들과 구분하기 위해서 V라고 주어진다. 항로의 숫자들은 그것들의 방향을 나타낸다. 홀수의 항로들은 보통 북쪽과 남쪽으로 지향되어 있다. 하나 이상의 항로가 같은 항로 지역과 겹칠 때, 모든 항로 숫자들은 나타내어진다. 현재는 물론, VICTOR AIRWAYS가 지역 항로 구조를 대부분 차지하지만, 알래스카와 대서양 해안에는 아직도 저주파수 항로(NDB)들이 사용된다. 어떤 경우에는, 빅터 항로들이 Air Traffic Service라는 이름 아래 분류되기도 한다. 항로의 폭은 보통 8NM이며, 중심선으로부터 4NM씩이다. 항로가 102NM 이상일 때는 추가 공역이 배정된다. 항로 차트의 모든 거리는 NM이다. Jeppesen 차트에서는 육각형 상자 안에 있는 숫자가 항행 시설 간의 총거리를 나타낸다. NACO는 항행시설이나 Compulsory Reporting Points 간의 총거리를 상자 안에 나타낸다. 상자가 없는 숫자는 교차점 혹은 항행시설이나 Mileage Break Point 들 간의 거리를 나타낸다.

나. Mileage Break Point

항로 위에 작은 x로 나타낸다. 보통 이 Symbol은 항로가 방향이 변하거나 교차점이 없는

점을 표시한다. 때로는 ATC 기능이 없는 컴퓨터 항로 Fix를 나타낸다.

다. Intersections는 항로상의 체크 포인트라 할 수 있다.

그것들은 가끔은 항로가 방향을 바꿀 때나 위치를 확인하기 위한 수단으로 사용되기도 한다. intersection은 5개의 문자 이름으로 주어지며, 교차점의 실제 위치는 두 개의 VOR Radial이나 DME나 로컬라이저나 NDB 베어링과 같은 다른 항행시설을 기준으로 할 수도 있다. 화살표는 교차점을 구성하는 항행시설로부터 교차지점 옆에 위치하여 있다. Jeppesen 차트에서는 DME에 의해 정의되는 교차점은 그것 밑에 문자 D와 함께 화살표로 표시되고, NACO에서는 빈 화살표를 사용한다. 만약 그것이 항행시설에서의 첫 번째 교차점이면 거리는 항로상의 기준 거리 숫자로서 나타내어진다. 교차점까지의 DME 거리가 Jeppesen 차트에 문자 D 뒤에 나온다. NACO 차트에서는 D 모양에 선 안에 나타내어져 있으며 이 숫자는 항행시설에서 Fix까지의 전체 거리를 나타낸다. 교차점과 항행시설은 의무와 비의무 보고지점으로서 지정되어 있다. 비의무 보고지점은 빈삼각형으로 식별되며 ATC에 의해 요구되지 않은 이상 위치보고는 필요하지 않다. 의무 보고지점은 진한 삼각형으로 표시되며 레이더가 없는 환경에서는 이 지점을 지날 때는 위치보고가 필요하다. 항행시설이 의무 보고 지점일 때는 검은색 삼각형이 항행시설 Symbol 중앙에 위치하여 있다.

라. 최소항로고도(MEA)

주로 충분한 항행 신호 범위와 장애물 Clearance(산악지역에서는 2,000ft, 다른 곳은 1,000ft)를 보장하는 라디오 Fix들 간에 최소 지정 고도를 말한다. MEA에서는 보통 충분한 의사소통을 예상할 수 있다. MEA는 충분한 항행 신호 범위를 제공하는 것으로 정의되지만 어떤 환경에서는 MEA에서의 신호 범위의 틈이 65NM까지 생길 수도 있다. 이러한 틈은 Jeppesen 차트에는 Symbol로써 제공되고 NACO 차트에는 MEA GAP이라는 단어로 표시된다.

마. Minimum Obstruction Clearance Altitude(MOCA)

어떤 Route 부분에서 나타내어진다. Jeppesen 차트에는 고도 뒤에 문자 T로써 지정된다. NACO 차트에서는 고도 앞에 별표로 표시된다. MEA와 MOCA의 주요 차이점은 MOCA는 그 시설에 22NM 안에서 믿을 만한 항행 신호를 보장하는 반면 MEA는 그 전체 부분에서 신호를 보장한다. 22NM을 넘는 항로에서의 항행이나 그곳에서의 신호를 받는 것이 불가능할 수도 있으므로 당신이 항행시설 근처에 있을 때 ATC는 MOCA만 알려줄 것이다.

IFR 비행구간 중에 당신이 항로를 따르지 않으면 FAR PART 91에 따라 최소 고도를 지정할 책임이 있다. 기본적으로 의도한 코스로부터 수평거리 4NM 이내의 가장 높은 장애물보다 적어도 1,000ft 이상 유지하여야 한다. 지정된 산악지역에서는 최소고도가 2,000ft로 증가한다. 최소고도를 지정할 때 항행시설의 거리 제한과 당신의 의사소통 필요사항을 고려하는 것을 기억하라. 두 종류의 차트 모두 차트 각각의 위·경도 직사각형에 최소 비율로 항로고도를 제공한다. NACO는 비 항로 장애물 회피 고도를 위해 OROCA라는 약자를 사용하고, Jeppesen은 MORA라는 약자를 사용한다. Sectional 차트에 나타난 MEF(Maximum Elevation Figures)와 개념은 비슷하지만, MEF는 직사각형 안에 가장 높은 지형이나 장애물의 대략 고도를 나타내지만 MORAs/OROCAs들은 직사각형 안에 가장 높은 지형이나 인공구조물로부터 1,000ft의 여유 고도를 둔다. MEA와 같이 산악지역에서의 여유고도는 2,000ft로 증가한다.

바. Maximum Authorized Altitude(MAA)를 항로 구간에 설정하는 것이 필요하다.

특정 고도에서는 두 개 이상의 VOR 신호를 같은 주파수에서 받아 항행에 지장을 초래할 수 있다. MAA는 같은 주파수를 사용하는 VOR이나 VORTAC들의 가시 선거리에 기초하여 비행할 수 있는 가장 높은 고도이다. 이 고도는 주어진 주파수에서 한 번에 한 신호만 받을 것을 보장한다. 이 최대 승인 고도는 MAA라는 문자로 ft나 FL로 차트에 나타내어진다.

사. Minimum Reception Altitude(MRA)

다른 Fix나 교차점을 형성하는 항행 신호의 충분한 수용을 확신하는 최소 고도이다. MEA는 연속적인 코스 안내를 위한 수용범위를 제공하지만, 항행시설이 제공되지 않는 항로에서는 특정한 위치를 식별하기 위해 더 높은 고도가 필요할 수도 있다. MRA 이하에서 운항한다고 항로 중심선을 유지할 수 없는 것은 아니다. 다만 특정한 Fix나 교차점을 확인할 수 없을 수도 있다. Jeppesen과 NACO 차트 모두, 최소수용고도 앞에 MRA라는 문자가 있다. NACO는 깃발 안의 문자 R을 넣음으로써 MRA를 알려 준다.

아. 교차점에서 항로를 자르는바 Symbol은 MEA의 변화를 나타낸다.

이 Symbol은 MAA가 변하거나 MEA가 루트 상에 표시되어 있지 않을 때 MOCA의 바뀜을 보여주기 위해 쓰인다. 이 Symbol을 보면 전체 루트에서 MEA와 MOCA를 비교하고 MAA를 찾는 것을 잊지 말라.

자. Minimum Crossing Altitude(MCA)

더 높은 고도로 바뀌면, 바뀌는 곳의 Fix에 도달하기 전 보통 상승을 시작한다. 만약 해수면에서 5,000ft AGL까지 최소 150ft/NM, 5,000ft에서 10,000ft까지는 100ft/NM, 10,000ft 이상에서는 100ft/NM의 상승을 유지할 수 있다면 충분한 장애물 회피를 보장할 것이다. 어떤 경우에는 솟아오른 지형, 장애물, 항행신호 수용범위가 그 Fix에서의 Minimum Crossing Altitude(MCA)를 나타낼 수도 있다. MCA에서 Fix 상공으로 도착하기 위해서는 그 Fix에 도달하기 전에 상승을 시작하여야 한다. NACO에서는 MCA 제한을 알려주기 위해 깃발 안에 X 문자를 사용한다. MRA를 나타내기 위해 사용하는 깃발 Symbol과 혼동하지 말아야 한다. Jeppesen 차트에서는 보통 교차점 옆에 항로 숫자, 고도와 방향과 함께 MCA를 나타낸다. 항행시설 주위에 많은 표시를 줄이기 위해 MCA를 나타내기 위해 시설 상자 위에 검은 동그라미 안에 참고 숫자를 사용한다. MCA들은 근처 상자 안에 나타내어 있다.

차. Change over Point(COP)

항로를 따라갈 때 보통 항행시설 중간에서 주파수를 바꾼다. 그러나 이것이 실용적이지 못할 때가 있다. 이때는 Change over Point(COP)가 설정되어 있다. 저고도와 고고도 항로 간에 전이를 원활하게 하도록 Jeppesen 차트에서는 저고도 차트에 고고도 항로 구조를 포함한다. 이 항로들은 녹색으로 나와 있고 제트 루트 숫자를 포함한다. 따로 표시가 되어 있지 않은 이상 모든 제트 항로의 MEA는 18,000ft MSL이다.

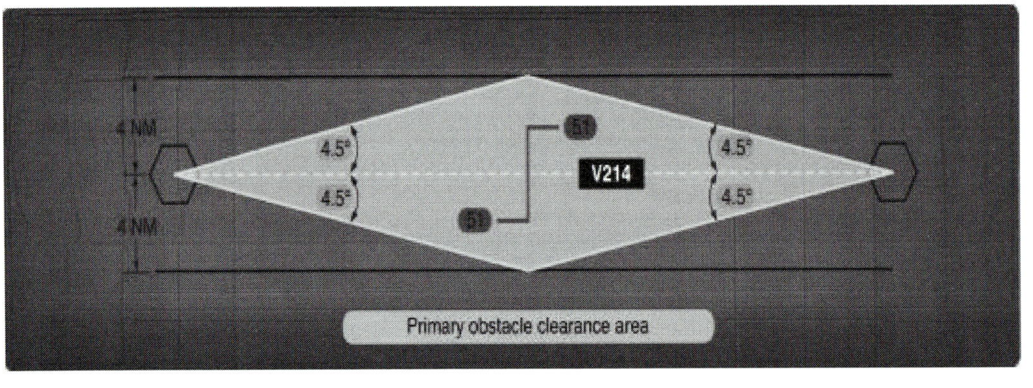

그림 2-2 항행시설로부터 51NM 이상일 때의 항로부분

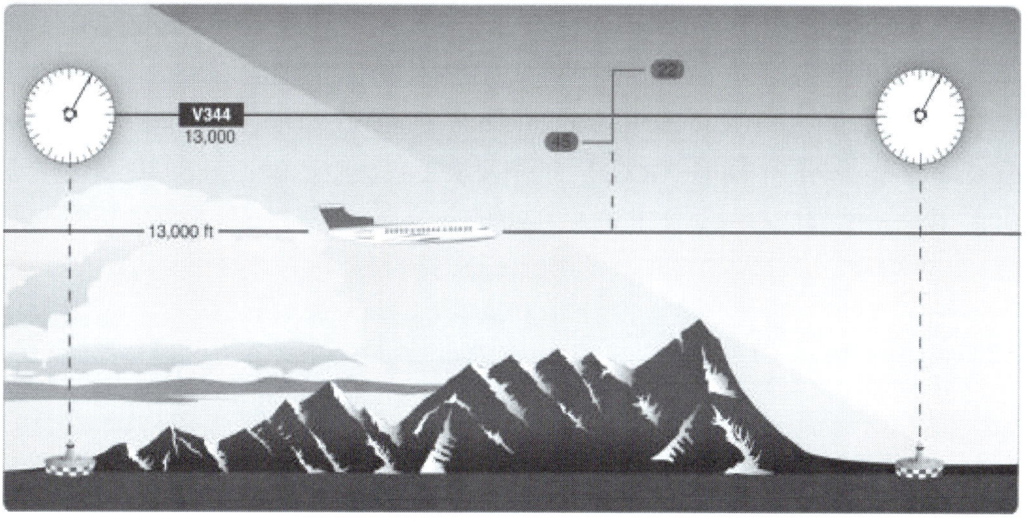

그림 2-3 Changeover Point의 설정

2.1.5 Communication

Jeppesen 차트에서는 FSS 주파수는 항행시설 상자 위에 있다. 이 주파수들은 항상 120MHz대이기 때문에 여기서는 마지막 두세 자리만 표시한다. 그러므로 122.2는 2.2로 나와 있다. NACO 차트에서는 전체 주파수를 표시한다. NACO는 FSS를 나타내기 위해 그림자 상자를 사용한다. 기본 FSS 주파수는 보통 이 상자 위에 나타나는 다른 주파수들과 함께 가능하지만 Jeppesen은 다른 주파수들 안에 122.2 주파수를 포함한다. 비상 주파수 121.5는 모든 FSS에서 사용 가능하기 때문에 Jeppesen이나 NACO 차트 어디에도 나와 있지 않다.

Jeppesen 차트의 추가사항으로 그 지역에서 항로 비행 조언 서비스(EFAS)를 제공하는 FSS의 주파수와 식별 부호가 있다. HIWAS나 TWEB이 특정한 시설에서 가능할 때 Jeppesen 차트 상자 위에 나타난다. NACO는 시설 상자의 상단 우측 구석에 작은 동그라미가 쳐진 H로 나타낸다. 상단 우측 코너에 동그라미 그려진 T는 Navaid에서 TWEB을 정의한다.

항로 교통관제 센터(ARTCC)들과의 경계선은 각각에 센터 이름과 함께 Jeppesen과 NACO 차트 모두 굵은 선으로 나타내어진다. Remote Communication Outlets(RCOs)는 센터에 의해서 제공되는 지역 안에서 충분한 비행 중 통신 범위를 제공하기 위해 설정되었다. RCO는 센터의 이름과 사용되는 주파수가 나열된 상자와 함께 같이 나타내어진다. NACO

차트는 UHF 주파수를 포함하며 RCO는 또한 FSS의 서비스 범위를 연장하기 위해서도 사용된다. RCO는 얇은 선 상자에 나타내어진 항행시설과는 관련 없다. FSS 이름과 적절한 주파수도 나열되어 있다. Ground Communication Outlets(GCOs)는 RCO와 비슷하지만 GCOs는 지상에서만 사용된다. GCOs는 비 관제 IFR 공항에서 계기 클리어런스를 받거나 VFR, IFR 비행계획서를 종료하기 위해 사용된다.

2.1.6 Airports

공항을 분류하는 방법은 많지만, 공항은 계기 차트에서 두 개의 카테고리로 나누어진다. 즉, 계기 접근 절차 수립이 이루어진 곳과 그렇지 아니한 곳으로 구분한다. 계기 접근이 수립된 공항이면 Jeppesen에서는 공항 Symbol과 관련된 정보를 파란색으로 나타낸다. 또, 도시와 주 이름은 대문자로 쓰인다. 계기접근절차가 없는 공항에서는 대, 소문자를 이용하여 녹색으로 나타난다. NACO에서도 두 가지 타입을 구분하는 데 접근 절차가 있는 공항은 파란색이나 녹색, 없는 곳에서는 갈색으로 나타난다. 갈색(Brown)으로 표기된 공항은 Instrument Approach를 가지고 있지 않고 가로는 군용 착륙 권한(Military Landing Rights)이 없음을 나타낸다. 민간 공항은 표시 끝에 Tick 마크가 있다. 녹색으로 표기된 공항은 Instrument Approach를 가지고 있지 않고 가장 긴 활주로의 길이가 Hundred ft 단위로 나타내어진다. 주의할 점은 가장 긴 활주로가 꼭 Instrument 활주로는 아니라는 것이다.

2.1.7 AIRSPACE

미 대륙에서는 지상에서 1,500ft를 제외한 모든 14,500ft MSL 이상의 공역은 제어 공역이다. 이 고도 이하의 공역은 제어 공역일 수도 아닐 수도 있다. Jeppesen과 NACO 모두 다른 타입의 공역을 나타내기 위해 색을 사용하는 데 흰색은 B, C, D, E의 제어 공역이며, Jeppesen은 G 공역의 비 제어 공역을 회색 그림자로 NACO 차트에서는 갈색으로 나타낸다.

Jeppesen 차트에서 B 공역은 밤색 그림자의 밴드로 안에 B 문자의 반복으로 나타낸다. 여러 섹터에서의 고도 제한도 나타난다. C 공역은 파란색 그림자 선으로 문자 C와 함께 나타낸다. NACO는 B 공역을 굵은 파란 선 안에 엷은 파란색 그림자로 나타내며 C 공역은 파란색의 점선과 파란 그림자로 나타낸다. 모드 C 지역은 NACO 차트 지역에서 파란색과 흰색의 줄무늬로 나타낸다. 상자 안의 공항 이름 다음에 나오는 문자 C나 D는 NACO 차트에서 C나 D 공역을 나타낸다. Jeppesen 차트는 공역 D, E를 파란색의 밑줄과 적절한 문자로 나타낸다. 별표는 공역 분류가 시간대로 이루어지며 다른 차트 표가 시간대를 나타낸다. 고정익이나 special VFR이 이루어지지 않는 곳에서는 Jeppesen 차트에서 밤색이나 파란색의 작은 네모 안에 그려진다. NACO는 섹셔널 차트와 같으며 공항 이름 위에 NO SVFR로 알려준다.

Jeppesen 차트에서 금지 및 제한 구역은 밤색의 음영으로 나타내고 경고, 주의, 군사 운용지역은 녹색 음영으로 나타낸다. NACO는 모든 갈색 음영 끝으로 나타내는 군사 운용지역을 제외하고 모든 특별 사용 공역은 파란색의 음영을 사용한다. 군용 훈련 항로(MTRs)들은 NACO 저고도 항로차트에 나타내어진다. 각 지역의 정보들은 공역 근처에 나와 있거나 차트 패널에 표로 나타내어질 수도 있다.

2.2 Area Charts

항공교통 주요 지역 부근에는 항로 차트에 교통밀도 정보들이 읽거나 해석하기 어려울 수가 있다. Area Charts는 교통밀도가 높은 지역을 나타내기 위해 생겼다. 이 차트들이 VFR Terminal Area Charts에 해당하는 IFR 차트로 생각할 수 있다. 항로에서 접근까지 Area Charts는 출항 혹은 접근정보를 제공하지 않는다. 항로차트에 나와 있지 않은 중요한 정보들을 Area Charts에서는 제공하기 때문에 항로를 비행할 때도 그것들의 수용범위 지역 안에서는 항상 Area Charts를 참조하여야 한다. Area Charts의 범위는 항로차트의 첫 페이지와 Front Panel 두 곳 모두 나와 있다. Jeppesen은 회색의 엷은 빛깔을 Area Charts에 의해 나타난 지역을 표시하기 위해 사용한다. 반면에 NACO 차트는 도시 이름을 Area charts에서 검은색으로 표기한다. Jeppesen과 NACO 항로 차트 전면에서는 회색에선 망이 분리된 Area Charts에 의해 커버 된 지역을 표시한다. 항로 차트에서 바깥 경계선 지역 안의 정보는 제한될 수 있다. 만약 당신의 출항이나 목적지 공항이 이 경계선 안에 있으면 출항과 도착 항로, 속도제한 지점 등의 정보를 위해 Area Charts를 참조해야 한다.

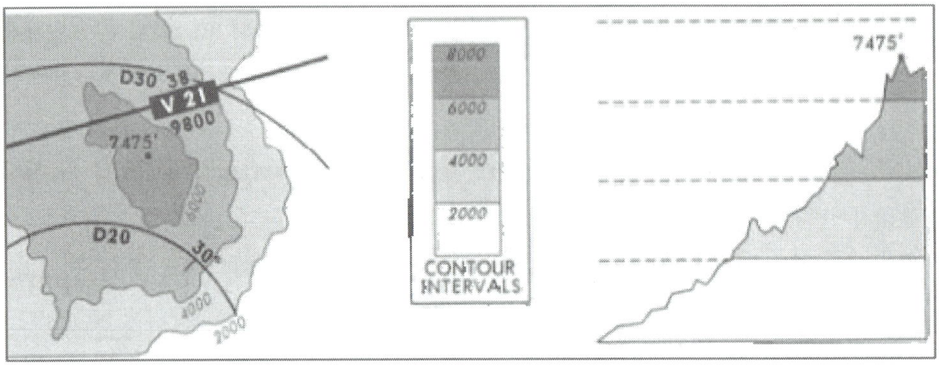

그림 2-4 등고선

Area Charts 상의 대부분의 Symbol들은 항로차트와 같다. Jeppesen에서는 NACO Area Charts에서는 볼 수 없는 여러 부가적인 모양을 담고 있다. 예를 들어 주요 공항 표고보다 4,000ft를 초과하는 지형을 담고 있는 Area Charts를 보면 지형에 따른 고도가 등고선으로 표시되어 있다. 갈색의 명암이 등고선 간격 간의 고도 변화를 나타내기 위해 사용된다. 그러나 지형 등고선은 그 지역에서 지형의 생김새를 시각화하는 데 도움을 줄 뿐이지 지형이나 인공구조물부터의 회피를 보장하지 않는다. 차트에 없는 더 높은 지형이나 인공구조물이 있을 수 있으므로 항상 항로 구조에 나와 있는 모든 최소 IFR 고도를 따라야 한다.

2.3 항로 절차(En-Route Procedures)

레이더 서비스가 시작되기 이전에, 항공기들은 주로 특정 고도 할당(Specific Altitude Assignments), 그리고 위치 보고 절차(Position Reporting Procedures)로 서로 다른 항공기들과 분리되었다. 조종사들은 많은 시간을 비행 중 계산과 ETA 수정, 항로(Airway Structure) 내의 위치 보고(Position Report)에 사용했다. 오늘날 조종사는 비행 중 계산(Inflight Calculation)을 쉽게 하려고 더욱더 많은 정보와 향상된 도구들을 가지고 있다. 그리고 항공교통관제소(ATC)의 광범위한 사용과 더불어, 위치 보고는 단지 레이더가 Failure 되었을 경우 백업으로써 필요하다. 그러나 계기비행의 항로 구간(Enroute Phase)은 한 지점에서 다른 지점으로의 비행 이상의 것을 내포하고 있다. 관제기관과 통신 유지, 필요 보고, 비행인가에 대한 응답 등이 비행시간의 상당한 부분을 차지한다. 나머지 시간은 자신의 위치 모니터, 항공기 장비 상태와 기상의 변화 등에 할애하여야 한다.

2.3.1 항로 레이더 절차(En-Route RADAR Procedures)

조종사가 Pilot In Command로서 관제공역(Controlled Airspace) 내 IFR 비행 시, 적절한 관제소나 제어 주파수를 모니터하는 것이 요구된다. 이륙 후, IFR 비행은 레이더 장비를 갖춘 지역 출항관제소(Departure Control)나 ARTCC(Air Route Traffic Control Center) 접속되어 있다. 항로 구간(En-route Phase)으로 전환함에 따라, 만약 센터(Center)와 이미 교신 되지 않았다면, 일반적으로 출항관제소로부터 센터 주파수로의 인계를 예상할 수 있다. 두 레이더 시설 사이에서의 인계는 신속하고, 단순한 절차이나 정확한 기술의 사용은 과정을 더욱더 쉽게 해준다.

가. 통신(Communication)

Radar Vector나 자체 항법에 의해 출발 관제공역(Departure Controller`s Airspace)을 떠나면서, 타워와 교신을 하도록 지시받을 것이다. 관제사에 의한 이러한 지시는 시설 이름, 적절한 주파수, 관련된 정보가 포함되어 있다. 주파수 변경 지시를 받았을 경우, 그 지시를 관제사에게 다시 반복해서 말해줌으로써 변경을 알려야 한다. 복창(Read back)은 조종사가 지시를 이해하고 정확한 주파수를 받았다는 것을 확인해준다.

최초의 센터(Center)로 호출(Call up)은 시설 식별(Facility Identification), 항공기 식별(Aircraft Identification), 고도, 그리고 지정된 고도(Assigned Altitude)가 포함되어야 한다. 만약 필요 주파수 변경 후 센터가 당신의 호출(Call up)에 응답이 없다면, 전에 할당된 주파수로 되돌아가라. ARTCC 시설 역시 비록 드물기는 하지만 송수신기가 고장 날 수 있다. 혹은 통신 교신(Radio Contact)이 일시적으로 안 될 수도 있다. 각 ARTCC 주파수는 중단 없는 신속한 서비스를 위해, 적어도 1개의 예비 송수신기를 가지고 있다. 이러한 기술적 문제들이 지연을 초래할 수는 있지만 백업 송수신기로의 전환은 1분 이상 걸리지 않는다. 그러므로 센터 통신시설이 Fail 되었다고 판단하기 이전에 적어도 1분 정도 기다려야 한다. 만약 새로이 할당된 주파수가 안 된다면, 이전에 할당된 주파수로 돌아가서 다른 주파수를 요청해야 한다. 만약 여전히 통신접속(Radio Contact)이 성립되지 않는다면, 다시 다른 ARTCC 주파수로 시도하여야 한다.

나. 보고 절차(Reporting Procedures)

다른 관제사로의 인계를 알리는 보고 외에도, 조종사가 관제기관으로부터의 특정한 요청 없이 해야 하는 보고가 있다. 어떤 것은 관제기관의 레이더 교신(Contact)과 상관없이 항상 이루어져야 하는 보고들이지만, 다른 것들은 단지 레이더 교신을 잃거나 종결되었을 때만 필요하다.

레이더 교신과 관계없이, 조종사가 전의 고도에서 새로이 할당된 고도로 승인받았을 때, 이전의 고도를 떠나면서 보고해야 한다. 그러나 새로이 할당된 고도에 도착 시 관제기관에 의한 요청이 있지 않은 이상 보고할 필요는 없다. 만약 VFR-ON-TOP 승인에 의한 비행 시, 조종사는 고도변경을 관제기관에 알려야 한다. 조종사는 Holding Fix나 Clearance Limit에 도착할 때와 떠날 때의 시간과 고도를 보고해야만 한다. 만약 계기접근에서 착륙할 수 없을 경우 실패 접근을 보고하고 특정한 행동에 대한 승인을 요청해야 한다. 조종사는 대체공항으로의 진행이나 다른 접근의 시도를 요청할 수 있다.

항공기 성능에 대한 변화 또한 보고가 요구된다. 예를 들어 만약 적어도 500fpm으로 상승이나 하강할 수 없는 경우 또는 만약 순항고도(Cruise Altitude)에서 평균 True Airspeed가 비행계획서에 기입된 수치에 5% 또는 10Knots 이상이 변경(큰 것을 기준)될 때 보고 해야 한다.

만약 VOR, TACAN, ADF, Low Frequency Navigation Receiver Capability, ILS 수신 기능의 부분이나 전체의 상실, 또는, 공대지 통신 기능의 장애 등을 경험하게 된다면, 관제기관에 통보해야 한다. 이 보고는 항공기 식별, 영향받는 장비, 관제 시스템 아래 계기비행 조건 내에서 비행할 수 있는 기능 상실의 정도 그리고 당신이 원하는 지원범위 및 의도가 포함되어야 한다. 관제기관은 이러한 보고를 교통 통제나 앞으로 있을 수 있는 충돌을 피하고자 사용한다. 예를 들어, 만약 DME 기능을 상실한다면, 관제사는 목적지에 DME가 필요한 접근이나 대기를 할 수 없다는 걸 알 것이다. 만약 예보되지 않은 날씨나 위험한 날씨를 접했을 시 또는 비행안전에 관련된 어떠한 정보가 있을 시에는 규정에 따라서 관제기관에 통보해야 한다.

다. 레이더 교신 실패 시 보고(Nonradar Reports)

만약 레이더 교신(Contact)을 잃거나 레이더 서비스(Radar Service)가 중단된다면, 비행 항로를 따라 지정된 VOR이나 교차로에서 ATC에게 위치보고가 필요하다. 이러한 의무 보고지점은 Solid 삼각형으로 계기항로차트(IFR Route Chart)에 표시되어 있다. Open 삼각형으로 표시된 Fix에서의 위치보고는 관제기관의 요청 시에만 필요하다. 만약 설정 항로가 아닌 DIRECT COURSE에 있다면, 항로가 정의된 비행 계획서에서 사용되는 Fix에서 보고해야 한다. VFR-ON-TOP에 따른 계기비행을 할 때도 의무 보고지점이 적용된다. 관제기관과 레이더 교신이 이루어지지 않았을 때 조종사가 해야 하는 추가적인 보고가 있다. 관제기관에 제출했던 예정 시간이 3분 이상 초과될 것이 명백하여질 때 관제사에게 알려야 한다. 그리고 비정밀 접근 시 FAF로의 INBOUND시 보고 해야 하고, 정밀 접근 시에는 OUTER MARKER나 FAF를 대신하는 Fix를 떠날 때 보고 해야 한다.

* RADAR/NON RADAR REPORTS

다음 사항의 보고는 특정한 관제기관의 요구가 없어도 항상 이루어져야 한다.

- 지정된 비행 고도나 flight level을 다른 목적을 위해 떠날 때
- VFR ON TOP의 고도 변경
- 지정된 Holding Fix나 지점(point)을 떠날 때
- 실패 접근
- 최소 500fpm으로 상승하거나 하강할 수 없을 때
- 계획된 TAS 변화가 5% 혹은 10knot을 넘을 때(큰 것을 기준)
- 대기 Fix 혹은 clearance limit을 떠날 시의 시간과 고도 혹은 flight level
- 항법/통신 기능의 상실
- 예보되지 않은 기상 상태나 비행의 안전과 관련된 다른 정보들

레이더 접속이 이루어지지 않을 때 다음 보고들은 관제기관의 요구 없이도 이루어져야 한다.

- Final Approach상의 inbound 때 FAF 혹은 OM을 지날 때
- 수정된 ETA가 2분 이상일 때
- 의무 보고지점에서의 위치보고

2.3.2 GPS를 이용한 항로 항법(ENROUTE NAVIGATION USING GPS)

만약 패널에 승인된 IFR 항법용 GPS가 장착되어 있다면, 한 지점에서 다른 지점으로 비행시(POINT-TO-POINT)에 주요 항행 수단으로서 사용하여도 된다. 그러나 항공기는 VOR-BASED EQUIPMENT와 같은 대체 항법 장비가 있어야만 한다. 만약 GPS 수신기가 RAIM(Receiver Autonomous Integrity Monitoring)을 사용한다면, 대체 항법 장비

(Alternate Navigation Equipment)의 모니터는 필요하지 않다. 복잡한 공역 내에서 포화된 교통량 때문에, 대부분은 지정된 항로(Published Airway)에서 비행하기 위해 GPS를 사용할 것이다. 혼잡이 덜한 지역에서는, 발간된 WAYPOINTS 사이나 당신이 직접 계획한 WAYPOINT 간의 직선 항로를 제출하는 것을 선택하여도 된다. DIRECT로 비행 시에는 관제기관이 어느 때라도 이전 항로로 옮기는 것을 요청할 수 있으므로 BACKUP 수단으로 GPS에 항로를 프로그램 해야 한다.

GPS 작동은 승인된 AFM(Aircraft Flight Manual)이나 Flight Manual Supplement에 따라서 해야만 한다. 계기비행을 위해서 GPS를 사용하기 이전에, 항공기 내에 설치된 특정한 GPS 장비와 Receiver Operation Manual, AFM에 친숙해져야 한다. VOR 수신기 같은 전통적 항법 장비와는 달리 기본 사용, 수신기의 화면, GPS 장비의 기능이 아주 다양할 수 있다. 대부분 수신기는 비행 사용 전 장비의 숙지를 위한 Simulator Mode가 있다. 게다가 IFR 운영을 시도하기 전에 VFR 상황에서의 비행 중 장비의 사용이 권고된다. 비행 전 GPS NOTAM을 검토하여 위성 불능 등을 검토하여야 한다.

2.3.3 AIR TRAFFIC SERVICE ROUTES

Air Traffic Service Route는 Air Traffic Service의 공급 필요에 따라서, 교통량을 다른 곳으로 돌리기 위해서 지정된 특정한 항로이다. 이 용어는 Jet Route, Area Navigation (RNAV) Routes, 그리고 출발 도착 항로 등을 포함한 다양한 항로를 말한다. ATS route는 VOR Federal 항로, Colored Federal Airways, Jet Routes, 그리고 RNAV routes 등을 말한다.

국제항공기구(ICAO)는 ATS 항로와 그것들의 음성통신사용을 위한 기본지침을 Annex 11에 수록하고 있다. 2003년, FAA는 미국 국내 High Altitude Structure에 11개의 새로운 RNAV 항로를 만들었다. 그리고 더욱 더 많은 항로가 앞으로 계획 중에 있다. Jeppesen이나 NACO 항로 차트(En-route Charts)는 새로운 항로를 보여준다.

2.3.4 ENROUTE RNP

RNP Values들과 levels들은 GPS 혹은 EARTH-REFERENCED NAVIGATION을 기초로 하는 INS(Inertial Navigation System), IRS(Inertial Reference System)와 같은

RNAV 작동을 지원하는 항로를 위한 것이다. RNP 단계(Level)는 영향을 받는 항공 차트나 절차에 나타나 있고, 이러한 기준들은 특정한 항법 센서에 의해서 적합한 항공기에 관련하여 표시되어 있다.

RNP는 항법 개념을 나타내고 정의하는 새로운 용어들을 배워야 한다. 예를 들면 RNP 공역은 최소 RNP가 성립되는 곳에서의 공역, 항로, 구간, 운용, 절차 등을 지정하는 용어이다. RNP는 측면경로나 항로에 수평 유도를 계산하고 보여주고 제공하는 RNAV 장비의 기능이다.

RNP RNAV는 ICAO가 정의한 RNP를 넘는 확장된 산업 설계이다. RNP RNAV의 이득 중 하나는 분리와 충돌위험도 판단에 도움이 된다는 것이다. RNP RNAV는 RNP value를 4배나 줄일 수 있어서 같은 공역 안에 항로 용량을 더욱 증가시킨다.

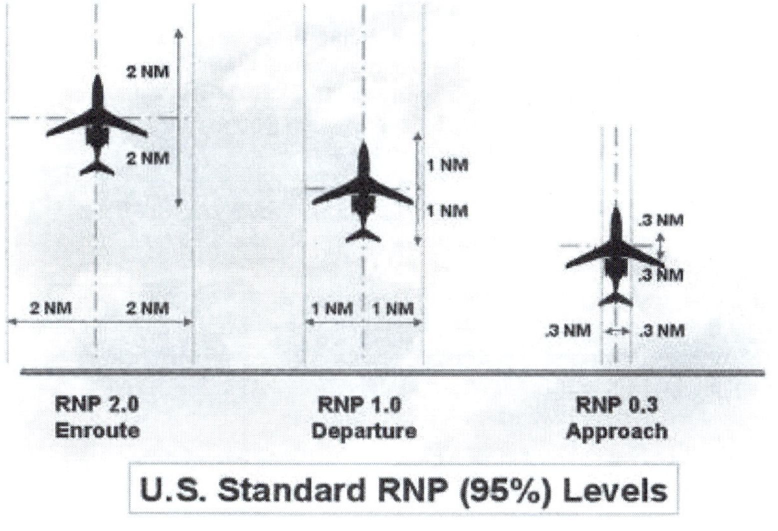

그림 2-5 미국 표준 RNP단계.

2.3.5 특별 사용 공역(SPECIAL USE AIRSPACE)

제어사격지역(Controlled Firing Areas)을 제외하고, 특별 사용 공역(Special Use Airspace) 지역은 계기비행 En-route 차트에 묘사되고, 비행 전 계획에 고려되어야 한다. 만약 계획된 비행경로가 실제 운용 중인 제한 지역을 통과하면 관제기관은 일반적으로 비행에 영향을 끼치는 공역을 피하도록 개정된 항로 승인(Clearance)을 발행한다. 관제기관은 일반적으로 실제 제한구역으로 통과하는 계기비행 승인을 해주지 않기 때문에 제한구역을 지나가지 않도록 항로를 계획한다면 항로 수정을 피할 수 있다. 만약 관제기관이(VFR-ON-TOP을 포함해서) 제한구역을 통과하는 계기비행 승인을 발행한다면 그러한 비행 승인은 공역을 통과할 수 있도록 허가가 된 것이다.

2.3.6 계기비행 순항고도(IFR CRUISING ALTITUDES)

FAR 91.179는 계기비행 순항고도에 대한 정보를 제공한다. 관제 공역 내에서 계기비행으로 순항 비행을 할 때, 관제기관에서 할당한 고도나 Flight Level에서 비행해야 한다. 비 관제 공역 내 계기비행을 위해서, FAR 91.179는 Magnetic Course를 기준으로 하여 유지하여야 하는 고도를 명시한다. 이 Hemispheric 규칙은 18,000ft MSL 미만에서 Magnetic Course가 0°에서 179°까지 내에서 홀수 천 FT 단위로 비행해야 한다. 180°에서 359° 사이에서는 짝수 천 FT 단위로 비행해야 한다. 특별한 경우가 아닌 이상 조종사는 Hemispheric 규칙에 따라서 비행계획을 제출하고 항상 관제기관은 그 규칙에 따라서 고도를 지정한다. 그러나 관제 공역 내에는 이러한 동서 규칙에 따르지 않는 고도를 요청하거나 받을 수 있다.

만약 18,000ft 미만에서 계기 비행하고 있고, VFR-ON-TOP 승인 하에 운용 시에는 VFR 상태를 유지하는 MEA와 18,000ft MSL 사이에 비행 방향에 따라서 VFR 순항 고도를 선택하여도 된다. 물론, 관제기관에 고도 변경을 보고 해야 하며, 다른 모든 계기 보고 절차를 따라야 한다. VFR-ON-TOP은 CLASS A 공역에서는 허가되지 않는다.

18,000ft MSL 미만으로 비행 시, 현재위치로부터 100NM 이내의 기상을 통보할 수 있는 기관으로부터 보고 받은 현재 기압을 기입하여야 한다. 기상을 통보할 수 있는 기관이 항로에서 100NM가 넘는 지역에서는 제일 가까운 기관의 고도계를 기입하여도 된다. 계기 비행 시에는, 관제기관에서 현재 고도계 수정치를 정기적으로 알려준다. 그러나 적절한 고도계 갱신은 조종사의 책임이다.

18,000ft 이상에서는, Flight Level에서 비행하게 될 것이다. 이때, 고도계를 29.92In.Hg로 맞추어야 한다. Flight Level은 29.92In.Hg의 Datum과 비교해서 일정한 대기 압력의 고도로서 정의된다. 각 Flight Level은 100ft 단위로 나타내는 3개의 숫자로 나타내진다. 예를 들어 FL250은 25,000ft를 나타낸다. 비행항로에서 실제 고도계 기압이 29.92In.Hg보다 낮을 때 18,000ft MSL 미만에서 운영되는 교통들과 혼란이 올 수도 있다. 그러므로 FAR 29.121은 주어진 고도계 기압 범위에 대한 가장 낮게 허용된 Flight Level(Lowest Usable

Flight Levels)을 명시한다.

가. 수직 분리 최저치(Reduced Vertical Separation Minimums)

고고도(High Altitude)를 위한 수직 분리 최저치 2,000ft는 고도계가 FL290 이상에서는 정확하지 않던 40년 전에 만들어졌다. 더욱더 나은 비행과 항법계기와 더불어, 수직 Separation은 세계 많은 항로에서 1,000ft로 감소하였다. 수직 분리 축소 공역 Reduced Vertical Separation Minimums(RVSM)은 항공기가 1,000ft의 수직으로 분리되는 고도 FL290과 FL410 내에서 모든 공역을 말한다. 이것은 공역의 수용력을 증가시키고, 항공기가 더욱 적절한 상태에서 비행함으로써 연료 절감을 할 수 있다. RVSM은 고도 FL290과 FL410 사이에 추가로 사용할 수 있는 6개의 고도를 추가했다.

*** 일반적으로 사용되는 순항고도(항공법 시행규칙 제176조)**

비행 방향							
000°에서 179°까지				180°에서 359°까지			
계기비행		시계비행		계기비행		시계비행	
FL	ft	FL	ft	FL	ft	FL	ft
0		-	-	0		-	-
10	1,000	-	-	20	2,000	-	-
30	3,000	35	3,500	40	4,000	45	4,500
50	5,000	55	5,500	60	6,000	65	6,500
70	7,000	75	7,500	80	8,000	85	8,500
90	9,000	95	9,500	100	10,000	105	10,500
110	11,000	115	11,500	120	12,000	125	12,500
130	13,000	135	13,500	140	14,000	145	14,500
150	15,000	155	15,500	160	16,000	165	16,500
170	17,000	175	17,500	180	18,000	185	18,500
190	19,000	195	19,500	200	20,000	205	20,500
210	21,000	215	21,500	220	22,000	225	22,500
230	23,000	235	23,500	240	24,000	245	24,500
250	25,000	255	25,500	260	26,000	265	26,500
270	27,000	275	27,500	280	28,000	285	28,500
290	29,000	300	30,000	310	31,000	320	32,000
330	33,000	340	34,000	350	35,000	360	36,000
370	37,000	380	38,000	390	39,000	400	40,000
410	41,000	420	42,000	430	43,000	440	44,000
450	45,000	460	46,000	470	47,000	480	48,000
490	49,000	500	50,000	510	51,000	520	52,000
⋮	⋮	⋮	⋮	⋮	⋮	⋮	⋮

* FL290 이상 FL410 이하의 고도에서 1,000ft의 수직분리최저치가 적용되는 지역(항공법 시행규칙 제176조)

비행 방향							
000°에서 179°까지				180°에서 359°까지			
계기비행		시계비행		계기비행		시계비행	
FL	ft	FL	ft	FL	ft	FL	ft
0		-	-	0	-	-	-
10	1,000	-	-	20	2,000	-	-
30	3,000	35	3,500	40	4,000	45	4,500
50	5,000	55	5,500	60	6,000	65	6,500
70	7,000	75	7,500	80	8,000	85	8,500
90	9,000	95	9,500	100	10,000	105	10,500
110	11,000	115	11,500	120	12,000	125	12,500
130	13,000	135	13,500	140	14,000	145	14,500
150	15,000	155	15,500	160	16,000	165	16,500
170	17,000	175	17,500	180	18,000	185	18,500
190	19,000	195	19,500	200	20,000	205	20,500
210	21,000	215	21,500	220	22,000	225	22,500
230	23,000	235	23,500	240	24,000	245	24,500
250	25,000	255	25,500	260	26,000	265	26,500
270	27,000	275	27,500	280	28,000	285	28,500
290	29,000			300	30,000		
310	31,000			320	32,000		
330	33,000			340	34,000		
350	35,000			360	36,000		
370	37,000			380	38,000		
390	39,000			400	40,000		
410	41,000			430	43,000		
450	45,000			470	47,000		
490	49,000			510	51,000		
⋮	⋮			⋮	⋮		

2.3.7 접근을 위한 하강(Descending from the Enroute Segment)

목적지에 가까워질수록, ATC는 조종사에게 항공기를 적절한 고도에서 접근 관제 구역(Approach Control's Airspace) 내로 진입시키기 위해서 하강 인가(Descent Clearance)를 발행한다. 여기에는 관제기관에서 발행하는 기본적 2가지 하강 인가가 있다. 첫째로, 관제기관은 조종사에게 하강해서 특정한 고도를 유지하도록 요청한다. 일반적으로 이 인가(Clearance)는 항로 항적 분리 목적으로 사용된다. 그리고 이것은 조종사가 신속히 응답하여져야 한다. 할당된 고도 위 1,000ft 위에 도달할 때까지는 항공기에 적합한 강하율로 강하해야 한다. 조종사는 새로이 할당된 고도를 위해 이전 고도를 떠날 때 보고 해야 하고 마지막 1,000ft 강하는 500-1,500fpm으로 해야 한다. 두 번째 하강 승인은 "*At Pilot's Discretion*"으로 강하하도록 하는 것이다. 관제기관이 At Pilot Discretion 인가를 발행하면, 언제라도 강하를 시작할 수 있다. 강하하는 동안 고도 어느 곳이라도 잠시 동안 Level Off 할 수 있다. 그러나 한번 떠난 고도는 다시 돌아갈 수 없다.

때로는 "*Cross The Juliet VOR at or Above 12000, Descent and Maintain 5000*"과 같이 강하가 At Pilot`s Discretion으로 하는 구획(Segment)을 포함하고 있다. 이것은 조종사가 Juliet VOR을 12,000ft 이상으로 통과한 후 할당된 고도(12,000ft)로부터 강하할 수 있도록 권한을 부여한다. 그런 후 조종사는 할당 고도 5,000ft에 도착할 때까지 일반적인 강하율로 강하해야만 한다.

At Pilot`s Discretion으로 강하할 수 있는 비행인가는 관제기관만의 선택권이 아니다. 더욱더 능률적으로 비행하기 위해서, 조종사가 요청할 수도 있다. 만약 구름 위의 항로에 있을 때, 조종사는 At Pilot`s Discretion을 요청할 수 있다. 이것은 조종사가 구름 위로 가능한 한 오래 있을 수 있게 한다. 예를 들어 Icing 조건에 있을 때 이러한 Clearance의 중요함을 알 수 있을 것이다. 이런 조종사의 요청은 연료 절감과 Icing조건하에 오랜 시간 노출을 피하기 위해 순항고도에서 좀 더 오래 있을 수 있다. 이러한 강하는 Smooth Air 고도에서 Level Off 함으로써 난기류로의 노출을 최소화할 수 있다.

2.4 공중대기 절차(Holding Procedures)

Holding은 항공기를 지연시켜 분리 간격(Separation)을 유지하고 교통흐름을 원활하게 하기 위한 방법이다. 교통량이 압도적으로 많아졌거나, 레이더의 고장의 경우, Holding의 필요가 증대된다. ATC 레이더 범위 내에 있지 못하는 지역은 Holding Pattern이 관제사의 교통 통제를 원활하게 하는 데 도움을 준다. Holding Pattern은 항공기가 Clearance Limit에 도착했을 때 사용되고, 실패 접근 이후에 요구될 수 있다. 때로는 조종사가 Holing을

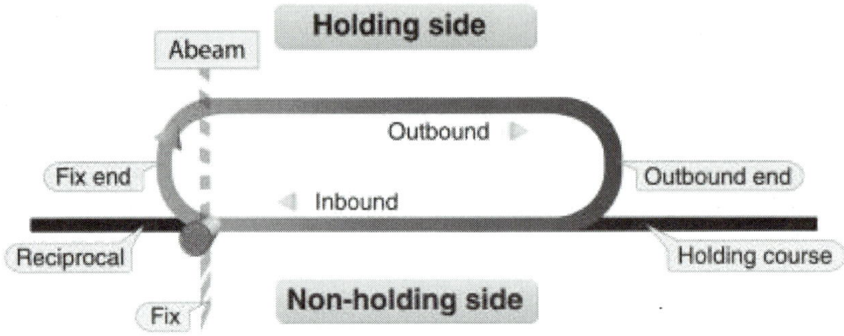

Standard pattern: Right turns (illustrated)
Non-standard pattern: Left turns

그림 2-6 Standard holding pattern-no wind

요청할 때가 있다. 예를 들어서, 항공기에 할당된(Assigned) 고도로 상승하기 위해, 또는 목적지의 기상이 나아져서, 대체공항(Alternate)으로 목적지를 변경하는 것과 목적지에 정상적인 착륙을 하는 시간 간에 별 차이가 없을 때이다. 그러므로 조종사는 자신이 해야 할 일과 적절한 계기 비행 기동을 수행할 수 있어야 한다.

2.4.1 The Standard Holding Pattern

Holding Pattern은 단면도에서 볼 수 있듯이 타원형의 경주장처럼 생겼다. 표준 Holding Pattern에서 선회(Turn)는 오른쪽으로 해야 하는 반면에 비표준 Holding Pattern은 왼쪽으로 선회한다. 14,000ft MSL 이하에서는 Holding Pattern은 일반적으로 1분 직선 구간과 2번의 Standard Rate 180° 선회로 이루어진다. 그러므로 바람이 없을 때, 각 패턴(Circuit)은 4분이 걸린다. 14,000ft MSL 이상에서는 직선 구간을 1분 30초 거리로 잡아서 바람이 없는 경우, 한 패턴을 그리는 데 5분이 걸리도록 되어 있다. 이번 장에서는 단순하게 14,000ft 이하의 Holding Pattern을 가정하자. Holding Pattern의 물리적 크기는 항공기 속도에 따라 다르다. 바람의 영향을 고려하지 않을 때, 각 패턴은 속도가 빠르거나 혹은 늦어도 항상 시간은 같게 걸린다.

각 Holding Pattern은 Fix와 Fix로부터 방향, 그리고 Pattern의 한 구간을 비행하기 위한 위치선(Line Of Position)[NDB Bearing, VOR Radial] 등으로 구성되어 있다. 선회 방향에 따른 각 구성요소는 Holding Pattern을 결정한다. Holding의 각 Circuit은 Holding Fix에서 시작해서 끝난다. Holding Fix는 교차로(Intersection)이나 항법 보조시설(Navaid) 또는

항법 보조 시설로부터의 특정한 거리가 될 수 있다. Pattern의 내항 구간(Inbound Leg)은 Holding Course에서 Fix로 향해 간다. 예상할 수 있듯이, Pattern이 흐르는 Holding Course의 쪽을 Holding Side라 한다.

가. Outbound와 Inbound의 시간 측정(Outbound And Inbound Timing)

바람의 영향을 예상하기가 어렵기 때문에, 다음 Circuit에 대한 적절한 수정요인을 찾기 위해서, 첫 번째 Holding을 이용한다. 항공기가 Holding Fix의 Abeam 위치에 있을 때, Turn Outbound 시간 측정을 시작한다. 만약 Abeam Position을 식별하지 못하면, Turn을 완료하여 Outbound Leg를 시작했을 때, 시간 체크를 시작해야 한다. Inbound로 선회 후 바람의 영향을 측정하기 위해서 Outbound Leg 시간을 체크 한다. 그리고 1분 내항 시간을 맞추기 위해서 다음 Inbound Leg에 대한 시간을 조절한다. 내항 구간이 길어질수록 외항 구간을 짧게 해야 한다. 반대 또한 같다.

때로는 DME 거리가 inbound leg나 out bound 시간 체크 대신에 사용된다. DME 사용 시 같은 절차가 적용된다. 그러나 선회는 Station으로부터의 특정한 DME 거리에서 시작된다. Holding Fix는 지정된 거리의 Radial 위에 있다. 만약 DME Fix에서 Holding을 요청하고 Holding Pattern이 DME Fix와 보조 항법 시설(Navaid) 사이에 있다면, 항법 보조시설(Navaid)이 아니라 Fix에서 Holding 하는 것을 기억하라. Holding Fix로 향하는 Inbound Leg는 항법 보조시설(Navaid)로부터 Outbound가 된다.

나. 측풍 수정(Crosswind Correction)

만약 측풍 편류(Crosswind Drift)에 대한 수정 없이 Holding을 한다면, 보호되는 공역 지역으로부터 벗어나게 될 수 있다. 또는 Fix를 지나기 전 Inbound 코스로 돌아오는 것이 어렵게 될 수 있다. 이러한 문제를 피하려고, 일반적으로 Inbound Leg에서 편류(Drift)에 대한 수정치를 결정하기 위해서 Bracketing과 Drift 수정법을 사용한다. Inbound Course를 유지하기 위한 Wind Correction Angle(WCA)이 결정되면, Outbound Leg에서는 수정치에 3배를 적용한다.

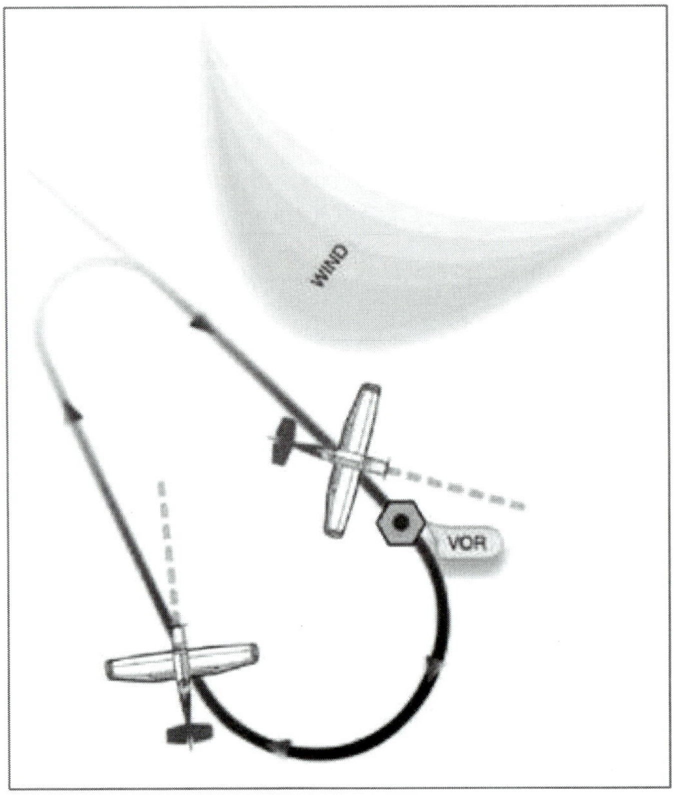

그림 2-7 측풍 수정

다. Maximum Holding Speed

이미 보았듯이, Holding Pattern의 크기는 비행기의 속도와 직접적으로 비례한다. ATC에 의해서 보호되는 공역 크기를 제한하기 위해서, Maximum Holding Speed가 특정한 고도 범위에서 지정되어 있다. 몇몇 Holding Pattern은 더욱 빠른 비행기가 보호지역(Protected Area) 밖으로 비행하는 것을 방지하기 위해서 추가적인 속도제한이 있다. 만약 Holding Pattern에 비표준 속도제한이 있다면, 제한 속도 치와 Icon으로 나타낸다. 만약 Holding 속도 제한치가 조종사가 느끼기에 낮다고 느끼면, ATC에게 수정된 속도를 알려야 한다. 또한 만약 Indicated Airspeed가 적절한 최대 Holding 속도를 넘는다면, ATC는 조종사가 속도를 Fix 도달 ETA 3분 이내에 제한속도로 줄이기를 요청한다. 가끔, 조종사는 Holding Fix로 가는 도중 속도를 줄임으로써 Holding Pattern 비행을 피할 수 있고 Holding Pattern에서 지연되는 시간을 줄일 수 있다.

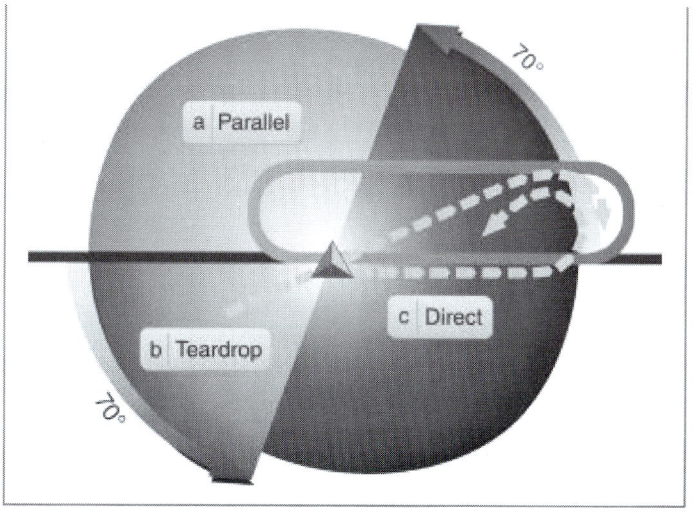

그림 2-8 접근에 따른 Entry 결정

* ICAO 규정(Doc8168, Volume 1, 4th edition)에 따른 holding speed

고도	일반 조건	Turbulence 조건
14,000ft (4,250m) 이하	230kts (425km/h)	280kts (520km/h)
14,000ft 초과 20,000ft 이하 (4,250m 초과 ~ 6,100m)	240kts (445km/h)	280kts (280km/h)와 0.8 Mach 중 적은 것
20,000ft 초과 ~ 34,000ft 이하 (6,100m 초과 ~ 10,350m 이하)	265kts (490km/h)	
34,000ft (10,350m) 초과	0.83 Mach	0.83 Mach

* FAA 규정에 따른 holding speed

고도	모든 항공기
6,000ft 이하	200kts
6,000ft 초과 14,00ft 이하	230kts
14,000ft 초과	265kts

2.4.2 HOLDING PATTERN ENTRIES

3가지 Holding Pattern 진입 절차는 과도한 기동 없이 조종사가 Holding Course의 오른쪽으로 진입할 수 있도록 한다. 사용하는 진입(Entry)은 조종사가 Fix에 도착했을 때,

Holding Course에 대한 기수방위(Magnetic Heading)에 의해서 결정된다. 표준 Holding Pattern을 위한 진입(Entry)은 아래 삽화에서 볼 수 있다. 비표준 Holding Pattern은 삽화된 그림과 반대로 생각하면 된다.

가. Direct Entry

Direct Entry 절차는 가장 자주 사용된다. 왜냐하면, 180°에 걸쳐서 적용될 수 있기 때문이다. Direct Entry 사용 시, 간단하게 Fix를 지나서 Out bound 방향이 오른쪽으로 선회 후 Holding Pattern을 비행하면 된다.

나. Teardrop Entry

Teardrop Entry는 Fix를 지난 후 Holding Side에서 Out Bound Holding Course에 30° 떨어진 기수로 선회하는 것을 제외하면 Direct Entry와 비슷하다. 이 방위로 기수를 돌리자마자 대략 1분 정도를 Outbound 방향으로 비행한다. 그리고 Inbound Holding Course로 Intercept하기 위해서 오른쪽으로 선회한다. 이 절차는 조종사가 Holding Course에서 Inbound 방향으로 선회할 때 필요한 이동을 위한 공간이 필요하다.

다. Parallel Entry

Parallel Entry는 Holding Side가 아닌 지역에서 Holding Course Outbound로 평행하게 비행한다. Holding Fix를 지난 후, 비행기는 Holding Course에 평행한 방향으로 기수를 선회한 후 1분 동안 시간 체크를 한다. 그리고 왼쪽으로 선회 후 Fix로 돌아가거나 Holding Side에서 Holding Course로 재진입을 한다. 그리고 Holding Fix로 진행한다.

라. 진입의 시각화(Visualizing Entry Procedures)

Holding Pattern 진입을 쉽게 하는 방법은 조종사가 Fix에 도착하기 전에 Holding Pattern과 비교해서 자신의 위치를 정확하게 그려보는 것이다. 진입을 더욱더 쉽게 하기 위한 많은 방법이 있다. 예를 들어 Aeronautical 차트에 Holding Pattern을 그리기, Flight Computer의 Wind Side 사용하기, 비행기 Heading Indicator에 적용하기, Plotter 위에 Holding Pattern을 기입하기, 특별하게 디자인된 Pattern 진입을 위한 Computer를 사용하기 등 여러 가지가 있다. 조종사들은 이런 여러 가지 방법들을 사용한다. 그러나 이러한 방법들의 가치평가는 본인이 얼마나 쉽게 Holding Pattern과 Entry를 시각화하는가에 달려있다. 여기 다른 장비가 필요하지 않은 엄지 법칙이 있다. 도착지점을 시각화하라. 만약 Fix에 도달했을 때, Holding Course가 항공기 뒤에 있다면, Direct Entry가 사용된다. Holding Course가 앞쪽이나 항공기의 오른쪽에 있다면, Parallel Entry를 사용한다. 비표준 Holding Pattern일 때 이 방법은 Parallel과 Teardrop 진입 구역이 바뀐다. 비표준 Pattern에 대한 Parallel 구역은 항공기의 앞 오른쪽에 있다. 그리고 Teardrop 구역은 비행기의 앞 왼쪽에 있다. Direct Entry는 항공기 뒤쪽에 있다.

2.4.3 ATC Holding Instructions

관제사는 Clearance Limit나 Fix에 지연이 예상되면, Clearance Limit나 Fix에서 적어도 ETA 5분 전에 Holding Clearance를 발행할 것이다. 만약 ATC가 할당한 Holding Pattern이 적절한 Aeronautical Chart에 나타나 있으면, 관제사가 다른 것을 지시하지 않는 한 정해진 대로 Holding을 하면 된다. 이런 경우에 관제사는 Fix 이름, 발간된 Holding 지시가 포함된 Clearance Limit을 발행하고, EFC(Expect Further Clearance)가 포함될 것이다. 이러한 Clearance의 예로서,

> "HL1124, Hold East Of Mikey Intersection As Published, Expect Further Time At 1521"

ATC가 Holding Pattern이 차트화 되지 않은 Fix에서 Holding Clearance를 발행한다면, 완전한 Holding Clearance를 받을 것이다. 여기에는 Fix로부터 방향, Fix 명칭, Course, 구간거리(Leg Length), 그리고 적절하다면, 선회 방향과 EFC Time이 포함된다. 만약 새로운 고도가 Holding Clearance 내에 있지 않으면, 조종사는 마지막으로 할당된 고도를 유지해야 한다. 그리고 만약 왼쪽 선회라는 지시가 없다면, 오른쪽 선회 Holding을 해야 한다. 모든 Holding 지시는 EFC 시간이 포함되어야 한다는 걸 명심해야 한다. 만약, 라디오 통신이 안 된다면, 조종사는 정확한 EFC 시간에 Holding Fix에서 출발해야 한다. 가능한 한 정확한 시간에 가깝게 Fix에서 떠나기 위해, 마지막 바퀴의 Holding Pattern을 계획해야 한다.

만약 Clearance Limit에 가까워져 오고, ATC로부터 Holding 지시를 받지 못했다면, 다음과 같은 절차를 이행할 수 있다. 첫 번째, ATC에 연락해서, Fix에 도착하기 전에 Further Clearance를 요청한다. 만약 Further Clearance를 받지 못했다면, 지정(Published)된 Holding

에 따라 Fix에서 Holding할 수 있다. 만약 Holding Pattern이 Chart화 되지 않았다면, 오른쪽 선회를 이용하는 Inbound 코스에서 Holding할 수 있다. 이 절차를 통해서 ATC는 적절한 비행기 분리 간격을 제공한다.

03

입항

Arrival

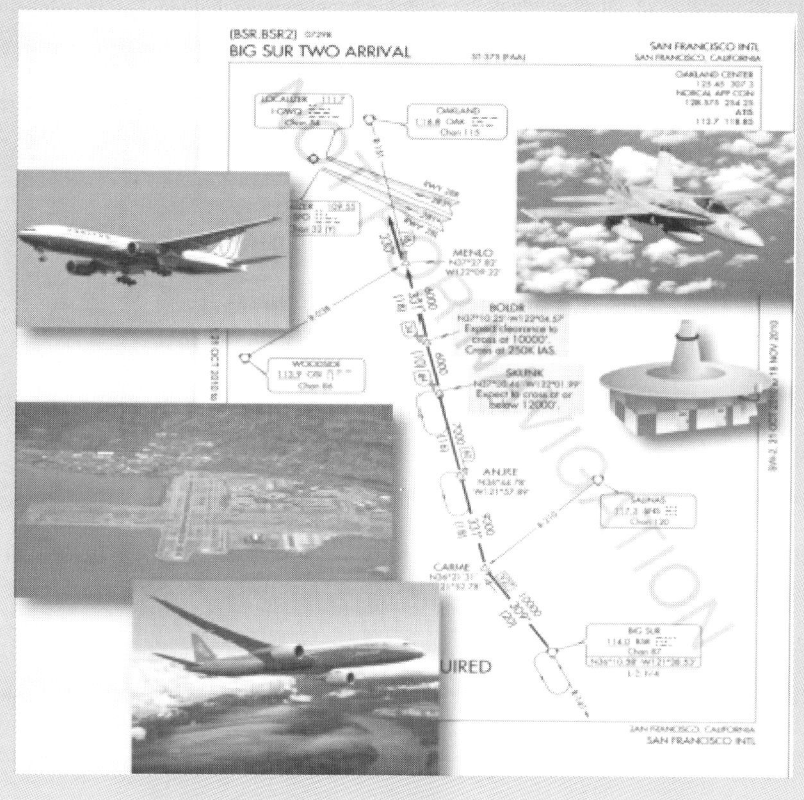

3.1 입항 차트(Arrival Chart)

계기비행 계획서(IFR Flight Plan)를 제출할 수 있다면 VFR 조건에서는 경험해 보지 못했던 큰 공항에도 쉽게 접근할 수 있다. 대형 공항으로의 항공 교통량이 증가함에 따라, 계기비행을 수행하는 항공기들에게는 적절한 순서를 부여하는 절차가 필요하다. Arrival Chart는 복잡한 Clearance를 단순하게 하고, 조종사와 관제사에게 미리 정해진 비행 계획을 제공함으로써 항공기가 항로 구조(En-route Structue)에서 복잡한 터미널 지역(Terminal Area)으로 매끄럽게 전환하도록 해준다. 이러한 입항 차트를 비행계획서에서 하나로 통합되는 방법을 익힘으로써 조종사를 복잡한 공역 내로 편안하게 비행할 수 있게 해줄 것이다.

3.1.1 표준 입항 절차(Standard Terminal Arrival Route, STAR)

Standard Terminal Arrival Route(STAR)는 항로에서 출발하여 목적지로 비행해 들어가는 일반적인 방법을 제공한다. STAR는 항상 계기접근, 시각 접근절차와 함께 종결된다. Jeppesen Chart나 NACO Chart는 STAR를 FAA에서 인정한 절차가 있는 공항을 위해 발간한다. Jeppesen Chart는 적합한 차트를 기본 터미널 차트에 포함시키며 이러한 차트들은 공항 접근 차트로 분류되어 있다. NACO Chart는 Terminal Procedure Publication Regional Booklet 표지에 Star가 포함되어 있다.

Star가 복잡한 Clearance와 교신 혼잡의 완화를 위해 어떻게 사용되는가를 이해하기 위해 시애틀로 비행하는 조종사에게 인가된 Arrival Clearance의 예를 살펴보자.

> "HL1234, Cleared To The Seattle/Tacoma Intersection Airport As Filed Maintain 12000. At The Ephrata VOR Intercept The 221 Radial To Chins Intersection. Intercept The 284 Of The Yakima VOR To Snomy Intersection. Cross Snomy At 10000. Continue Via The Yakima 281 Radial To Aubrn Intersection. Expect Radar Vectors To The Final Approach Course."

지금 STAR가 이 터미널 지역에 설정되어 있을 때, 어떻게 이와 같은 Clearance가 바뀌어 인가되는지 보자.

"*HL1234, Cleared To Seattle/Tacoma International Airport As Filed, Then Chins Two Arrival, Ephrata Transition. Maintain 10000ft.*"

이 짧은 Clearance는 위의 긴 Clearance와 동일한 정보를 전달한다. Transition(전환)은 다른 방향으로부터 항공기를 STAR로 이끄는 몇 가지 route 중 하나이다.

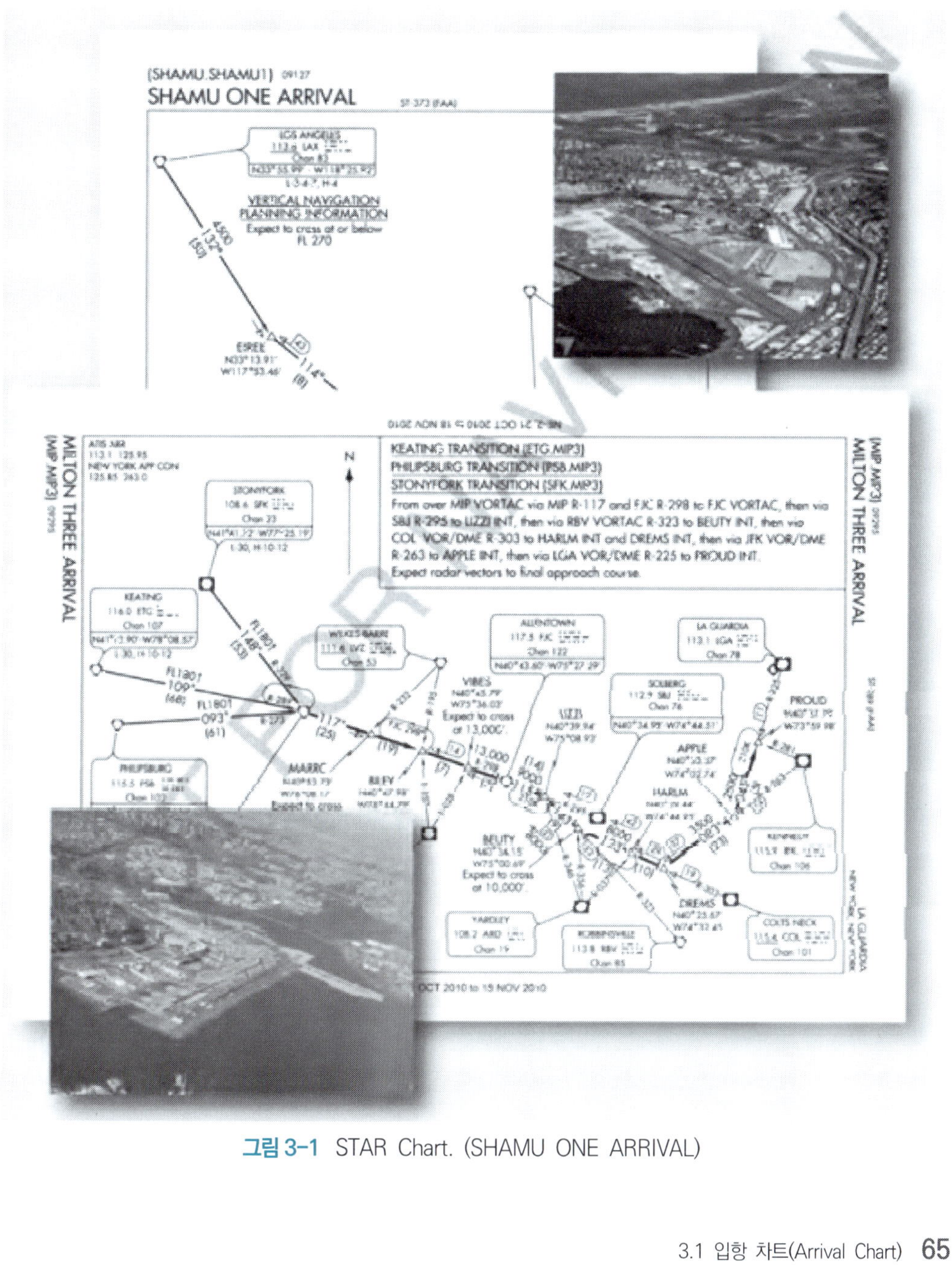

그림 3-1 STAR Chart. (SHAMU ONE ARRIVAL)

3.1.2 표준 입항 절차의 해석(Interpreting the Star)

STAR는 출발이나 접근 차트에서 사용하는 것과 대부분 같은 기호체계를 사용한다. 사실, STAR는 비행 방향이 반대인 것과 절차가 접근 Fix에서 끝난다는 것을 제외하고는 처음 볼 땐 Graphic DP(Departure Procedure)와 비슷한 것처럼 보인다. STAR는 ARRIVAL로의 전환이 일어나는 보조 항법시설(NAVAID) 또는 Intersection에서 시작한다. 같은 방법의

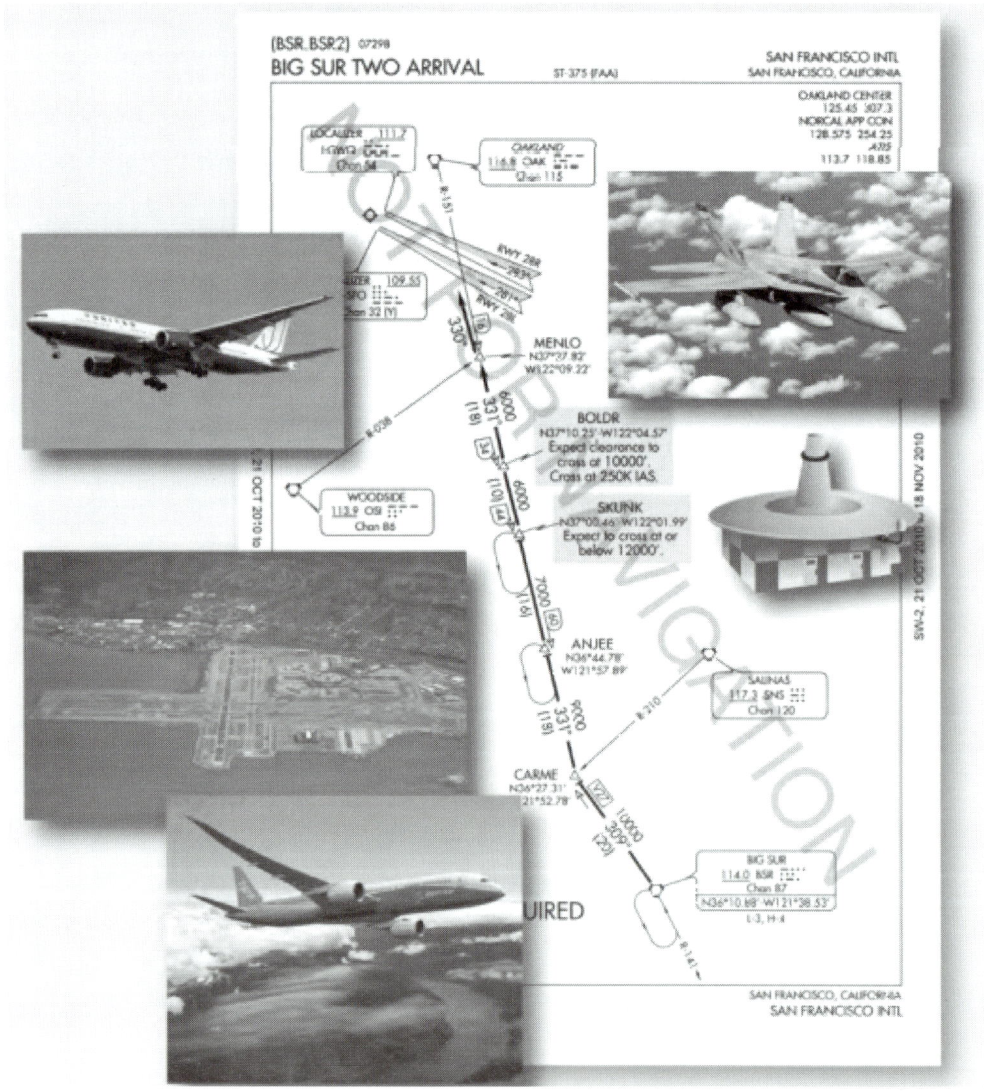

그림 3-2 STAR Chart. (BIG SUR TWO ARRIVAL)

여러 방향으로부터의 Arrival 절차가 한 차트 안에 명시되어 있다. 그리고 혼잡한 공역 내에서의 원활한 교통 흐름을 위해 적절한 루트가 정해진다(그림 3-3).

STAR는 절차가 시작되는 지점에 따라서 이름이 정해진다. CHIN Intersection에서 시작되는 STAR는 THE CHINS One Arrival이 된다. 고도나 항로나 또는 항법 보조 시설에 관한 데이터 등 도착의 중요한 부분이 개정이 되었을 때, 도착 절차 번호가 변경된다. 예를 들어, THE CHINS ONE ARRIVAL는 지금 CHINS Two Arrival이다. 왜냐하면 절차 내의 수정이 있었기 때문이다

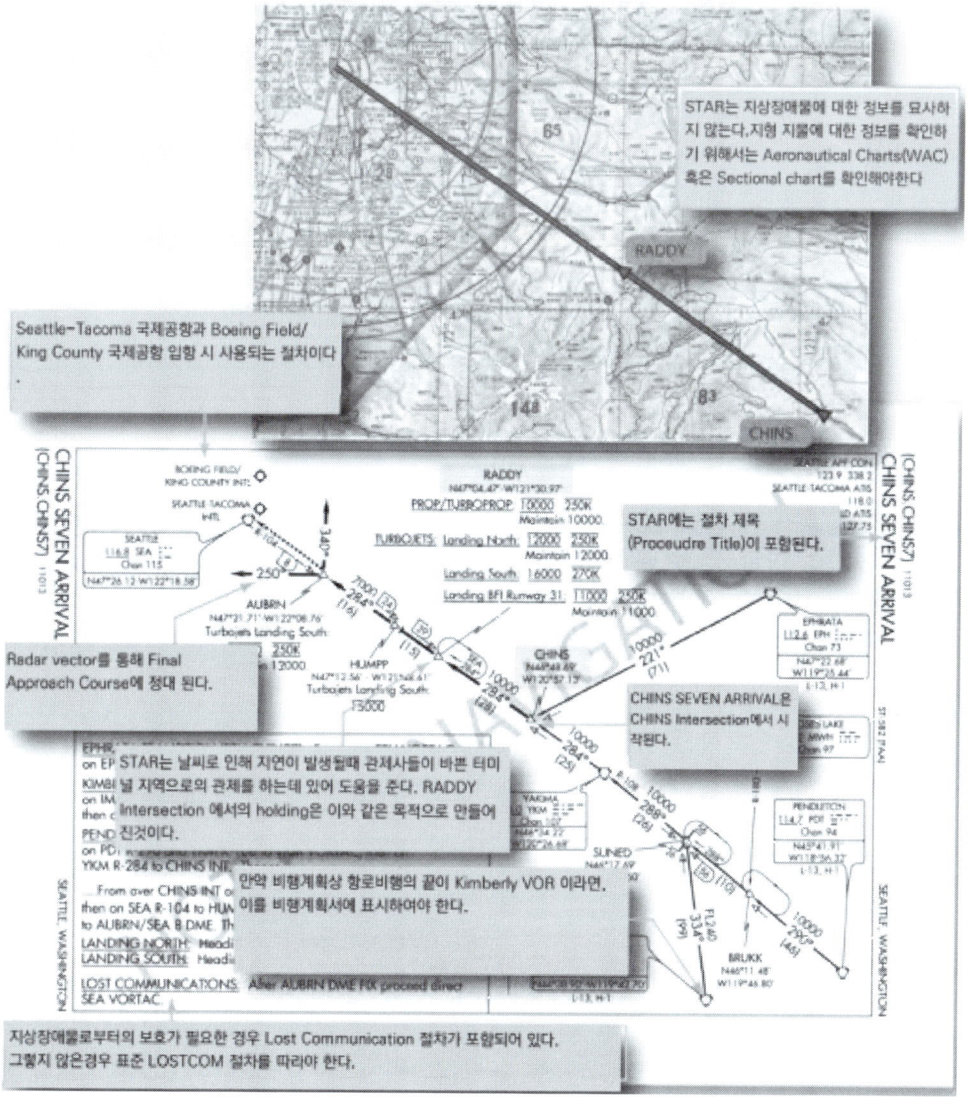

그림 3-3 STAR Chart 해석(CHINS SEVEN ARRIVAL)

공항에 대한 STAR의 학습은 조종사에게 지역의 특정한 지형도에 대한 실마리를 준다. 최초의 Fix와 그리고 그것들이 항로 차트 상에 해당되는 곳을 찾아라. 항공기가 공역 범위 내에 유지하는 것이 필요하거나 또는 장애물 회피가 필요하면, 도착 절차에 단계적으로 감소하는 Fix(Step-down fixes)들을 넣는다. Fix 사이 항로에는 코스와 거리 그리고 Arrival 항로 아래 장애물이나 지형 경보, 최소 고도가 포함되어 있다. 속도 제한도 교통량을 다루기 위한 곳에서 찾아볼 수 있다. 덧붙여, 몇 STAR는 DME나 또는 ATC 레이더 사용이 필요하다.

3.1.3 수직 항법의 계획(Vertical Navigation Planning)

Vertical Navigation Planning 관한 정보가 어떤 STAR 내에 포함되어 있다. 이 정보는 고성능 항공기 즉 Jet, Turboprop 항공기가 저고도에서 비행하는 시간을 줄여준다. 그리고 항로를 따라 중요한 Fix에 대한 예상 고도가 미리 중간 고도를 인지함으로써, 고성능 항공기 조종사는 시간과 연료 요구량과 엔진 마모에 관하여 가장 적절한 강하에 대한 파워 세팅과 항공기 Configuration을 계획할 수 있다.

3.2 입항 절차(Arrival Procedures)

성공적인 Arrival과 접근을 위해서는 항로상에서 강하하기 훨씬 이전에 사전 준비를 해야 한다. 많은 주의를 필요하지 않는 동안 미리 접근에 대한 계획하면 접근하는 동안 조작이 집중되는 것을 막을 수 있다. 조종사는 비행 마지막 구간에서 일어날 수 있는 어떠한 문제라도 잘 다룰 수 있도록 준비해야 할 것이다.

3.2.1 입항 준비(Preparing for the Arrival)

Clearance 내에 STAR 절차가 포함될 수 있고, 비행계획서 내에 STAR를 제출할 수도 있다. 목적지 공항에 가까워지면, ATC는 STAR 절차를 처음 Clearance에 첨부한다. ATC

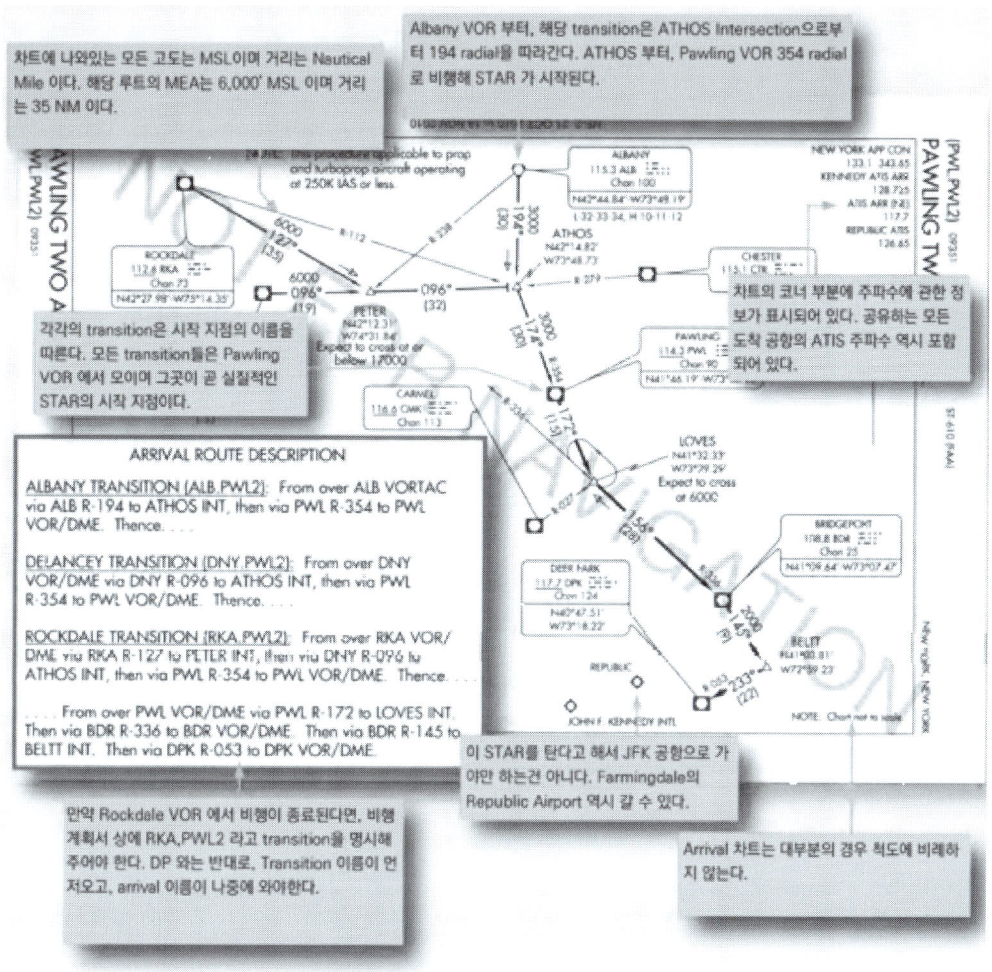

그림 3-4 STAR symbology.

는 조종사가 STAR를 요청하지 않는 경우에도 지정할 수 있다. 만약 Clearance를 받았다면, 적어도 절차에 관한 Textual Description을 가지고 있어야 한다. 만약 STAR 사용을 원하지 않으면, 비행 계획서에 Remark 란에 No STAR라고 명시하면 된다. 그리고 ATC가 음성으로 조종사에게 STAR를 줄 때도 거절할 수 있다. 그러나 미리 STAR 사용 여부를 ATC에 알린다면, 비행 효율성이 증가될 것이다.

앞서 언급했던 것과 마찬가지로, STAR에는 항로 구조로부터 Final 접근 코스까지의 전환, 그리고 도착 항로로 사용할 수 있는 항법 Fix가 포함되어 있다. 또한 STAR는 레이더 벡터로 Final 접근 코스까지 진입할 수 있는 Fix로 이끌 수도 있다. Minimum Crossing Altitude와 속도제한은 STAR가 비행시간의 75% 또는 그 이상 사용될 때, STAR 차트에서 볼 수 있다. 이런 예상되는 고도와 속도는 ATC가 그것들을 구술로서 포함시킬 때까지, Clearance에 포함되지 않는다. STAR는 간단히 말하면 Published된 비행경로이다. STAR는 ATC의 Clearance를 받기 전까지는 사용할 수 없다. 예를 들어, STAR에 언급된 MEA는 만약 ATC가 Clearance를 주거나 또는 통신 두절 상황이 아니라면 유효하지 않다.

가능하면 빨리, 현재의 기상정보, 사용 중인 활주로, 목적지 공항에 대한 NOTAM 등을 얻기 위해 ATIS를 들어라. ATIS를 이용할 수 없을 때, 갱신된 기상이나 공항 정보를 얻기 위해서 AWOS나 ASOS를 모니터하고, UNICOM 또는 FSS와 교신하라. 만약 2개 이상의

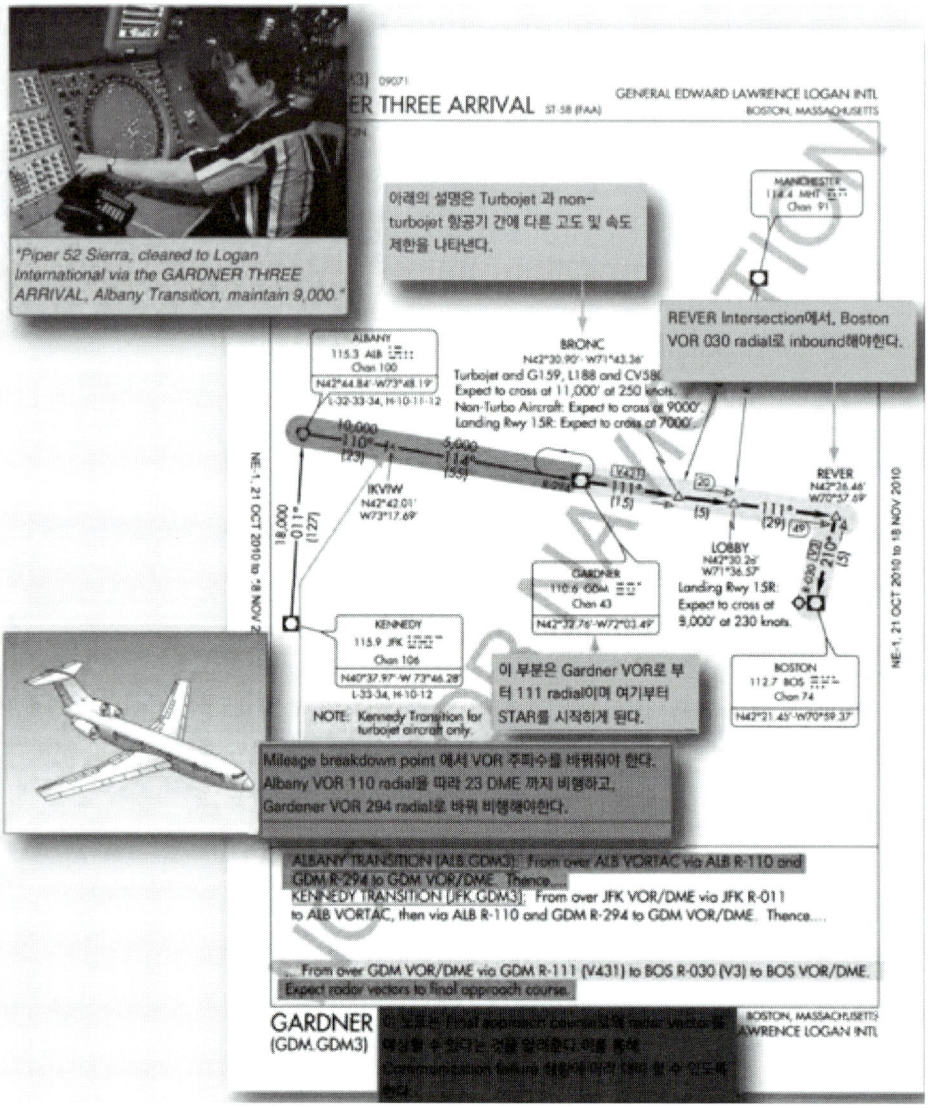

그림 3-5 Arrival Clearance

계기접근 절차가 있는 공항에 Approach Control Service를 받으며 착륙 중이라면, 사용 중인 계기접근절차 정보를 미리 받을 것이다. ATIS나 관제사가 이 정보를 알려주지만, 시정이 3NM이거나 그 이상, 그리고 Ceiling이 공항에 접근 절차에 확립된 가장 높은 처음 접근 고도(Initial Approach Altitude)보다 높을 때는 제공하지 않는다(그림 3-5).

3.2.2 접근 절차 재확인(Reviewing the Approach)

어느 접근 절차가 예상되는 가를 결정하자마자, Terminal 지역에 들어가기 전 철저하게 해당 접근 절차를 살펴보아야 한다. 라디오 주파수(Frequency), 내항 경로(Inbound Course),

그림 3-6 Assigned altitudes

강하 최저치(Descent Minimum), 실패 접근 지점(Missed Approach Point), 실패 접근절차(Missed Approach Procedure) 등을 살펴보아야 한다.

그리고 시작할 접근(Approach) 규칙의 순서에 따라 집중하여 마음속으로 접근 연습을 하라. 또한, 접근 중 해야 하는 조작을 결정할 때, 기상조건이나 피로 단계를 고려하고 개인적으로 최저치를 세워 두어라.

접근 절차 차트 검토를 끝마쳤을 때, 비행기에 적절한 강하, 접근 체크리스트를 생각해라. 연료량을 체크하고, 오랜 Holding과 증가한 Headwind로 인한 추가의 연료 소모를 확인해야 한다. 항상, 조종사가 **실패 접근(Missed Approach)**을 하거나, 또는 예비공항으로 가야할 때가 있을 수 있다. 도착 단계(Arrival Stage)에서 먼저 중요한 착륙 전 점검 항목들을 완벽히 끝마침으로써, 접근하는 동안 기동이나 항법에 집중할 수 있다.

가. 고도(Altitude)

터미널 지역 내 도착(Arrival) 하는 동안, ATC는 특정한 고도를 인가하거나, STAR에 나와 있는 고도를 조종사가 따르도록 지시하는 Descent Via Clearance를 제공할 수 있다(그림 3-6). 만약 ATC가 고도나 항로를 발간된 절차와 다른 곳으로 수정하면, 차트에 나와 있는 나머지 강하 절차는 취소된다. ATC는 필요한 다른 항로나 고도 또는 속도에 대한 정보를 줄 것이다.

나. 속도(Airspeed)

도착하는 동안, 관제사의 요청에 따라 접근 속도(Airspeed)를 조절해야 할 경우도 있다. 계기비행 계획으로 고성능 항공기가 비행 시, ATC는 조종사에게 적절한 교통 순서와 거리 유지, 그리고 터미널 지역 내 필요한 벡터 Clearance의 양을 줄이기 위해서 조종사에게 속도 조절을 요청할 수 있다. 만약 목적지 공항에서 20NM 내에서 왕복 엔진(Reciprocating Engine)이나 Turboprop 항공기로 비행 시, 속도 150Kts의 최소 속도가 배정될 것이다. 만약 항공기가 할당된 속도를 유지할 수 없다면, ATC에게 알려야 한다. 이 경우엔 관제사는 같은 경로상에서 접근(Approach) 중에 있는 전방 혹은 후방에 있는 항공기와 같은 속도를 유지하도록 조종사에게 요청하며, ATC는 명시된 속도에서 10Kts 이내로 증가하거나 감소하기를 요청한다. ATC가 더 이상 속도 조절을 요구하지 않으면, 조종사에게 Resume Normal Speed라고 알릴 것이다.

FAR 91.117에 명시된 최고 속도는 속도 조절을 하는 동안에도 적용된다는 것을 명심해야 한다. 만약 ATC가 할당한 한계속도를 넘을 때, ATC에게 알리는 것은 기장으로서 책임이다. 그러나 주요 공항 4NM이 내, 2,500ft AGL 이하의 Class C나 Class D에서 비행 시, ATC는 FAR 91.117에 명시된 속도 한계보다 더 높은 속도를 요구할 수 있는 권리를 갖고 있다.

04

접근
Approach

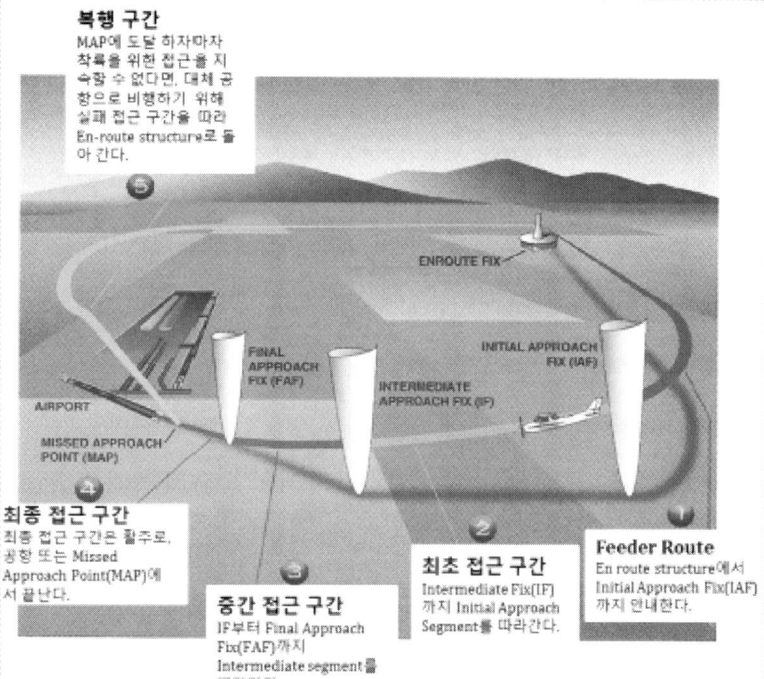

4.1 계기 접근 단계(Instrument Approach Egments)

4.1.1 Instrument Approach Segments의 구성

가. Arrival Segment

나. Initial Approach Segment

다. Intermediate Approach Segment

라. Final Approach Segment

마. Missed Approach Segment(ICAO: Initial, Intermediate, Final Phase)

4.1.2 Approach chart에서 Instrument Approach Segments 구분

가. IAS: "CAVOI" ~ LOC Intercept까지

나. I S: LOC Intercept Point ~ Glide Slope Intercept Point까지

다. FAS: Glide Slope Intercept Point ~ Missed Approach Point까지

라. MAS: Missed Approach Point ~ Missed Approach Fix "CAVOI"까지

마. IAS: 25.7DME IAF(BUMSI) ~ 13.2DME(IF)

바. I S: 13.2DME(IF) ~ 6.6DME(FAF)

사. FAS: 6.6DME(FAF) ~ Missed Approach Point

아. MAS: Missed Approach Point ~ Missed Approach Fix(CAVOI)

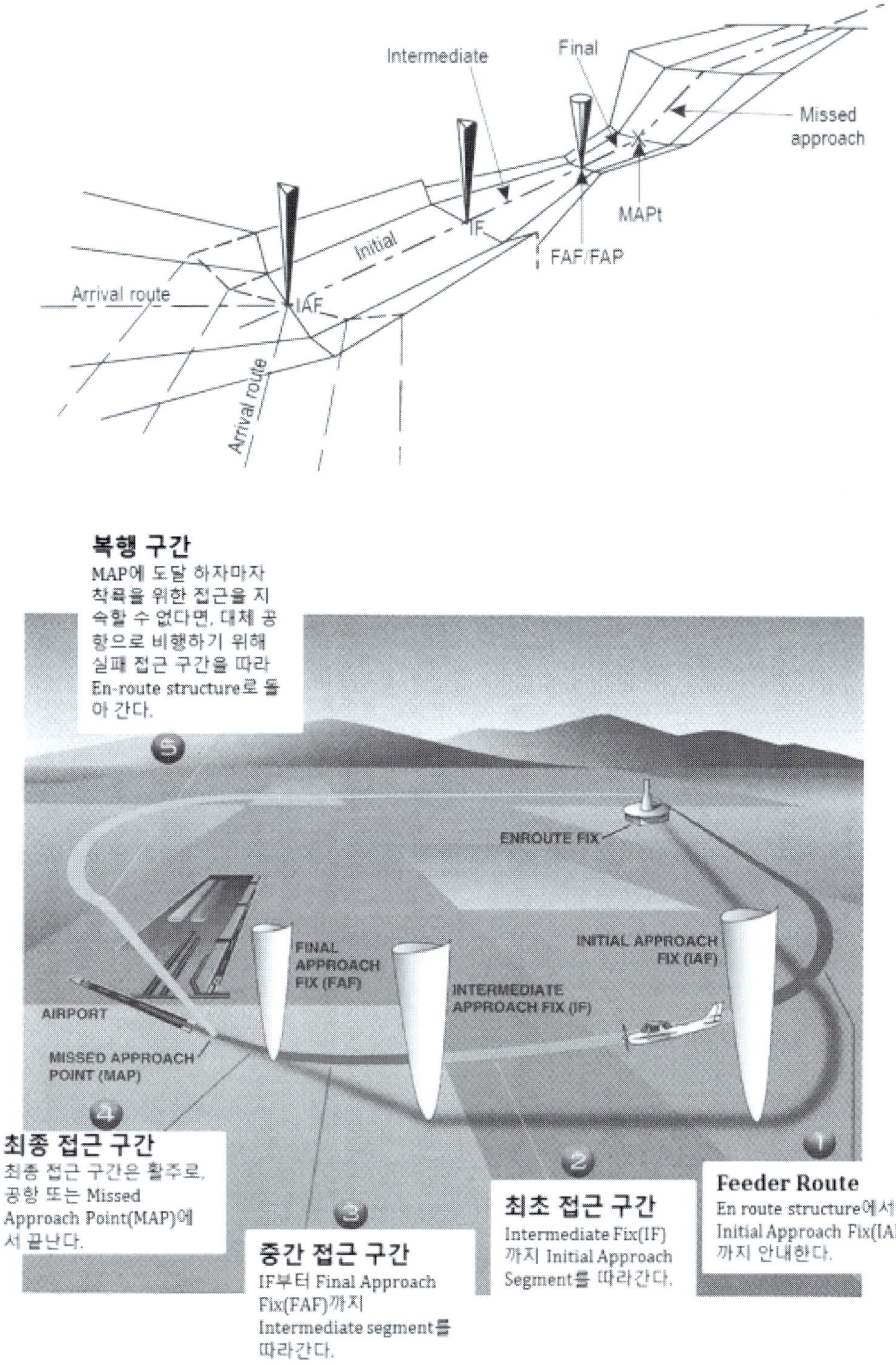

그림 4-1 Approach Segments

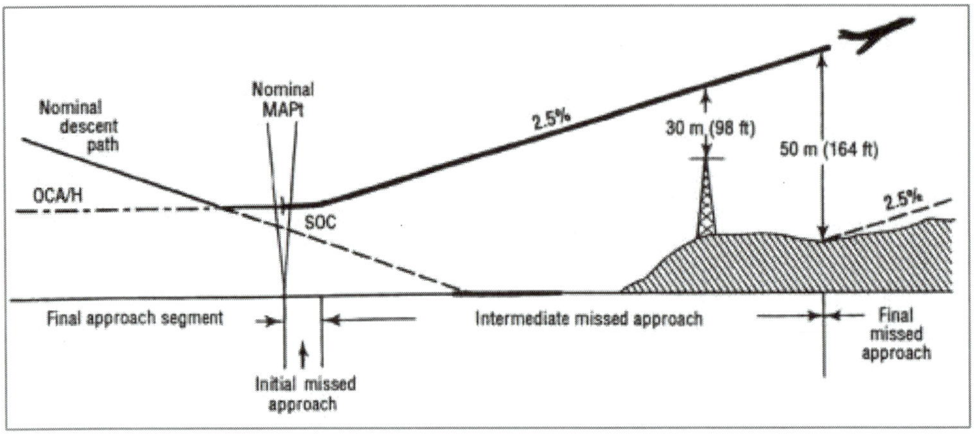

그림 4-2 ICAO Missed Approach Segment

4.2 입항구간(Arrival Segment)

4.2.1 STAR & FMSP (Standard Terminal Arrival Route & Flight Management System Procedure)

가. STAR는 계기 접근 절차가 발행된 공항으로 IFR Arriving하는 항공기에게 적용하기 위하여 설정된 Route이다.

나. STAR를 설정하는 목적은 ATC와 조종사 간에 ATC Clearance를 정확하고 간편하게 주고받기 위함에 있다.

다. FMSP의 목적은 STAR와 같으며 FMS가 장착된 항공기만 사용할 수 있다.

라. STAR가 발행된 공항에 착륙하려는 조종사는 유효한 STAR Chart를 지참해야 한다.

마. ATC에 의하여 STAR가 발행되면 조종사는 STAR를 수락 또는 거부할 권한을 가진다.

바. 만약에 STAR Charts를 지참하지 아니했거나 STAR의 이용을 원하지 아니할 때는 IFR Flight Plan Remarks에 'NO STAR'라고 기록하여 ATC에 사전 통보되어야 한다.

사. STAR는 Airway Fix에서부터 Initial Approach Fix까지 단일 Route로 구성된다. 이와 같은 Route를 Feeder Route라 칭한다. 또 어떤 국가는 STAR를 Transition Route와

Arrival Route로 구성한다. Transition Route는 Airway Fix에서 Arrival이 시작되는 Fix까지의 Route이며 Arrival Route는 Arrival이 시작되는 Fix에서부터 Initial

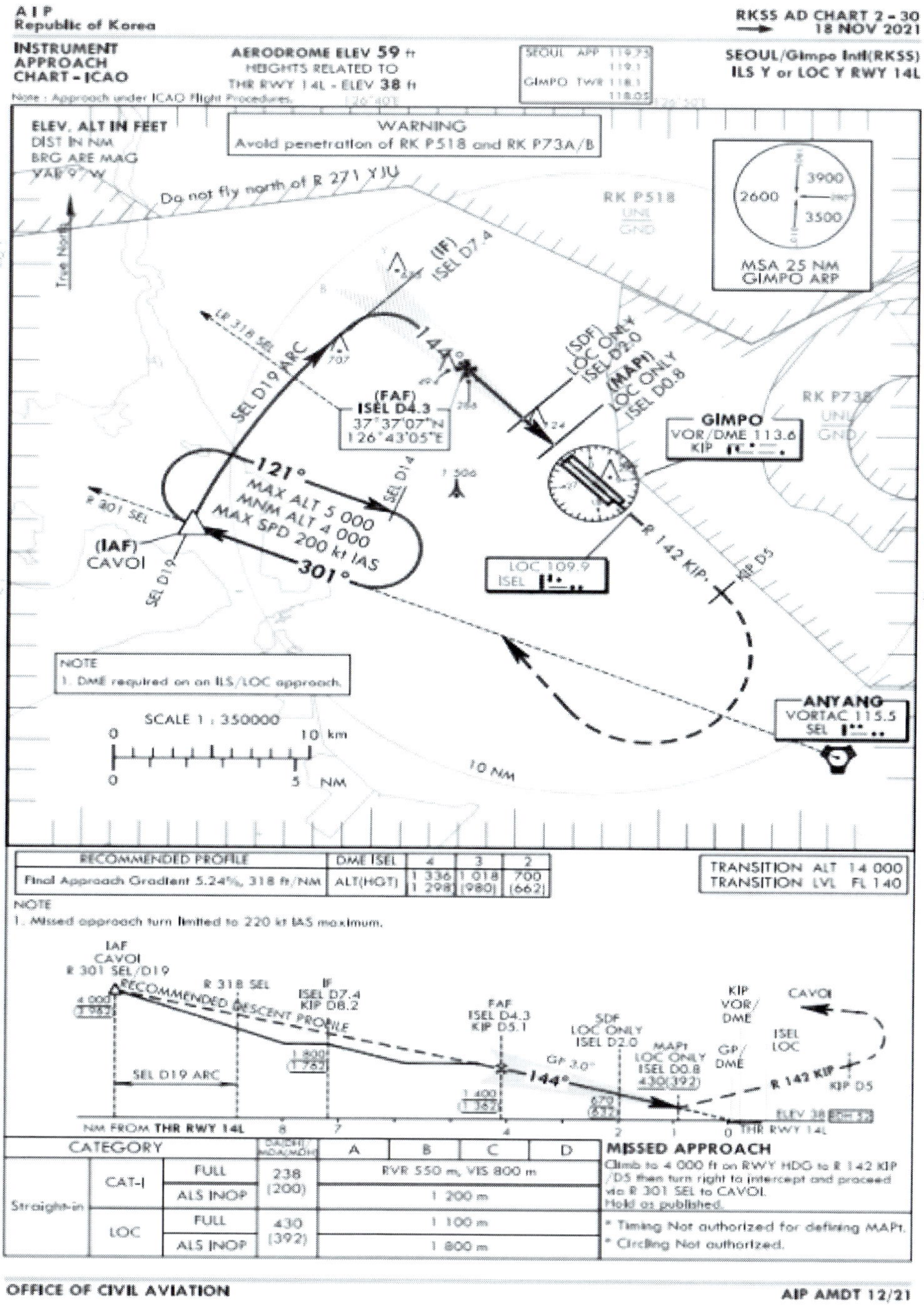

그림 4-3 RKSS ILS Y or LOC Y RWY 14L Approach

Approach Fix까지의 Route이다.

아. Transition Route는 점선으로 표시되며, Arrival Route는 실선으로 표시한다.

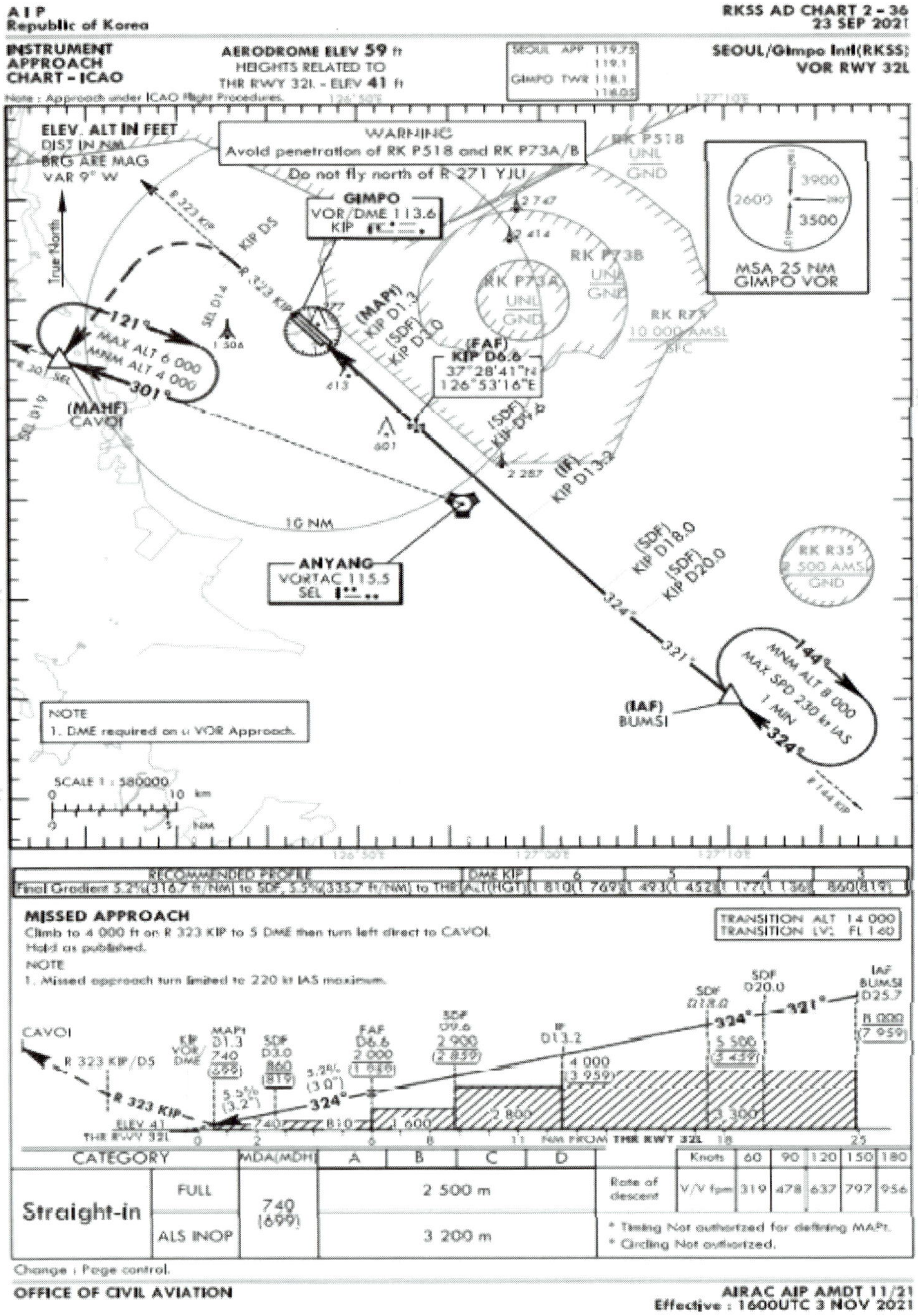

그림 4-4 RKSS VOR RWY 32L Approach

4.2.2 Local Flow Management Program(FAA:AIM 5-4-2)

FAA는 Local Flow Management Program에 대하여 계속하여 노력하고 있으며 이는 비행 안전 증진, 항공기 소음의 극소화 및 유류 절약을 목적으로 하고 있으며 비행 안전 및 소음의 감소는 12,500LBS 이상의 터보 제트 항공기 및 터보 프롭 항공기가 입항할 때, 저고도 조작을 극소화하며, 출항 항공기를 조속히 고고도로 상승하도록 한다. 미국의 어떤 공항에서는 STAR와 Runway Profile Descent 절차를 병행 운용하고 있다. Runway Profile Descent는 비행 안전 증진 및 항공기 연료 절감으로 경제적 운항을 기하도록 함에 있다. 조종사는 Runway Profile Descent Chart에 인가된 속도, 고도 및 Route(Heading)를 반드시 이행해야 한다. ATC는 Arrival하는 항공기의 수직 및 수평 분리를 위하여 조종사에게 항공기의 고도 및 속도를 제한 통제하며 조종사는 Runway Profile Descending Route를 따라 Arrival 중 구두로 지시된 고도와 속도를 이행해야 한다. Runway Profile Descent Arrival 중 Radar Vector를 위한 새로운 Heading이 구두로 지시되면 Runway Profile Descent는 자동으로 취소되는 것이며 조종사는 관제사의 Navigation Guidance의 지시에 따라 비행한다. Fuel Efficient Descent Gradient 250~350ft/NM로 설정된다. Runway Profile Descent Chart를 지참하지 아니했거나 인가된 절차를 완벽하게 이행할 수 없는 때는 ATC에 이를 신속히 보고해야 한다.

4.2.3 Approach Control

가. Approach Control

책임 지역 내에서 IFR로 적용되는 항공기의 관제에 책임을 진다. ATC는 IFR로 운용되는 항공기의 조종사와 직접 통신망을 구성해서 항공기의 관제를 수행한다. ARTCC는 항공기가 목적지 공항의 Radio Fix에 도착하기 이전에 Approach Control과의 Radio Contact을 지시한다. 조종사는 ARTCC가 지시한 주파수로서 Approach Control과 Radio Contact를 해야 한다.

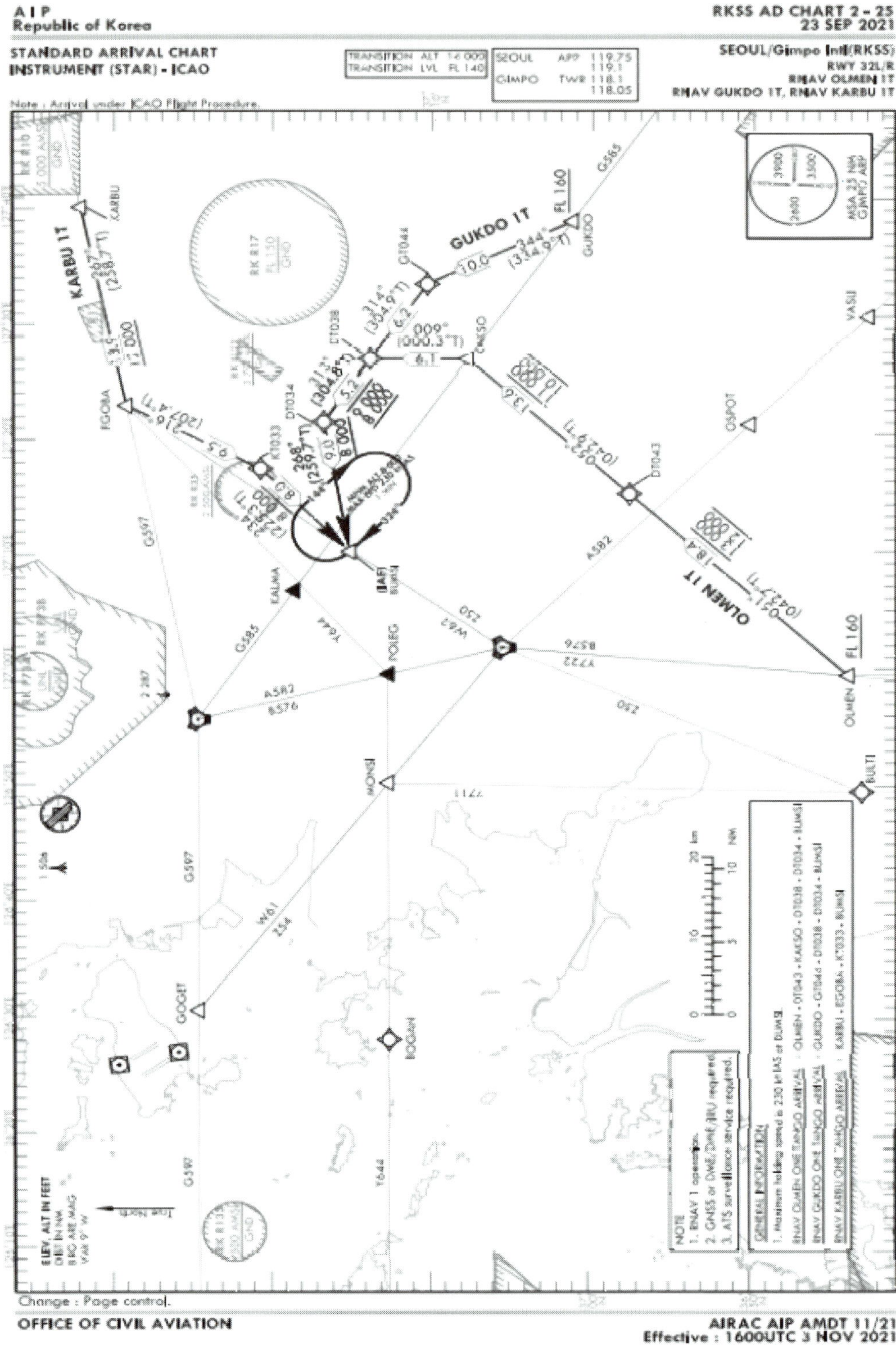

그림 4-5 RKSS RNAV STAR

나. RADAR Approach Control

RADAR가 있는 Approach Control은 IFR로 운용되는 항공기에게 RADAR 및 RADAR 관제를 제공한다. RADAR Approach Control은 IFR로 운용되는 항공기를 Airway에서부터 Initial Approach Fix까지의 RADAR Vector에 의한 관제 뿐만 아니라 RADAR Approach(ASR & PAR)나 RADAR Vector에 의한 ILS, MLS, VOR 또는 NDB Approach로 관제할 수 있다. 조종사는 RADAR Approach Controller가 지시한 RADAR Vector Heading을 유지해야 한다. 항공기의 수평 또는 수직 분리를 위하여 필요한 경우 새로운 Heading, Altitude(Flight Level) Airspeed로서 항공기를 관제하기 때문이다. RADAR Approach Controller는 Arrival Segment의 항공기의 조종사에게 착륙하려는 공항에 예상되는 Instrument Approach type(ILS, VOR, NDB, RADAR Approach)을 통보하고 허가하며 또는 RADAR로서 Approach를 관제한다.

4.2.4 강하절차

RADAR Approach Controller는 조종사에게 적절한 시기에 강하하라는 지시를 하지만 만약 Top of Descent Point(TOD)를 통과 후에도 강하하라는 지시가 없거나 지금 곧 강하를 해야 되는 경우 조종사는 Approach Control에 강하를 요청하여야 한다. 왜냐하면 Instrument Approach를 위한 고도 처리는 조종사의 책임이기 때문이다. Arrival Segment에서의 강하 방식은 항공기 종류에 따라 다소 차이가 있으나 일반 Jet 항공기로서의 TOD는 300ft/NM Descent Gradient로 설정한다. 예를 들면 임의의 Fix까지 고도 21,000ft를 강하해야 하는 항공기의 TOD는 Fix로부터 70NM 지점이다(21,000ft ÷ 300ft/NM = 70NM).

4.2.5 Descent Planning

가장 효율적이고 경제적인 강하는 정확한 Top of Descent(TOD) 산출과 계산된 Descent Profile을 유지하는 것이다. 가장 경제적인 연료를 사용하기 위해서는 가능한 Clean Configuration을 유지해야 한다. 강하계획을 위해서는 다음의 사항들을 유지해야 한다.

1) 안전에 지장이 없다면 항력을 최소화하고 강하 시 Idle Power를 유지한다.
2) 적절한 강하 Profile을 유지하기 위하여 Flight Plan 또는 FMS를 이용한다.

3) 일찍 강하하여 일찍 Level Off 하는 것을 피하여야 한다. 또한 늦게 강하하여 Flap 이나 Speed Brake을 과도하게 사용하는 조작 등은 피한다.

4) 만약 ATC에서 미리 강하를 지시하면 1,000~1,500fpm을 유지하여 강하하다가 계산된 Descent Profile에 Intercept되면 Idle Power로 강하한다.

5) 만약 강하 시기가 늦었다면, Speed Brake를 사용하기 보다는 빠른 속도로 강하하는 것이 바람직하다. 이 경우 PF는 V_{mo}/M_{mo}와 Margin을 주의 깊게 Monitor 해야 한다. Speed Brake는 필요한 때 언제라도 사용한다.

6) 만약 ATC에서 Clean Configuration 속도보다 적은 속도를 유지하도록 지시하지 않는 한 통상적으로 Flap은 강하율을 증가시키기 위한 Drag Device로서 사용하지 않는다.

7) ATC에서 고도강하 지시가 있을 때는 ATC Instruction 수령 즉시 가능한 한 빨리 (Descent As Rapidly As Practical) 강하 조작을 실시해야 한다.

4.2.6 Instrument Approach를 위한 강하 절차

가. Arrival Segment에서 ATC로부터 “Cleared For Instrument Approach”란 Clearance를 받으면 STAR 또는 Approach Route를 따라 Initial Approach Fix로 비행할 때는 Initial Approach Fix의 고도가 Minimum으로 설정되었으면 이 고도까지 계속 강하하여 곧바로 Instrument Approach를 수행할 수 있으나 Arrival Route의 Minimum Enroute Altitude보다 낮은 고도로 강하해서는 안 된다.

나. 만약에 Direct To A Initial Approach Fix 또는 Off Route로 Arrival 중 ATC로부터 “Cleared For Instrument Approach”란 Clearance를 받으면 Instrument Approach가 시작되는 Fix까지 ATC에서 최종 인가해준 비행을 하여야 한다. Instrument Approach가 시작되는 Fix의 고도가 Minimum Altitude로 설정되고 고도처리가 가능하면 이 Fix에 인가된 Minimum Altitude보다 높은 고도에서 이 Fix를 Leaving해서 Instrument Approach를 수행해도 무방하다. ATC의 최종인가 고도가 높아서 Approach를 위하여 Initial Approach Fix를 즉시 Leaving할 수 있는 경우에는 Holding Pattern에 진입해서 고도를 처리하든가 또는 Initial Approach Fix에 도착하기 이전에 ATC의 허가를 받아 Initial Approach Fix의 Minimum Altitude로 강하한다.

다. Instrument Approach Charts의 비행고도는 Minimum Altitude, Maximum Altitude

또는 Mandatory Altitude로 정해진다. 그러나 Jeppesen Approach Chart는 Maximum, Mandatory or Recommended란 표시가 없다면, 모든 고도는 Minimum Altitude이다.

1) Minimum Altitude: 항공기의 비행고도는 Charts에 인가된 고도와 같거나 또는 이보다 높은 고도로 비행해야 한다.

Minimum altitudes-2300

2) Mandatory Altitude: 항공기의 비행고도는 Charts에 인가된 동일 고도로 비행해야 한다.

Mandatory altitudes-5500

3) Maximum Altitude: 항공기의 비행고도는 Charts에 인가된 고도와 같거나 이보다 낮은 고도로 비행해야 한다.

Maximum altitudes-3300

4.2.7 Initial Approach Fix(IAF)로의 비행절차(FAA)

가. Holding Fix로의 비행이 허가된 후 Instrument Approach Clearance가 발행되면 Route에 관한 새로운 지시가 없는 경우 Holding Fix를 경유한다. Holding Fix로의 비행은 ATC의 허가된 Route와 절차를 이행해야 한다.

나. Feeder Route 상에 위치한 IAF로 Arrival 중 Cleared For Instrument Approach Clearance가 발행되면 항공기는 IAF에서 Instrument Approach를 시작해야 한다. Instrument Approach Clearance를 받고 보고 없이 Holding Fix로 갔다가 되돌아오면 안 된다.

다. IAF로의 비행이 요구되는 경우 Cleared to IAF, Direct to IAF, Proceed Direct IAF 또는 이와 유사한 용어로 지시하면 조종사는 관제사가 원하는 Route대로 비행해야 한다. 만약에 관제사의 지시가 불확실하거나 무슨 Route로 비행해야 하는지에 관하여 의문이 있을 때에는 관제사가 원하는 Route가 무엇인지 즉시 질문하여 확인해서 비행해야 한다.

라. IAF로의 비행 Route의 종류

1) STARS

2) Local Flow Management Program

3) Feeder Route

4) Radar Vector

5) Combination: Transition, Arrival, Radar vector

4.3 최초접근구간(Initial Approach Segment)

4.3.1 개요

가. Initial Approach Segment는 Initial Approach Fix에서 Intermediate까지의 구간이다.

나. Initial Approach Segment는 VOR Radial, NDB Bearing, 또는 Radar Vector로 설정된다.

다. Course Reversal Procedure(45°/180° Procedure Turn, 80°/260° Procedure Turn & Base Turn)의 강하단계 또는 Holding Pattern과 같은 Race Track Pattern에서의 강하단계는 항공기가 Intermediate Approach Track에 진입하기 이전까지 또는 Inbound Track에 도달할 때까지는 Initial Approach Segment이다.

라. Initial Approach Segment는 Dead Reckoning Track을 제외하고 Track Guidance를 제공해야 하며 정상적인 Dead Reckoning Track은 10NM(FAA)을 초과하지 않는다.

마. Initial Approach Segment의 Minimum Altitude는 100ft 단위로 설정된다.

4.3.2 Straight Track 및 DME ARC로 구성된 Initial Approach Segment

가. Initial Approach Segment(IAS)와 Intermediate Approach Segment(IS)와의 Track 각도는 최대 120°를 초과하지 않게 설정되며 Intermediate Approach Segment로 진입각이 70°(FAA: 90°)이상인 경우 Approach Charts에는 적어도 2NM의 Lead Turning Point를 설정해서 제공해야 한다.

나. Initial Approach Segment(IAS)의 표준 길이는 정하지 아니한다. 그러나 고도를 처리할 수 있는 충분한 길이로 설정된다. 폭은 Primary Area와 Secondary Area로 구성된다. Primary Area는 Approach Track으로부터 양쪽으로 각각 2.5NM이고(FAA: 4NM) Secondary Area는 Primary Area 가장자리부터 양쪽으로 각각 2.5NM(FAA: 2NM)지역이다.

다. Obstacle Clearance: Initial Approach Segment의 Primary Area 내에서의 Minimum Obstacle Clearance는 300Meter(984ft)이다. Secondary Area 안쪽 가장자리의 Obstacle Clearance는 300Meter (984ft)이며 밖으로 나갈수록 Obstacle Clearance는 감소되어 바깥 가장자리(Outer Edge)에서의 Obstacle Clearance는 Zero이다.

라. Descent Gradient(ICAO): Initial Approach Segment 내에서의 Optimum Descent Gradient는 4%이고 장애물을 피하기 위하여 이보다 높은 Descent Gradient가 필요한 곳에서는 Maximum 8%까지 가능하다.

마. Radial과 ARC 혼합 접근 시 Initial Approach Segment로서의 진입은 Lead Turn 하여 항공기가 Approach Track에 Align 되도록 하고 IAF에 대하여 Abeam Position 또는 Abeam Position을 지났을 때 하강을 시작한다. DME Approach를 할 때에는 ARC 통과 시를 Abeam으로 간주한다.

바. Minimum Altitude로 정해진 IAF를 떠날 때에는 이보다 높은 고도에서도 무방하나 이후부터는 Chart에 인가된 고도를 준수해야 한다.

사. Radial 접근 시 항공기 Heading이 Approach Course에 대하여 90° 이내에 있을 때에는 IAF로 비행할 필요 없이 정상 Lead Point를 사용하여 Approach Course에 진입한다.

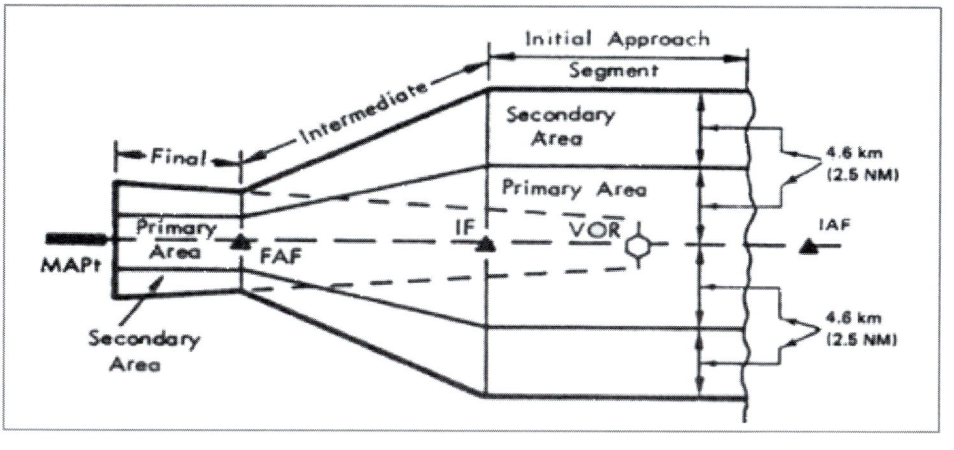

그림 4-6 Straight로 구성된 Initial Approach Segment

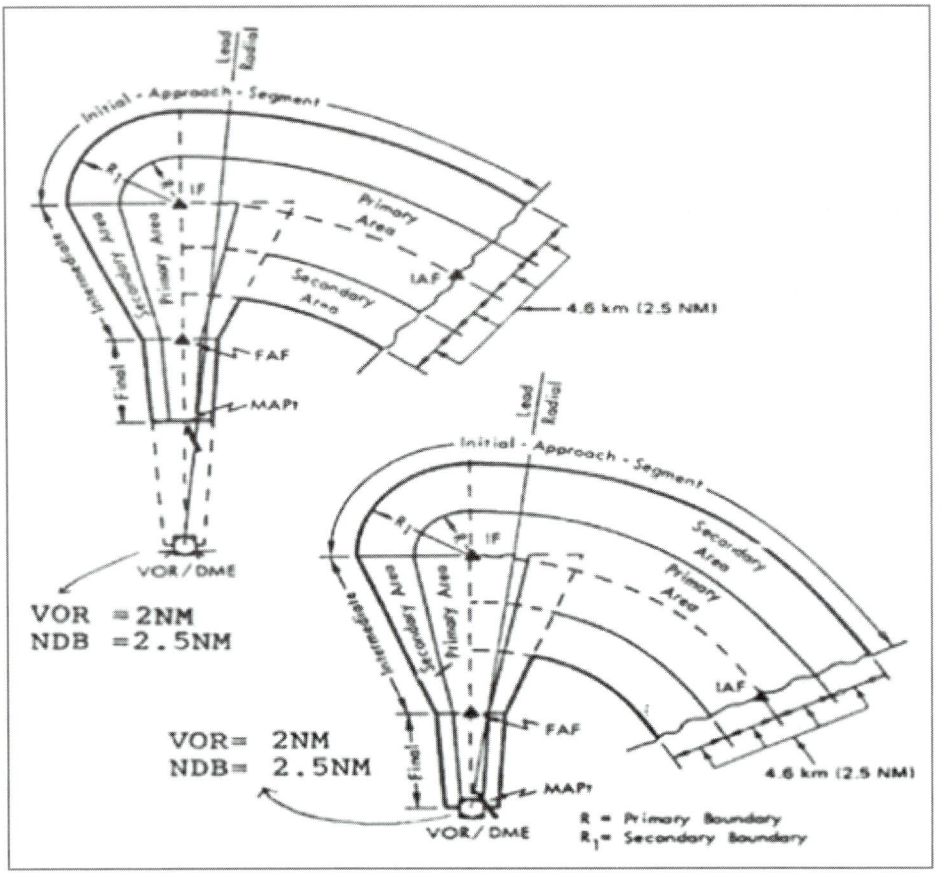

그림 4-7 DME ARC로 구성된 Initial Approach Segment

4.3.3 Race track으로 구성된 Initial Approach Segment

가. 개요

Race track은 Straight Segment로 고도를 처리할 때 길이가 충분하지 못한 곳에 설정된다. Racetrack 진입절차는 Reversal Procedure(45°/180° Procedure Turn, 80°/260° Procedure Turn & Base Turn) Pattern의 진입절차와 같지 않다. Race Track의 Starting Point는 설정된 Facility나 Fix가 된다.

나. 진입절차

Race track Procedure로 구성된 Initial Approach Segment의 Pattern 진입은 Holding

Pattern Entry 절차를 적용한다.

1) Initial Approach Fix에 Holding Pattern의 Sector 2 Zone으로 도착하였을 때는 Offset Entry 절차를 적용하여 Race track Pattern에 진입한다.
   (1) 1분 Leg의 Race track에서는 30° Off course로 1분간 비행 후 Inbound Track으로 선회한다.
   (2) 2분 또는 3분 Leg의 Race track에서는 30° Off Course로 1분 30초 비행하고 나머지 시간은 Inbound Track과 평행으로 비행 후 Inbound Track으로 선회한다.
2) Initial Approach Fix에 Holding Pattern의 Sector I Zone으로 진입 시 Parallel Entry 절차를 적용하여 진입한다. Inbound Track으로 진입 시 Fix로 Direct Flight 하지 말고 반드시 Inbound Track에 Course Intercept하여 Approach해야 한다(Final Approach Segment로 진입 시 해당됨).
3) Holding Pattern의 Sector III Entry Zone으로 Fix에 진입 시 Racetrack Pattern에 Direct Entry한다.
4) Time Check은 Abeam이나 Outbound Heading으로 선회완료 중에서 늦은 때에 시작한다.
5) Descent은 선회 완료 후 실시한다(강하해야 할 경우).
6) Outbound Track으로 비행 시 Inbound Track을 횡단해서는 안 된다.

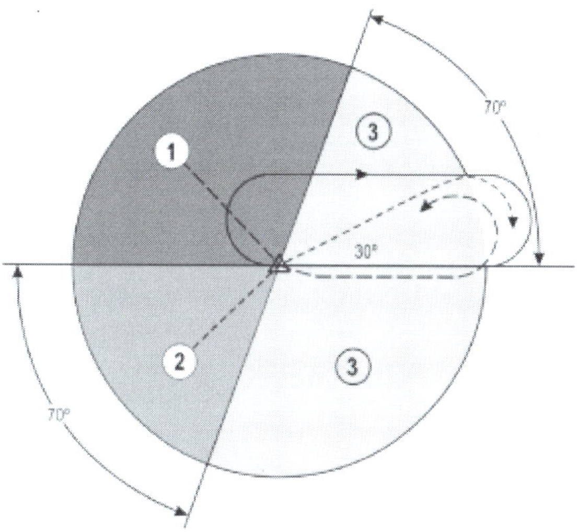

그림 4-8 Entry sector

4.3.4 Reversal Procedure로 구성된 Initial Approach Segment(ICAO)

가. 개요

Reversal Procedure라 함은 45°/180° Procedure Turn, 80°/260° Procedure Turn 및 Base Turn을 뜻한다. Reversal Procedure는 원하는 고도에서 Intermediate 또는 Final Approach Segment의 On Track으로 항공기를 Inbound 시키고자 하는 데 사용된다.

나. 진입절차

Initial Approach Segment가 시작되는 Fix에 도착했을 때의 항공기 Track이 Reversal Procedure Outbound Track에 ±30° Track 밖에 있는 때에는 Approach Chart에 있는 Holding Pattern에 진입하여 항공기 Track을 Outbound Track ±30° 이내로 Align 시켜서 Outbound Track으로 진입한다(ICAO).

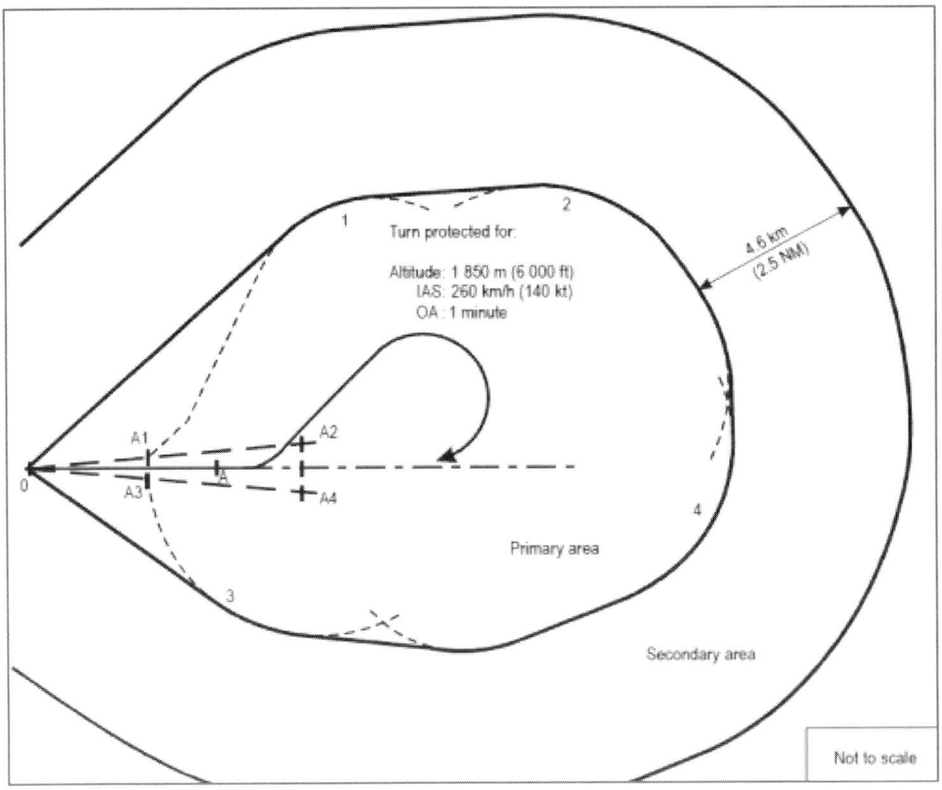

그림 4-9 VOR 45°P-180° Procedure Turn Area

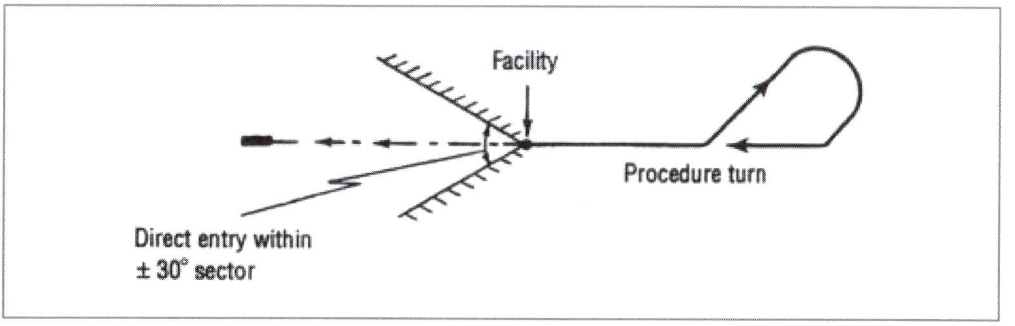

그림 4-10 Direct Entry to procedure turn

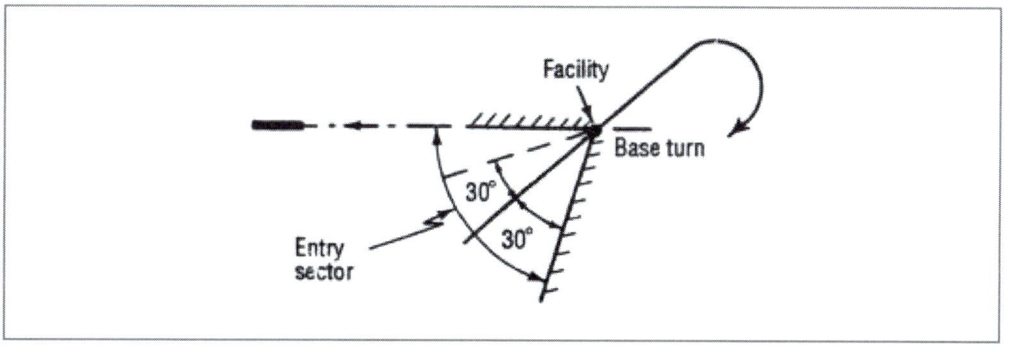

그림 4-11 Direct Entry to base turn

다. Reversal Procedure Pattern & Race track Pattern의 모양

1) Procedure Turn(45° / 180°) Outbound Time은 1분, 2분 또는 3분 Leg로 구성된다. Outbound Track으로부터 45° 선회하는 Start Of Turn부터(선회하는 때부터) 1분 15초 비행한다, 또는 45°로 선회 후 1분간 비행한다.

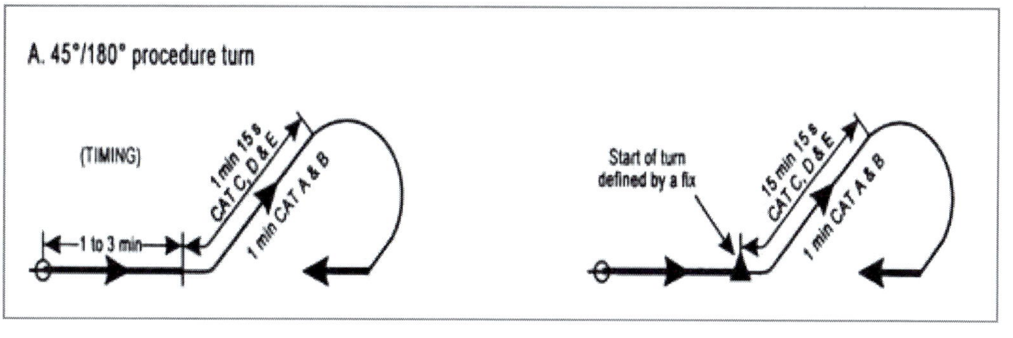

그림 4-12 Procedure Turn Timing (45°/180°)

2) Procedure Turn(80°/260°) Outbound Time은 45°/180° Procedure Turn과 같다. Outbound Track으로부터 80° 선회 후 반대쪽으로 260° 선회하여 Inbound Track으로 진입한다.

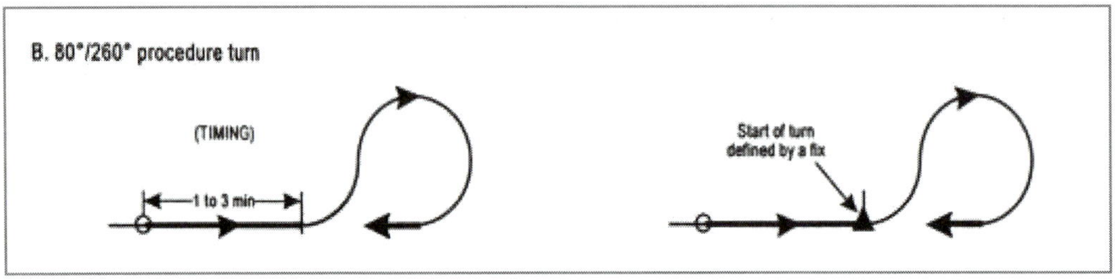

그림 4-13 Procedure Turn Timing (80°/260°)

3) Base turn: Outbound Track과 Inbound Track과 이루는 각도의 기준은 다음의 방식으로 정하여 진다.

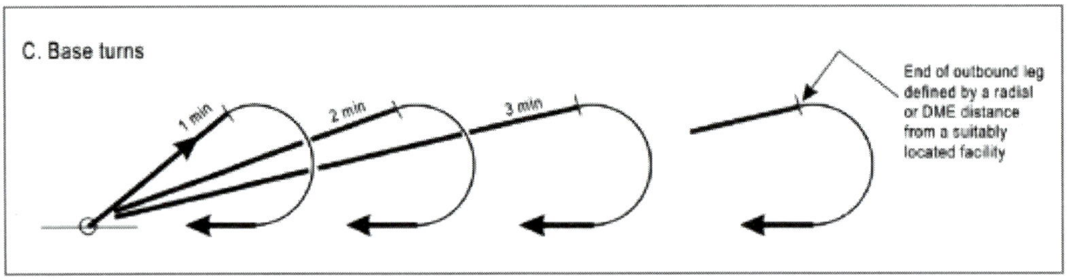

그림 4-14 Procedure Turn Timing (Base Turn)

4) Race Track Pattern: Outbound Time은 1분, 2분 또는 3분 Leg로 구성된다.

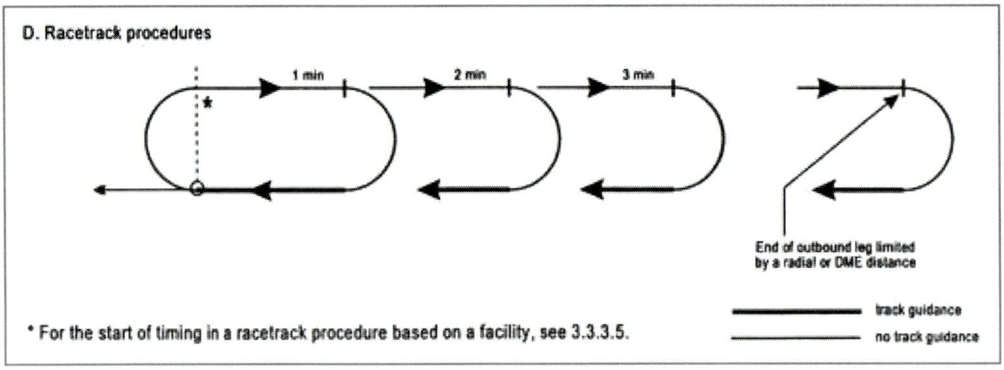

그림 4-15 Procedure Turn Timing (Race track)

라. 비행절차

Reversal & Racetrack Pattern은 장애물과 지역적 여건을 고려하고 항공기의 운용에 융통성을 증가시키기 위하여 결정되므로 비행에 대한 특별한 제한이 없는 한 Approach Chart에 발행된 Pattern대로 비행해야 한다.

1) Procedure Turn 45°/180° Pattern은 80°/260°로 대행해도 무방하며, Procedure Turn 80°/260° Pattern은 45°/180° Pattern으로 비행해도 무방하다(ICAO).
2) Base Turn Pattern은 Approach Charts에 그려진 모양대로 비행해야 한다(ICAO & FAA).
3) Race track Pattern의 비행은 Holding Pattern에 Entry 절차를 적용해서 비행한다(ICAO & FAA).
4) Reversal & Race track에서의 항공기 고도 처리 및 강하는 Approach Charts에 설정된 대로 수행한다(ICAO, FAA).
5) Racetrack Pattern으로 Parallel Entry한 후 Outbound Track에서 강하해서는 안 된다(FAF의 고도가 Minimum Holding Altitude보다 낮은 경우). 그러나 아래 8)항과 같이 Inbound Track에서는 강하할 수 있다(FAA).
6) Reversal & Race track Pattern에서는 Known Wind에 대해서는 Heading과 Timing으로 Wind Effect를 수정한다(ICAO, FAA).
7) Reversal Procedure의 Initial Approach Fix를 떠나 Outbound Track으로 강하를 필요로 하는 경우 강하의 시작은 IAF에 대해 Abeam Position 또는 IAF를 지났고 Outbound Track에 Parallel 또는 Outbound Track에 Interception Heading으로 선회 후 수행한다. Outbound Track으로 선회 중에는 강하하지 않는다(Reversal Procedure)(ICAO, FAA).
8) Inbound Track에서 강하를 해야 되는 경우에는 ILS, VOR은 Half Full Scale Deflection 때부터 NDB는 ±5° 이내의 Track에서는 Minimum Altitude로서 강하를 시작해도 무방하다(Reversal & Race track)(ICAO, FAA).
9) Descent Gradient: Reversal & Race track Pattern에서 Maximum Descent Gradient는 다음의 표 4-1과 같다(ICAO).
10) Reversal Procedure IAF를 떠날 때 Time Check은 Over Fix, 또는 Abeam 중 늦은 때에 시작한다(Reversal Procedure).
11) Instrument Approach Procedure를 설정하는 데 사용되는 Aircraft Category별 항공기 속도는 다음의 표 4-2와 같다(ICAO).

표 4-1 Maximum/Minimum Descent rate to be specified on a reversal or racetrack procedure

Outbound track	Maximum	Minimum
CAT A/B	245m/min(804ft/min)	N/A
CAT C/D/E/H	365m/min(1,197ft/min)	N/A
Inbound track	Maximum	Minimum
CAT A/B	200m/min(655ft/min)	120m/min(394ft/min)
CAT H	230m/min(755ft/min)	N/A
CAT C/D/E	305m/min(1,000ft/min)	180m/min(590ft/min)

표 4-2 Aircraft Approach Categories

Aircraft Category	Vat	Range of speeds for initial approach	Range of final approach speeds	MAX speed for visual maneuvering (Circling)	MAX speed for Missed approach	
					Intermediate	Final
A	<91	90/150(110*)	70/100	100	100	110
B	91/120	120/180(140*)	85/130	135	130	150
C	121/140	160/240	115/160	180	160	240
D	141/165	185/250	130/185	205	185	265
E	166/210	185/250	155/230	240	230	275

Vat: Speed at threshold based on 1.3 times stall speed Vso or 1.23 times stall speed Vs1g in the landing configuration at maximum certificated landing mass(Not applicable to helicopters).

*Maximum speed for reversal and racetrack procedures

마. Obstacle Clearance

Reversal & Racetrack Pattern의 장애물에 대한 Obstacle Clearance는 Straight & DME ARC로 구성되는 Initial Approach Segment에서의 Obstacle Clearance와 같다.

1) 25° 또는 3°/sec turn 중 적은 각
2) 30° 또는 3°/sec turn, 25° Flight Director 중 가장 적은 Bank(FAA)
3) Heading: ±5°
4) Bank: ±5°
5) 6s: Pilot Reaction Time에 대한 Tolerance(6초)
6) 10s: Time Check에 대한 Tolerance(10초)
7) 5S: 선회하는 데 관한 Tolerance(5초)

4.3.5 Procedure Turn(FAA)

가. 개요

Procedure Turn은 항공기를 Intermediate Approach Segment 또는 Final Approach Course에 진입시키기 위하여 항공기 방향을 바꿀 필요가 있을 때 실시하는 기동이다. 이 절차를 수행하는 데 사용될 수 있는 절차는 45/180 Degree Procedure Turn, Race track Pattern, Teardrop Procedure Turn, 80/260 Course Reversal이 있다.

나. Approach Clearance

Approach Clearance가 발행되었다면, ATC 관제사는 IAF에 도착 후 Procedural Course에 가장 가까운 방향으로 선회할 것을 예상하며, Holding Airspace로의 Clearance는 포함하지 않는다. 만약 Procedural Course 90° 이내에 위치해 있다면 Course에 Intercept를 위하여 Normal Lead Point를 이용할 수 있다. 그러나 만약 90° 이내에 위치하지 않는다면 Approach Alignment를 위한 Maneuver를 위하여 ATC 관제사에게 Clearance를 요청해야 한다(AFM11-217).

※ 11.4.6. Approach Clearance(AFM11-217).

> When clearance for the approach is issued, ATC expects an immediate turn in the shortest direction to intercept the procedural upon reaching the IAF. Clearance for the approach does not include clearance for the holding airspace. However, if established in holding and cleared for the approach, complete the holding pattern to the IAF unless an early turn is approved by ATC. If your heading is within 90° of the procedural course, you may use normal lead points to intercept the course. If your heading is not within 90° of the procedural course, you may need to maneuver the aircraft for a more favorable alignment prior to starting the approach. If maneuvering (other than an immediate turn at the IAF to intercept the procedural course) is desired, obtain clearance from ATC since clearance for the approach does not include clearance for use of holding or maneuvering airspace.

다. 기호(Depiction)

U.S Government Charts에서 Procedure Turn은 Plan View에서 BarbSymbol (____↗)로 묘사되며 이는 Maneuvering Side를 표시한다. Profile View에서 Procedure Turn Fix는 계기 접근절차가 시작되는 지점으로 표시한다.

라. 진입(Entry)

Procedure Turn Fix에 도착하기 전에 Maneuvering Speed로 줄인다. Maneuvering Speed가 명시되어 있지 않으면 Holding Airspeed를 유지해야 하며 Obstacle Clearance Area를 벗어나지 않도록 200kt를 초과해서는 안 된다.

마. 진입 선회방향은 대기 장주 진입과 같은 요령으로 선회방향을 결정한다.

Procedure Turn Outbound는 Procedure Turn Fix를 통과 후 가장 최단방향으로 선회하여 Procedure Turn Outbound를 실시하여야 한다(AIM: 5-4-9: a.2). 만약 실행 가능하다면 항공기 방향이 Procedure Turn Course의 90° 이내일 때에는 정상 Lead Point를 사용하여 Procedure Turn Course로 진입한다(AFMAN11-217).

※13.7 The 45°/180° & 80°/260° Course Reversals(AFM11-217).

Entry: Upon reaching the procedure turn Fix, turn in the shortest direction to intercept the procedure turn course outbound. You may use normal lead points if practical

진입 선회가 Procedure Turn Course의 Non-maneuvering Side에 있고 접근속도가 180kt를 초과할 때에는 적어도 20° Intercept Angle을 사용하여 Procedure Turn Course 쪽으로 수정해야 한다.

바. Proceeding Outbound

기동은 Profile View에 표시된 “Remain Within Distance”를 준수해야 하며, 계기접근절차에 별도로 명시되어 있지 않는 한 이 거리는 Procedure Turn Fix로부터 측정한다. 45/180° Turn인 경우 묘사된 Outbound Track에 45°로 선회한 후 Category A/B는 45초,

Category C/D/E는 1분간 비행한다.

사. Timing

Teardrop 또는 Parallel Maneuver를 위한 Timing은 Procedure Turn Fix에 Outbound Abeam Position일 때에 실시하며, 만약 선회하는 동안 Abeam Position을 판단할 수 없을 때에는 Outbound Turn을 완료 후 시작한다.

아. Descent

IAF로부터 강하는 IAF의 Abeam Position 또는 IAF를 지났고 Outbound Track에 Parallel하거나 Intercept Heading이 되었을 때 시작한다. 선회하는 동안 Abeam Position을 판단할 수 없을 때는 Outbound Turn을 완료 후 시작한다. Procedure Turn Completion Altitude로부터의 강하는 Approach Segment Inbound에 Establish 되었을 때 시작한다.

4.3.6 Descent Gradient(FAA)

가. Feeder Route & Initial Approach Segment

1) Optimum: 250ft/NM
2) Maximum: 500ft/NM

나. Intermediate segment

1) Optimum: 150ft/NM
2) Maximum: 300ft/NM

다. Final approach segment

1) Optimum: 318ft/NM(3°)
2) Maximum: 400ft/NM(3.77°)

FAA : NORMAL PROCEDURE TURN AREA(ALL AIRCRAFT)

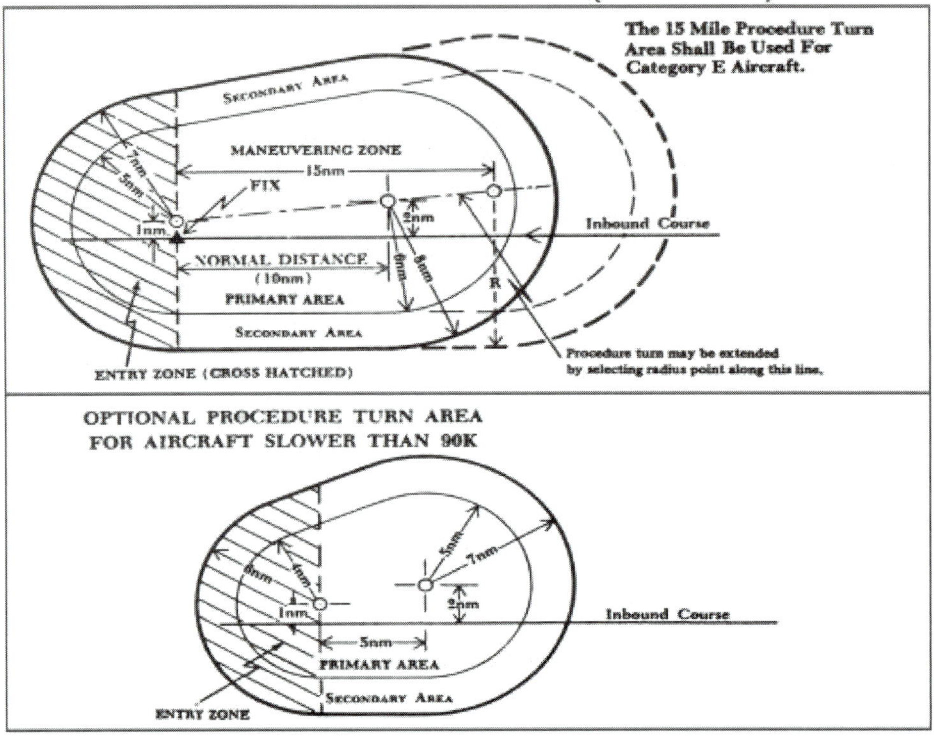

그림 4-16 Procedure Turn Area

4.4 중간접근구간(Intermediate Approach Segment)

4.4.1 개요

가. Intermediate Approach Segment(IS)는 Initial Approach Segment(IAS)와 Final Approach Segment(FAS)의 중간에 위치한다. 이 Segment는 Final Approach Segment로의 진입을 위하여 항공기의 속도, Configuration 및 Position을 조절하는 구간이다.

나. Intermediate Approach Segment는 Intermediate Fix에서부터 시작되는 Segment와 Reversal & Racetrack Pattern Procedure Turn을 완료한 후부터 시작되는 2가지의 유형이 있다. 이 Segment에서의 Minimum Altitude는 100ft 단위의 고도로 정하는

것이 원칙이다. Straight Track Alignment는 Final Approach Track과 Intermediate Track과의 각이 30°를 초과하지 않게 구성된다.

4.4.2 길이

Intermediate Approach Segment의 Optimum 길이는 10NM이지만 최소 5NM보다 짧지 않으며, 최대 15NM보다 길지 않게 구성된다.

4.4.3 폭

Intermediate Approach Segment의 폭은 Initial Approach Segment의 가장자리와 Final Approach Segment의 가장자리를 직선으로 연결한 부분이다.

4.4.4 Obstacle Clearance

Intermediate Approach Segment의 Primary Area에서 Minimum Obstacle Clearance는 150m(492ft)이고 Secondary Area의 Outer Edge는 Zero Ft이다.

4.4.5 Descent Gradient(ICAO)

가. Straight Track Alignment

Maximum Descent Gradient는 5.0%이고, Intermediate Approach Segment는 Speed와 Configuration을 준비하는 구간이므로 Final Approach Segment로 진입 전에 수평 비행단계를 제공해야 한다.

나. Reversal or Racetrack Procedure

Inbound Track에서 Maximum & Minimum Descent Gradient는 CAT A/B는 655/394 ft/min, CAT C/D/E는 1,000/590ft/min이다

4.4.6 Area(ICAO)

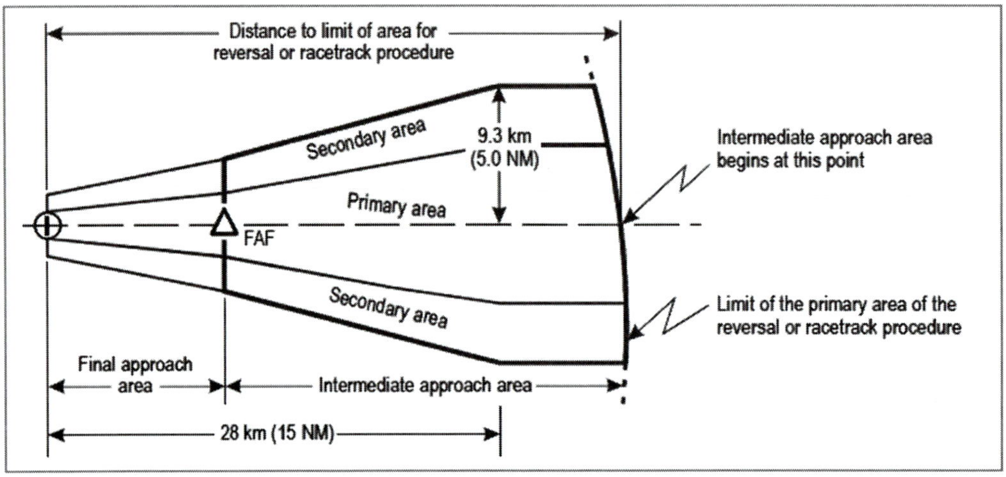

그림 4-17 Intermediate Approach Segment Area

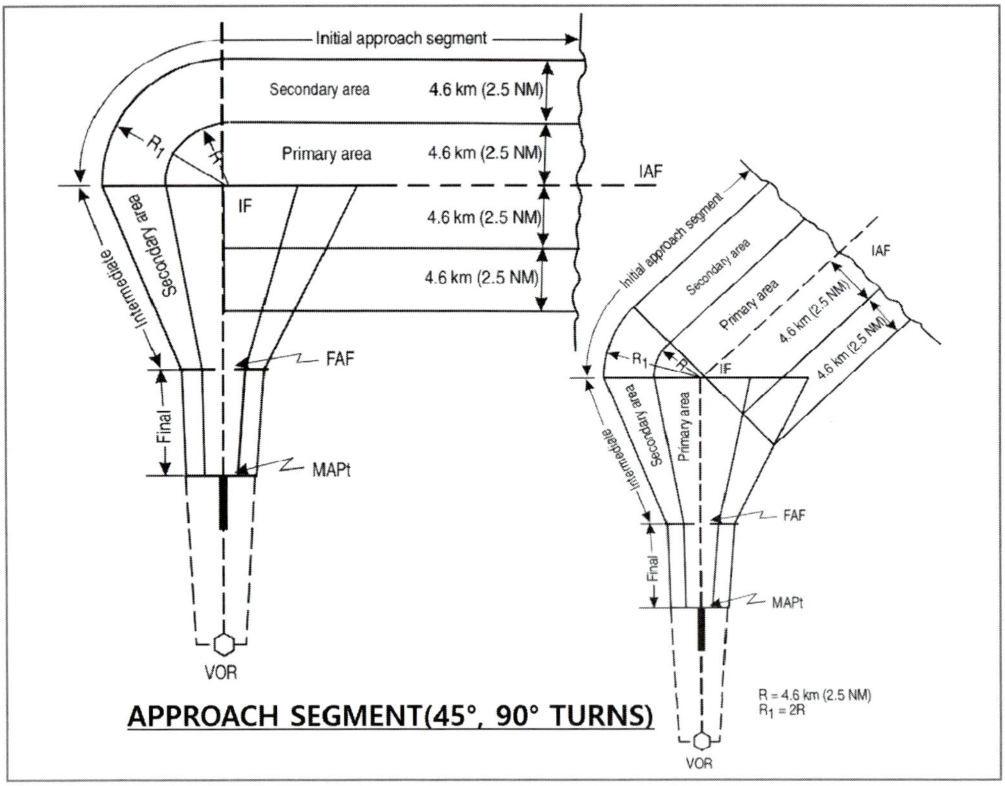

그림 4-18 Intermediate Approach Segment Area (Turning)

4.5 최종접근구간(Final Approach Segment)

4.5.1 개요

Final Approach Segment는 항공기가 착륙하기 위하여 활주로 방향으로 정대 및 강하를 완료시키는 데 사용되는 구간이다. Final Approach Segment Instrument Part는 Final Approach Fix에서 시작하여 끝부분은 Missed Approach Point이다. Final Approach 후 Straight In Landing을 하는 경우와 Circling Approach를 하여 착륙하는 두 가지의 유형이 있다. Final Approach Segment에서는 가능하면 Runway에 정대되어야 하며 항공기에 Navigation Track Guidance(ILS, MLS, VOR, NDB, RADAR 등)가 반드시 제공되어야 한다.

4.5.2 Final Approach Segment Area

가. Optimum 길이: 5NM(Threshold부터 FAF까지의 길이)

나. Maximum 길이: 10NM(Threshold에서 FAF까지의 최대 길이는 10NM)

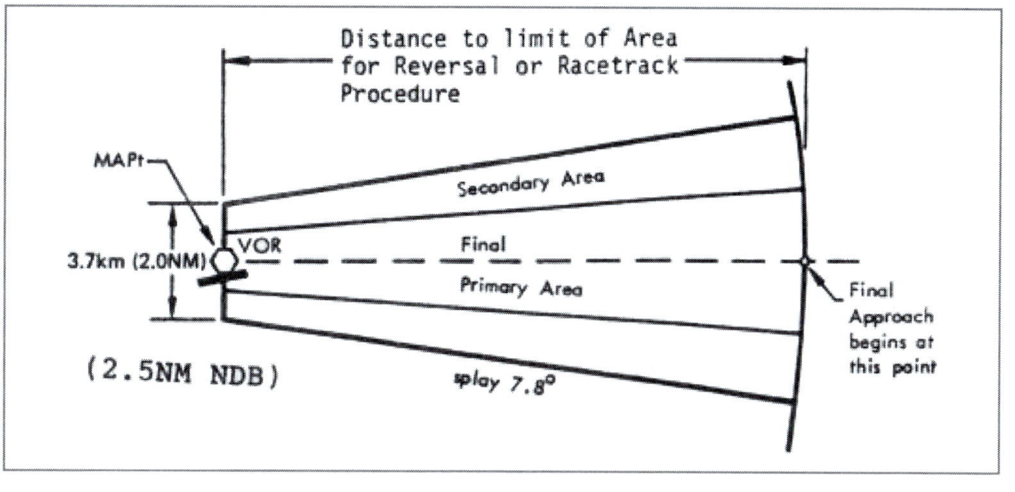

그림 4-19 Final Approach Segment Area

4.5.3 Descent Gradient(ICAO)

가. Final Approach Segment의 Descent Gradient는 Optimum Descent Gradient와 Maximum Descent Gradient를 적용한다.

나. Optimum Descent Gradient는 5%이다.

다. Maximum Descent Gradient는 6.5%이다.

4.5.4 정밀접근절차(Precision Approach Procedure)

가. Precision Approach의 Final Approach Segment는 Glide Slope Interception Point부터 Descent Altitude(Height)까지다.

나. Precision Approach는 Electronic LOC(Azimuth)와 Glide Path의 Navigational Guidance를 제공하는 Approach로서 ILS, MLS & PAR Approach를 Precision Approach라 칭한다.

다. Final Approach Speed와 항공기 Configuration을 유지해야 안전한 착륙을 할 수 있다.

라. Final Approach Segment에서 On LOC & Glide Slope로부터 Half Full Scale 이상 항공기가 Deviation 되면 Terrain Clearance가 유지 안 되는 경우가 발생할 수도 있다. 항시 On Track & On Glide Path를 유지해야 한다.

마. Final Approach에서의 Bank는 5° 이내로, Pitch는 ±1° 이내로(200~300 fpm) Small control할 것을 권고한다.

바. ILS CAT-I의 Decision Altitude는 Pressure Altimeter로 정하고 ILS CAT-II의 Decision Height는 Radio Altimeter의 고도로 정하며 Flight Director가 작동되어야 한다.

사. 다음의 경우에는 Decision Altitude(Height) 이하로 계속 Approach할 수 있으나 이 중에 어느 하나라도 충족하지 못하는 경우에는 Decision Altitude(Height)에서 Missed Approach를 시작하여야 한다(FAA). Missed Approach할 것인가 또는 DH 이하로 계속 Approach할 것인가는 항공기가 DH에 도달할 때까지 결심을 완료해야 한다.

1) Threshold 또는 Runway Environment(Approach Light 등)가 Insight되고
2) VFR로 Terrain Clearance의 유지가 가능하고
3) 정상조작으로 착륙제한 지역에 안전착륙을 할 수 있는 항공기의 위치

아. Precision Approach의 Decision Altitude(Height)는 다음과 같이 표기된다.

DA(H) 241ft(200ft)

자. Final Approach Speed는 No Wind일 때 Vref + 5kts, Wind가 있을 때는 Vref + 1/2 wind + gust를 유지한다. Threshold를 통과하는 때의 속도는 No wind 때 Vref를 유지하고 Gust가 있는 때 Vref + Gust를 유지한다.

차. Precision Approach 중에 구성부품(LOC제외)이 고장 나면 Chart에 인가된 Non-precision Approach(LOC Approach)를 수행한다.

카. Precision Approach Obstacle Clearance는 다음의 그림과 같다.

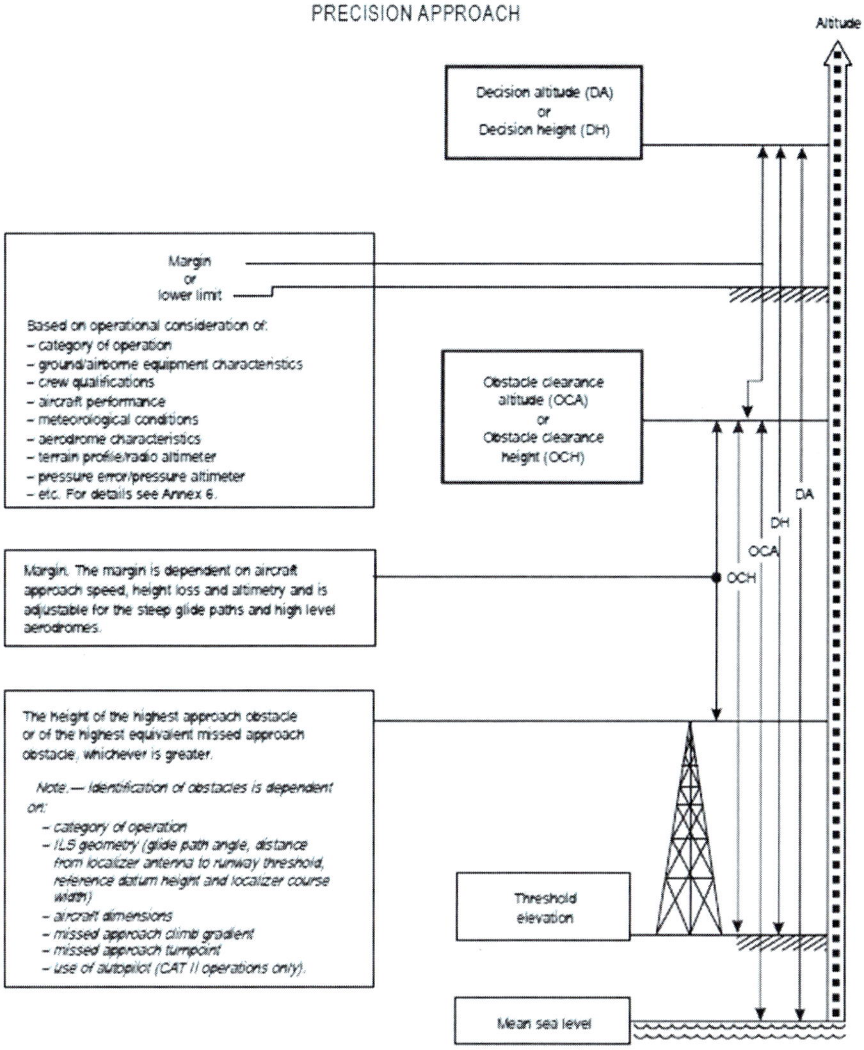

그림 4-20 Precision Approach Obstacle Clearance

타. Precision Approach의 Intermediate Approach Segment의 Minimum 길이는 다음과 같다(ICAO).

표 4-3 Minimum distance between localizer and glide path interception

Intercept angle localizer(degree)	CAT A/B/H	CAT C/D/E
0 ~ 15	1.5NM(2.8Km)	1.5NM(2.8Km)
16 ~ 30	2.0NM(3.7Km)	2.0NM(3.7Km)
31 ~ 60	2.0NM(3.7Km)	2.5NM(4.6Km)
61 ~ 90	2.0NM(3.7Km)	3.0NM(5.6Km)

파. ILS Decision Altitude(Height)에 대한 Height Loss Value/Altimeter Margin은 다음의 표와 같다(ICAO).

표 4-4 Height Loss Value & Altimeter Margin for ILS Decision Altitude

Aircraft category(Vat)	Margin using radio altimeter		Margin using pressure altimeter	
	Meter	Feet	Meter	Feet
A-90Kts(169km/h)	13	42	40	130
B-120Kts(223km/h)	18	59	43	142
C-140Kts(260km/h)	22	71	46	150
D-165Kts(306km/h)	26	85	49	161

하. Raw Data Final Approach Profile은 다음과 같이 Vertical Speed Indicators로서 Glide Path를 유지한다.

1) 3°의 Glide Slope를 유지하려면

$$3° \times \frac{\text{Ground speed}}{60} \times 100 = \text{VSI}$$

2) 300ft/NM Descent Gradient로 Descent 하려면

$$300\text{ft/NM} \times \frac{\text{Ground speed}}{60} \times 100 = \text{VSI}$$

3) 5%의 Descent Gradient로 Descent 하려면

$$\text{Ground speed} \times 5\% = \text{VSI}$$

3°, 300ft/NM 및 5% Descent gradient는 동일한 gradient이다.

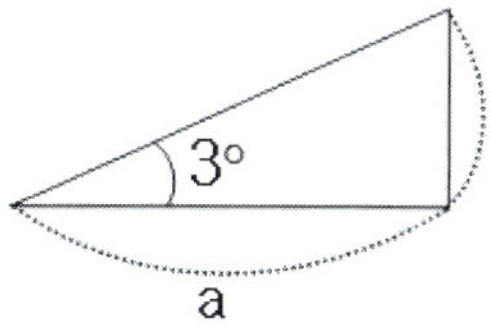

$b = TAN\ 3° = \frac{b}{a},\ = TAN\ 3° \times a$

$= 0.0524 \times 6076 = 318Ft$

$318 \div 6076 \times 100 = 5.2\%$

3°의 Descent Gradient는 5.2%의 Gradient이며, 1NM당 318ft의 Descent는, 3°의 기울기와 같다

4.5.5 비정밀접근절차(Non-precision Approach Procedure)

가. Electronic Glide Slope Guidance가 없는 Instrument Approach Procedure이며 Localizer Approach(Glide Slope Out), VOR, NDB & ASR Approach는 모두 Non-precision Approach이다.

나. Final Approach Segment의 길이는 Optimum 5NM, Maximum 10NM이다.

다. LOC Approach(Glide Slope Out)를 할 때의 Profile은 Glide Slope Out Flight Path를 따라야 한다. Glide Slope Out 되었을 때 또는 No Glide Slope Approach 시의 Profile View는 Above Glide Slope, On Glide Slope 및 Step Down Descent Profile 등 3가지의 유형이 있다(JEPPESEN Manual Introduction 참조). 따라서 Final Approach Fix에 도착하기 전에 Final Approach Descent Gradient 및 Profile 유지에 관하여 충분한 Review 후 Approach를 시도해야 한다.

라. Profile View에 Step Down Descending Profile Line으로 표기된 경우에는 Maximum Descent Gradient를 초과하지 않는 한도 내에서 빨리 강하하여 항공기가 MAP에 도착하기 전에 MDA로 Descent 하는 것이 좋다. 착륙하는 기회가 보다 많고 안전한 착륙을 기할 수 있어서 이 방식의 강하를 추천한다.

마. Final Approach Track을 정확히 유지하면서 항공기의 Approach Configuration과 Airspeed를 유지한다.

바. Missed Approach Point(MAP)가 NAVAID로 정해지지 아니 했으면 Approach Charts에 기재된 Speed Time Table의 시간만큼 Approach 해서 착륙이 불가능한 때는 Missed Approach를 수행한다.

사. Missed Approach Point가 NAVAID로 정해진 곳에서는 Timed Approach를 수행해서는 안 된다.

아. Step Down Fix가 많을수록 이는 Final Approach Segment에 장애물이 많이 있다는 증거이며 Fix에 인가된 Minimum Altitude보다 낮은 고도로 Fix를 통과해서는 안 된다. 왜냐하면 Obstacle Clearance의 유지가 안 되기 때문이다.

자. 다음의 경우를 제외하고 MDA보다 낮은 고도에서 항공기를 Operation 해서는 안 된다.

1) Threshold & Runway environment(Approach Lights) 등이 Insight되고,

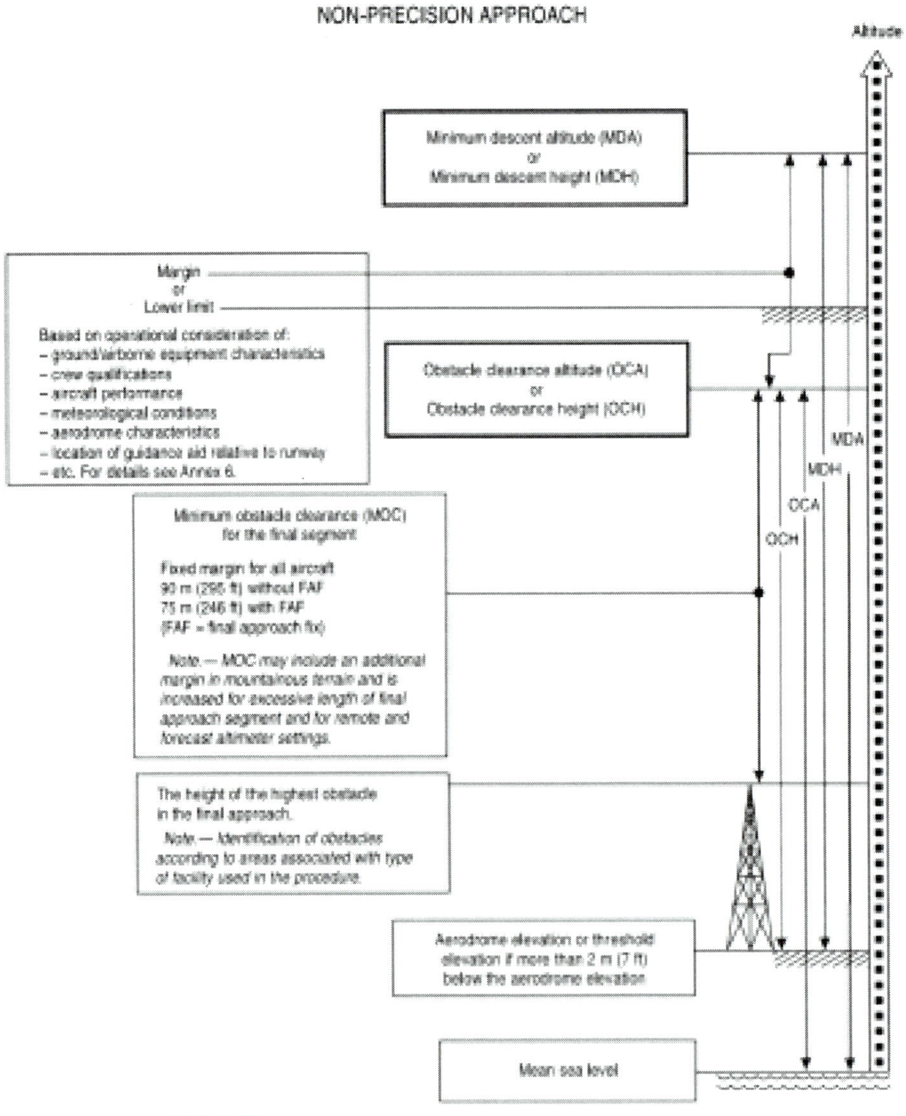

그림 4-21 Non-precision Approach Obstacle Clearance

2) VFR로 Terrain clearance의 유지가 가능하고

3) 항공기가 착륙제한지역에 안전한 착륙을 할 수 있는 위치

차. Visual Descent Point까지는 반드시 MDA를 유지해야 한다. 왜냐하면 눈으로 볼 수 없는 장애물이 있을 수 있기 때문이다.

카. Non-precision Approach의 Obstacle Clearance는 그림 4-21과 같다.

4.6 복행구간(Missed Approach Segment)

4.6.1 개요

가. Precision Approach의 Missed Approach Segment는 Decision Altitude(Height) Point에서부터 Missed Approach Fix까지이다.

나. Non-precision Approach의 Missed Approach Segment는 MAP에서부터 Missed Approach Fix까지이다.

다. Missed Approach Segment는 Initial Missed Approach Segment, Intermediate Missed Approach Segment 및 Final Missed Approach Segment로 구성된다.

1) Initial Missed Approach Segment는 Missed Approach를 시작하여 Start of Climb Point까지이다.

2) Intermediate Missed Approach Segment는 Start of Climb Point부터 164ft Obstacle Clearance에 도달되고 유지되는 Point까지이다.

3) Final Missed Approach Segment는 164ft Obstacle Clearance가 최초로 도달되는 Point부터 New Approach, Holding 또는 En-route Flight로 되돌아가는 Point까지이다.

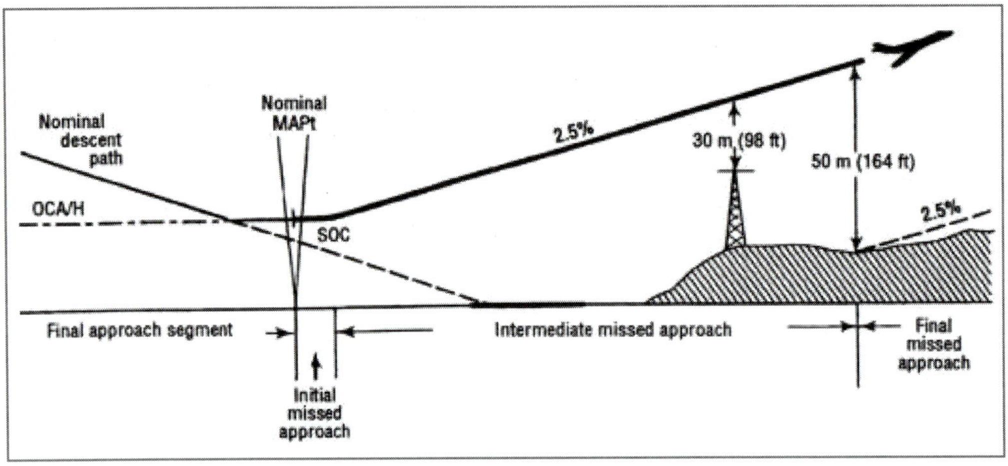

그림 4-22 Missed Approach Segment

4.6.2 비행절차

가. Precision Approach로부터의 Missed Approach는 Decision Altitude(Height)에서 수행한다. Decision Altitude(Height) 고도보다 낮은 고도에서 Missed Approach를 시작하면 Terrain Clearance 보장이 안 된다.

나. Precision Missed Approach를 수행하는 때는 Height Loss Value를 고려해서 Late Rotation이 되지 않도록 해야 한다. Height Loss Value는 3° Descent Gradient의 강하로부터 Start Of Climb 시까지의 손실되는 실제 고도이다.

다. Non-precision Approach의 Missed Approach는 Missed Approach Point(MAP)에서 시작한다.

라. ATC에서 Missed Approach에 관하여 지시된 절차는 우선적으로 수행해야 한다.

마. Instrument Approach 중 NAVAID가 고장인 경우 수평비행(ICAO: 상승 가능)으로 Missed Approach Point(MAP)까지 비행하여 Missed Approach를 수행한다. 이때 MAP으로의 비행은 이용 가능한 다른 NAVAID를 이용하든가 Dead Reckoning (Heading과 Timing) 비행을 한다.

바. Turning Missed Approach(Approach Track과 Missed Approach Track의 각도가 15° 이상인 경우)는 400ft Above HAT(Height Above Touchdown Zone) 또는 164ft Above Terrain(ICAO) 이상의 고도에서 항공기의 상승자 세로 15° 이상 선회 조작을 시작한다.

사. Turning Missed Approach의 Initial Phase에서는 Climb Speed를 만들고 Configuration Change에 집중하여야 하는 단계이므로 Flight Direction Change를 위한 선회는 요구되지 않는다.

아. Intermediate 및 Final Missed Approach Segment는 2.5% 이상의 Climb Gradient로 상승한다. 만약 어떤 사유로 인하여 2.5%의 Climb Gradient를 유지할 수 없는 경우에는 Decision Altitude(Height)보다 높은 고도에서 Missed Approach를 시작하여야 한다. 따라서 Decision Altitude(Height) 또는 Minimum Descent Altitude (Height)가 인가된 것보다 높아져야 한다.

자. 다음의 경우에는 즉시 Missed Approach를 수행한다

1) ATC에서 Missed Approach를 지시하는 경우

2) 정상조작으로 착륙제한지역에 안전한 착륙이 불가능한 것으로 판단되는 경우

3) 기상 조건이 안전한 착륙을 하기에는 불충분하다고 판단되는 경우

차. Missed Approach를 수행하는 때에는 이유와 더불어 조종사의 Intention(Request Another Approach, Holding, Change of Destination) 또한 ATC에 보고하여야 한다.

카. Approach Light만을 시각 참조물로 하여 MDA(H), 또는 DA(H), 이하의 고도로 접근 시 Touchdown Zone Elevation보다 100ft 높은 고도에서 Red Side Row Bar, 또는 Red Termination Bar를 시각 식별할 수 없는 경우는 즉시 Missed Approach를 수행한다.

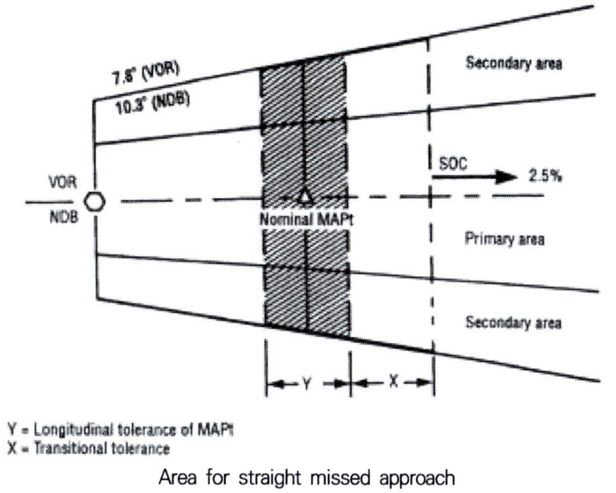

Area for straight missed approach

그림 4-23 Missed Approach Segment Area

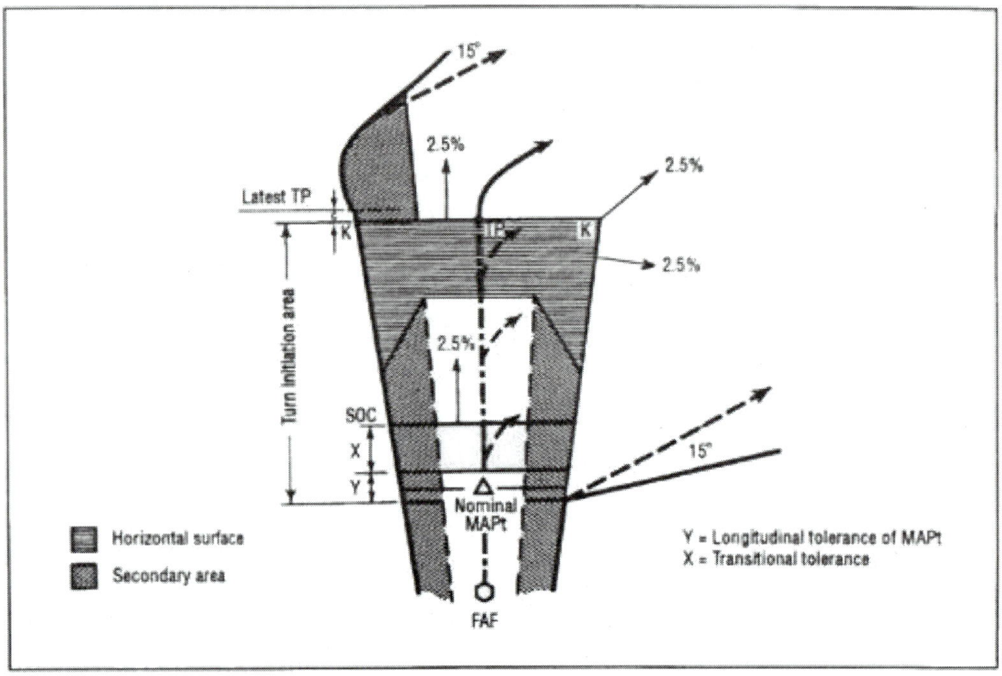

Turn less than 75° at an altitude

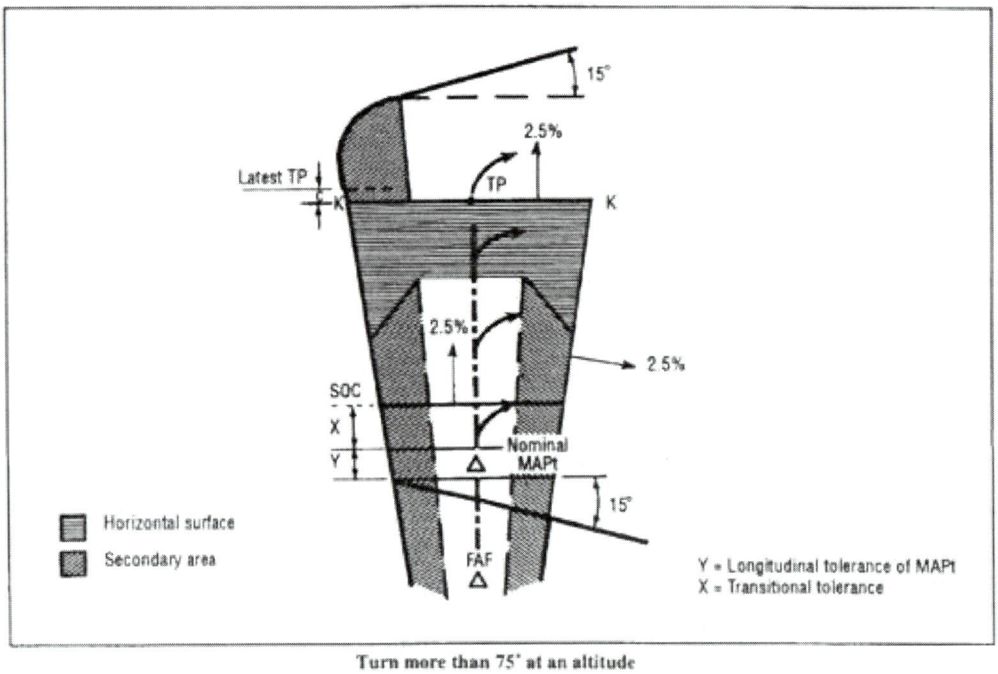

Turn more than 75° at an altitude

그림 4-24 Missed Approach Segment Area(Turning)

4.7. 레이더 접근 절차(Radar Approach Procedure)

4.7.1 개요

가. Radar Approach에 사용되는 Radar는 Primary Radar 또는 Precision Approach Radar(PAR)와 Airport Surveillance Radar(ASR)이다. Arrival Segment에서부터 Missed Approach Point(MAP)까지 ASR Scope를 가진 관제사에 의하여 유도되는 Approach를 ASR Approach라 하며 이는 비정밀 접근(Non-precision Approach)이다.

나. Arrival 및 Initial Approach Segment는 ASR Scope를 가진 관제사에 의해서 유도되다가 Intermediate 및 Final Approach Segment는 Primary Radar 또는 PAR Scope를 가진 관제사에 이양되어 Decision Altitude/Height(DA/H)까지 유도된다. 이 Approach를 PAR Approach라 하고 이것은 정밀 접근(Precision Approach)이다. Radar approach는 조종사의 요청에 의하여 이루어지든가 재난이나 긴박한 항공기의 조종사에게 제공된다. 그러나 ASR은 운용상 필요한 경우 또는 재난이나 시를 제외하고 인가되지 않는다. 보고된 기상이 공항의 Published Minimum 이하이거나 조종사에 허용된 Weather Minimum(Ceiling, Visibility) 이하일 때 PAR 또는 ASR Approach를 해서는 안 된다. 보고된 기상이 최저기상조건(Ceiling, Visibility) 이하일 때 Radar Approach의 결심은 조종사가 해야 한다. 보고된 기상이 최저 기상조건 미만이라 할지라도 조종사의 요청이 있으면 ATC는 Radar Approach를 제공하게 된다. 그러나 조종사는 이것이 위반임을 명심해야 할 것이다.

다. PAR 및 ASR Approach의 Weather Minimum 기타 제반 절차는, Jeppesen Manual Approach Text 5-4-10/11에 발행된다.

4.7.2 Initial Approach Segment(PAR & ASR: ICAO)

가. 구역

1) Radar Antenna 20NM 이내 … 폭 중앙선에서 양쪽 각각 3NM

2) Radar Antenna 20NM 이상 … 폭 중앙선에서 양쪽 각각 5NM

나. 기타

1) Obstacle Clearance: Minimum 300m(984ft)

2) Descent Gradient: Optimum 4%, Maximum 8%

4.7.3 Intermediate Approach Segment

가. 구역

1) PAR & ASR Optimum Distance: 5NM

2) PAR Minimum Distance

표 4-5 PAR Minimum Distance

<table>
<tr><th>Intercept angle(Degree)</th><th colspan="2">Minimum distance between localizer & path intercept</th></tr>
<tr><td>0 ~ 15</td><td>2.8km(1.5NM)</td><td rowspan="4">F A A
15°: 1NM 60°: 4NM
30°: 2NM 75°: 5NM
45°: 3NM 90°: 6NM</td></tr>
<tr><td>16 ~ 30</td><td>3.7km(2.0NM)</td></tr>
<tr><td>31 ~ 60</td><td>4.6km(2.5NM)</td></tr>
<tr><td>61 ~ 90</td><td>5.6km(3.0NM)</td></tr>
</table>

나. 기타

1) Maximum Distance: 15NM

2) Obstacle Clearance: 150m(500ft)

3) Descent Gradient: 5%

4.7.4 일반사항

가. Maximum Bank Angle(선회각도)

1) T raffic Pattern Phase: 25° 또는 3°/sec turn 중 적은 Bank Angle

2) Final Approach Phase: 1.5°/sec turn(one needle turn) 또는 통상 15°의 Bank

나. 항공기의 Heading과 고도는 관제사가 지시하고 항공기의 속도와 Configuration은 항공기의 조종사가 만든다.

다. 관제사는 항공기가 Final Approach Phase에 진입하기 전에 다음과 같은 사항을 조종사에게 통보한다.

1) PAR 또는 ASR의 Published Minimum
2) 공항의 기상 및 Altimeter Setting(QNH)
3) Lost Communication은 Traffic Pattern Phase에서 PAR 30sec(ASR 1min), Final Approach Phase에는 PAR 5sec(ASR: 15sec)초간 송수신 두절 시 Lost Communication으로 정해지는 것이 보통이나 공항의 입지적 여건에 따라 다르게 설정될 수도 있다.

라. Radar Approach를 위한 Traffic Pattern은 Rectangular Pattern, Straight-In Pattern & Modified Rectangular Pattern 등이 있다.

4.7.5 PAR Final Approach Phase

가. 개요

1) PAR의 Radar Coverage는 보통 10NM(항공법 시행령 규칙은 9NM로 정해짐)이며 PAR의 Approach Phase는 Radar Antenna로부터 8NM 지점에서 시작된다. 항공기는 이 지점까지 ASR Controller에 의하여 Radar Vector 되든가 항공기에 장착된 NAVAID(ILS, MLS, VOR, NDB)로 항로를 따라 비행하게 된다.
2) PAR의 Final Approach Controller는 조종사가 착륙하려는 활주로에 항공기를 정대시킬 수 있도록 Azimuth Control(New Flight Heading)을 계속 송신한다. 조종사는 PAR Final Approach Controller가 지시하는 Flying Heading을 정확히 유지해야 하며 Final Approach Phase에서의 모든 선회는 선회할 각도만큼의 Bank로 선회하는데(예: 5° 선회 시 5°의 bank로 선회하는 것), 최대 Bank는 Half Rate Turn(1.5°/sec turn, 또는 One Needle Turn)을 초과해서는 안 된다.
3) 착륙하려는 활주로의 중앙 연장선에 대한 항공기의 위치는 On Course, Slightly/Well Right of Course 혹은 Slightly/Well Left Of Course이란 용어와 함께 항공기의 Flying Heading을 지시한다(Slightly는 약간, Well은 현저한이란 뜻임). Elevation

Control은 조종사가 항공기를 Glide Path에 Interception 할 수 있도록 강하의 시작 30초 내지 10초 전임을 예고했다가 강하율과 함께 강하의 시작을 지시한다.

나. Glide Path

1) Glide Path에 대한 항공기의 위치는 On Glide Path, Slightly/Well Below Glide Path, Slightly/Well Above Glide Path이란 용어를 사용한다.
2) Glide Path에 Return 하기 위해서는 ±1°(200~300fpm) Pitch Altitude의 수정조작으로 비행한다. 항공기가 On Glide Slope에 있거나 On Glide Path에 Return 후 계속 On Glide Path를 유지하기 위하여 3°의 Glide Path에서는 300ft/NM(약 5% Descent Gradient), 2.5°의 Glide Path에서는 5% Descent Gradient×100 Descent Gradient의 강하율을 유지한다(예: 2.5°의 Glide Path VSI=5%×Ground Speed−100).

다. Range Information

Range Information은 Touchdown Point까지 매 1NM 단위로 조종사에게 통보된다. 항공기가 Safety Zone Limit를 벗어나는 것이 관측되면 Missed Approach가 지시된다.

라. Azimuth & Elevation Guidance

항공기가 Published Decision Altitude에 도착할 때까지 제공된다.

마. Advisory Course & Glide Path Information

항공기가 Landing Threshold 상공을 통과할 때까지 제공된다.

바. 기타

조종사는 Runway Insight, Landing 또는 Missed Approach 했을 때에는 Controller에게 보고해야 한다. 기타 제반 절차는 ILS CAT-I Approach와 같다. ILS Approach는 비행 정보를 눈으로 얻고 Radar Approach는 비행 정보를 귀로 얻는 것이 다를 뿐이다. PAR Approach Pattern, Airspeed, Configuration은 아래의 그림과 같다.

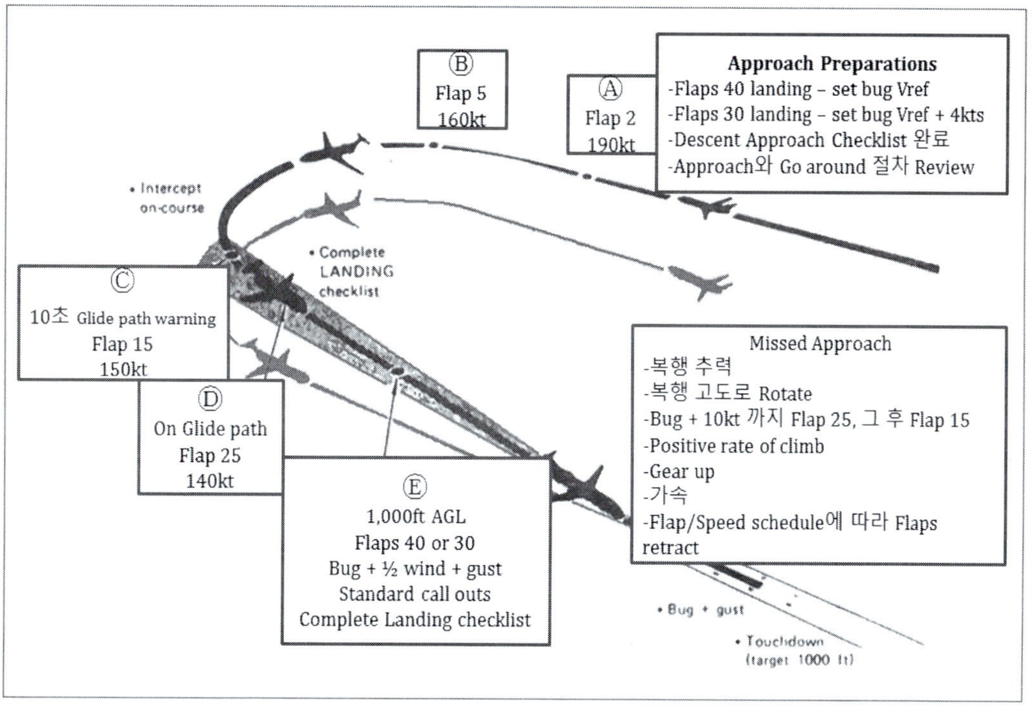

그림 4-25 PAR Pattern

4.7.6 Surveillance Radar Approach

가. 개요

1) Surveillance Radar Approach는 Azimuth Control에만 의하여 유도되는 Radar Approach로써 Non-precision Approach이며 이 Radar는 기능상 항공기의 고도 탐지가 불가능하기 때문에 Glide Path에 대한 정보를 조종사에게 제공할 수 없다.
2) Azimuth Control 방식과 조종사의 비행절차는 PAR Approach와 같으며 Missed Approach Point까지 Azimuth Control이 된다. Elevation Control(Glide Path Control)은 Radar 기능상 불가능하기 때문에 항공기를 Final Approach Track 연장선 임의의 지점으로 지정된 고도로 유도하고 Minimum Descent Altitude(MDA)까지의 강하를 조종사에게 지시한다. Final Approach Segment에서 Descent Gradient는 Non-Precision Instrument Approach와 같다(Optimum 300ft/NM, MAX 400ft/NM). Final Approach Segment의 길이는 특별한 지역적 여건을 제외하고 최소의 길이

3NM, 최대의 길이는 6NM이다.

3) Landing Runway Threshold 또는 Missed Approach Point까지 매 1NM 마다 Recommended Altitude를 조종사에게 제공한다. 조종사는 Radar 관제사에게 항공기의 Approach Category를 통보해야 되고 관제사는 조종사에게 강하를 시작하기 이전에 Published Minimum Descent Altitude를 통보해야 한다. 기타 제반 절차는 PAR Approach와 같다.

4.7.7 GCA Voice Procedure(P: Pilot, C: Controller)

P: Gimhae Approach, HL1234 over KALOD at FL150, Request GCA approach to Gimhae Airport. Over.

C: HL1234, Roger, Maintain 9000. Contact Gimhae GCA on 134.1, over.

P: HL1234, Roger, 134.1.

P: HL1234, Gimhae GCA, loud & clear. How do you hear me, over.

C: HL1234, Gimhae GCA, loud & clear. How do you hear me, over.

P: HL1234, loud & clear, over.

C: HL1234, Squawk 0200. Request heading & altitude, over.

P: HL1234, roger. Squawk 0200, heading 160, 9000, over.

C: HL1234, Positive radar contact. Turn right heading 180, Descend & maintain 5000. Over.

P: HL1234, Roger, right turn heading 180, descent & maintain 5,000, leaving 9,000, over.

C: HL1234, Gimhae GCA, Gimhae weather, wind 340 at 15kts, visibility one & half mile with rain & fog, RVR 900m, sky condition 5 octas stratos 300, 8 octas stratocumulus 500, altimeter 30.03. This will be PAR approach, runway 36, over.

P: HL1234, Roger, altimeter 30.03.

C: HL1234, turn right Heading 240 for pattern correction, over.

P: HL1234, roger, turn right heading 240.

C: HL1234, your lost communication procedures are as follows: if no transmission are received for 30seconds in the traffic pattern or any 5seconds on final, left climbing turn on 315 climb to 5000', return to KH radio beacon. Hold as published. Contact Gimhae approach for further clearance.

P: HL1234, Wilco.

C: HL1234, You will be making a left hand pattern for runway 36. Precision minimums are ceiling 200, visibility one-half miles, over.

P: Roger, HL1234.

C: HL1234, turn left heading 180, descend & maintain 3500, downwind leg, over.

P: HL1234, roger, heading 180, descend & maintain 3500, leaving 5000.

P: HL1234, Perform initial cockpit check, reduce airspeed to 180kt, over.

P: Roger, HL1234, initial cockpit check completed, airspeed 180kt.

C: HL1234 turn right heading 090 descend & maintain 2600, base leg 5miles from airport.

P: Roger, HL1234, heading 090, descend & maintain 2600, leaving 3500.

C: HL1234 What will be your final approach speed?

P: HL1234, final approach speed 140kt, over.

C: HL1234, roger, your suggested rate of descent on final approach is 750ft per minute, turn left heading 045 dog leg.

P: Roger, HL1234, left heading 045.

C: HL1234, turn left heading 360, maintain 2600, final approach, stand by final controller, over.

P: HL1234 roger, left heading 360, maintain 2600.

C: HL1234, this is your final approach controller, how do you hear me, over.

P: HL1234, loud & clear.

C: HL1234, roger your radio loud & clear. You need not acknowledge any further transmissions unless unable to comply. Your range 10miles from touchdown, altitude 2600(Flap 15) Turn left heading 355, altitude 2600. Range 9miles from touchdown, intercept glide path in 30 second. Suggest you complete final landing checks(L/G Down & Flap 40). Recheck gear down. Heading 355, altitude 2600, approaching glide path. 8miles from touchdown. Slightly left of course, turn right heading 360, correcting slowly, begin descent now, entry glide path, on course, range 7miles from touchdown. On course, on glide path. Slightly left of course, turn right heading 005. Correcting slowly, coming below glide path, adjust your rate of descent. Turn left heading 360. On course, on glide path, Resume normal rate of descent. Turn left heading 358. 4miles from touch down, Tower advises wind 370 at 15 cleared to land. On course, on glide path, 3 & 1/2 miles from touch down, on course on glide path, On course, slightly above glide path, Adjust your rate of descent, Coming back to glide path, Resume normal rate of descent. 2 miles from touchdown. If you have field in sight, take over visually, complete this full stop landing. On course on glide path, you are now passing through PAR minimums. Half mile from touch down, heading 358, on glide path on course, Over landing threshold, Approaching touch down, heading 39, Contact tower on 126.2 after landing. GCA control terminate. GCA out.

P: Gimhae tower, HL1234, on your frequency, over.

C: HL1234, turn right next intersection taxi to ramp, over.

P: HL1234, roger.

4.7.8 No-Gyro Radar Approach

가. 개요

No-Gyro Approach는 항공기의 HSI RMI 또는 Directional Gyro의 고장 또는 부적절한 작동으로 인하여 조종사가 항공기 Heading을 정확히 유지할 수 없는 경우 조종사의 요청에 의하여 이루어진다. 조종사는 관제사가 Turn Right 또는 Turn Left 하는 때 즉시 해당 선회를 실시하고 Stop Turn 하면 Roll Out 한다. Flight Phase에서의 최대 선회 Bank는 25° Bank 또는 Standard Rate Turn(3°/sec Turn) 중 적은 것에 해당되는 Bank이다. No-Gyro ASR 또는 PAR Approach를 수행하는 때에는 항공기가 Final Approach Course에 선회된 후 Half Standard Rate Turn(1.5°/sec Turn)을 실시하도록 조종사에게 통보된다. 항공기의 속도, 고도, Configuration, Missed Approach 등 기타 제반 절차는 PAR 및 ASR Approach 절차와 같다. 항공기의 Azimuth Control은 Heading 대신 Turn Right, Turn Left, Stop Turn으로 Control된다.

4.8 Radar Vector Instrument Approach

가. Approach Control은 관제 책임 지역 내에서 계기 비행하는 모든 항공기를 안전하고 질서 있게 관제할 책임을 진다.

나. Approach Control Service를 위하여 허가된 Radar는 ASR 또는 PAR로 사용될 뿐만 아니라 Radio NAVAID(ILS, MLS, VOR, NDB) Approach의 Non-radar Approach를 위한 Radar Vector를 제공하는 데에도 사용된다.

다. ARTCC에서 Approach Control으로 관제 이양된 항공기는 ILS, MLS, VOR 및 NDB Approach의 Final Approach Track에 Interception을 위한 Heading으로 Radar Vector된다.

라. 조종사는 ATC로부터 Cleared For ILS, MLS, VOR 또는 NDB Approach란 허가를 받지 아니하고 Final Approach Track에 Interception하여 Approach해서는 안 된다.

마. Instrument Approach의 허가는 Final Approach Track에 Interception을 위한 최종 Heading과 더불어 발행되는 것이 정상이며 최종 Heading으로의 Radar Vector는 항공기가 Final Approach에 있는 Fix 또는 Track으로 진입하기 이전에 발행되어야 한다.

바. Final Approach Track에 Interception을 위한 최종 Heading으로 Radar Vector 된 후 수평 또는 수직 분리를 위하여 항공기를 Final Approach Track을 Crossing 시켜야 할 필요성이 있을 때는 관제사는 이 사실을 조종사에게 사전에 통보해야 한다. 이와 같은 통보를 받지 아니하고 항공기가 Final Approach Track에 Crossing이 임박할 때 조종사는 이 사실을 ATC에 통보해야 한다.

사. Radar Vector 중에도 항공기를 다른 Traffic과 수평 또는 수직 분리를 위하여 필요한 경우 항공기의 Heading, Altitude 및 Airspeed를 제한하게 됨으로 관제사의 지시를 잘 듣고 이행해야 한다.

아. 관제사의 지시가 항공기의 안전에 부적절한 때에는 이유와 더불어 대안을 제시하거나 거부한다.

자. Radar Vector로 비행하는 동안에도 안전에 대한 책임은 조종사가 져야 한다.

차. Final Approach Course에 이미 진입되어 있는 항공기의 Approach Clearance는 항공기가 Final Approach Fix에 도착하기 이전에 발행된다. Final Approach Track에 Inbound하고 있는 항공기도 Radar Separation은 유지되어야 하며 조종사는 Approach Clearance가 발행되면 허가된 Radio NAVAID(ILS, MLS, VOR, NDB, TACAN

등)를 Primary로 하여 Instrument Approach를 수행한다. 그러므로 조종사는 Final Approach Track에 한번 진입한 후에는 Approach에서 그렇게 하라고 지시하지 않는 한 Final Approach Track을 이탈해서는 안 된다.

카. Final Approach Fix를 통과한 항공기 또는 Final Approach Track으로 진입한 항공기는 Instrument Approach Chart에 발행된 대로 Track과 고도를 유지한 후 해당 Instrument Approach Procedure에 따라 Landing을 하든가 Visual Approach 또는 Missed Approach를 수행한다.

타. Radar Vector는 항공기가 착륙하거나 관제를 아니하는 다른 Advisory Frequency로의 변경을 지시하는 때 언제나 자동적으로 종료된다.

4.9 Visual Maneuvering(Circling) Approach

4.9.1 Straight-in Approach를 수행 후 30° 이상 선회하여 Landing하는 Maneuvering을 Visual Maneuvering 또는 Circling Approach라 한다.

4.9.2 Visual Maneuvering(Circling) Area

Visual Maneuvering(Circling) Area는 Landing에 사용되는 활주로 Threshold에서 Aircraft Approach Category별로 선회 반경의 접합 지점으로 연결된 지역으로 정한다.

4.9.3 Visual Maneuvering(Circling) Area를 정하는 요소들은 다음과 같다.

가. Aircraft Category: A, B, C, D, E

나. Speed: 아래 표 참조

다. Wind: 25kt(Turning하는 동안)

라. Bank Angle: 20° 평균 또는 3°/sec Turn 중 적은 Bank Angle

표 4-6 Circling Area & Aircraft Approach Categories

Category of aircraft / IAS(KT)	A/100	B/135	C180	D/205	E/240
TAS at 2000ft MSL + 25Kt wind factor	131	168	215	242	279
Radius (r) of turn (NM)	0.69	1.13	1.85	2.34	3.12
Straight segment(Constant value)	0.30	0.40	0.50	0.60	0.70
Radius (R) from threshold (NM)	1.68	2.66	4.20	5.28	6.94
FAA	1.3	1.5	1.7	2.3	4.5

※ Radius from threshold(R) = 2r+ straight segment

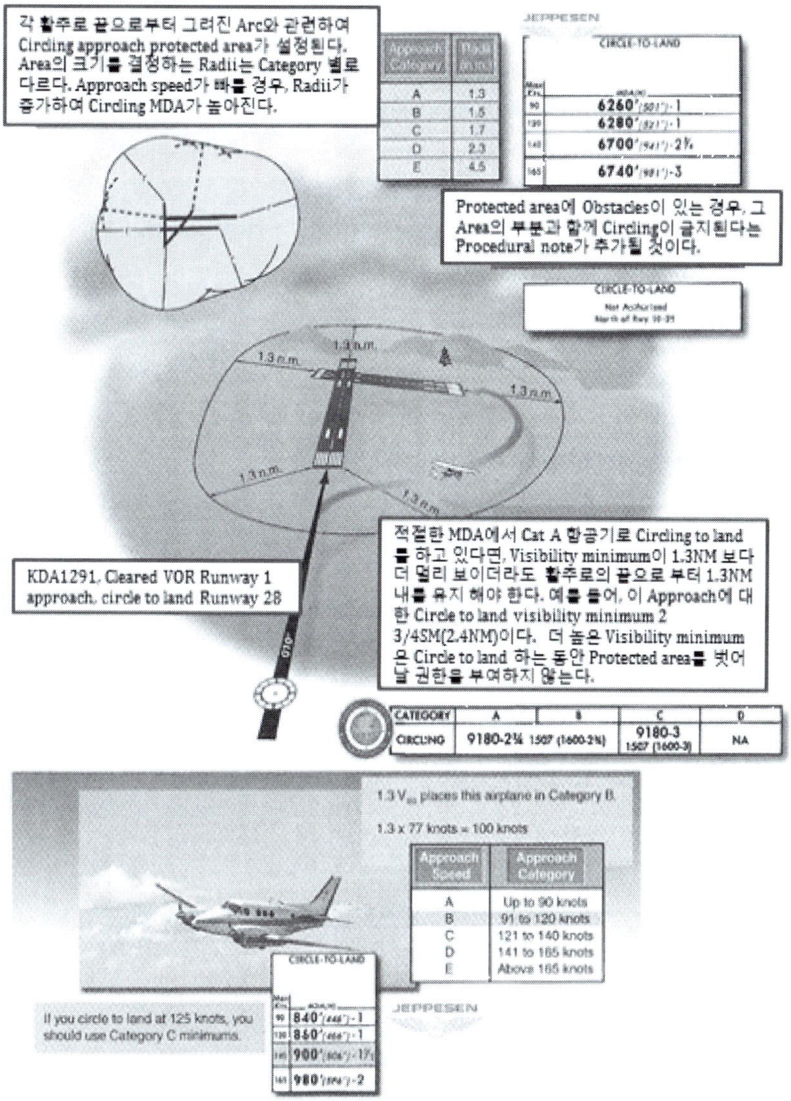

그림 4-26 Circling Area

4.9.4 Visual Maneuvering(Circling)을 위한 OCA/H

표 4-7 OCA/H For Circling Approach

Aircraft category	Obstacle clearance Meter(feet)	Lowest OCH above aerodrome elevation Meter(feet)	Minimum visibility KM(NM)
A	90(295)	120(394)	1.9(1.0)
B	90(295)	150(492)	2.8(1.5)
C	120(394)	180(591)	3.7(2.0)
D	120(394)	210(689)	4.6(2.5)
E	150(492)	240(787)	6.5(3.5)
FAA	300feet	-	1SM

4.9.5 Circling Maneuvering은 가능한 Airport 가까이 그리고 Bank는 30°를 초과하지 아니하는 것이 바람직하다.

4.9.6 기상이 Local VFR Condition이면 Tower의 허가 하에 Local VFR 장주 고도로 Maneuvering 하는 것이 좋다.

4.9.7 Airport 기상이 Marginal Circling Minimum이면 반드시 Circling인가 고도로 Maneuvering 하다가 Final Approach에서 3°의 Glide Path를 유지하기 위하여 필요할 때 Descent를 시작한다. 왜냐하면 발행된 Circling Minimum Altitude보다 높은 고도로 Maneuvering하면 VFR 유지가 안되며 이보다 낮은 고도로 Maneuvering하면 Terrain Clearance가 보장되지 않기 때문이다.

4.9.8 Circling Maneuvering은 반드시 인가된 지역으로 수행해야 한다.

※ JEPPESEN MANUAL에서 Circling 지역에 대하여 기술되어 있다. 만약 Circling 지역에 관한 제한사항이 없는 경우에는 Left Hand Pattern으로 Maneuvering을 수행하는 것이 원칙이다.

4.9.9 Maneuvering 시 전방의 항공기에 대한 간격 유지와 Wake Turbulence 회피에 대한 책임은 조종사가 진다.

4.9.10 Visual Maneuvering(Circling) MDA(H)와 OCA와의 관계는 다음의 그림과 같다.

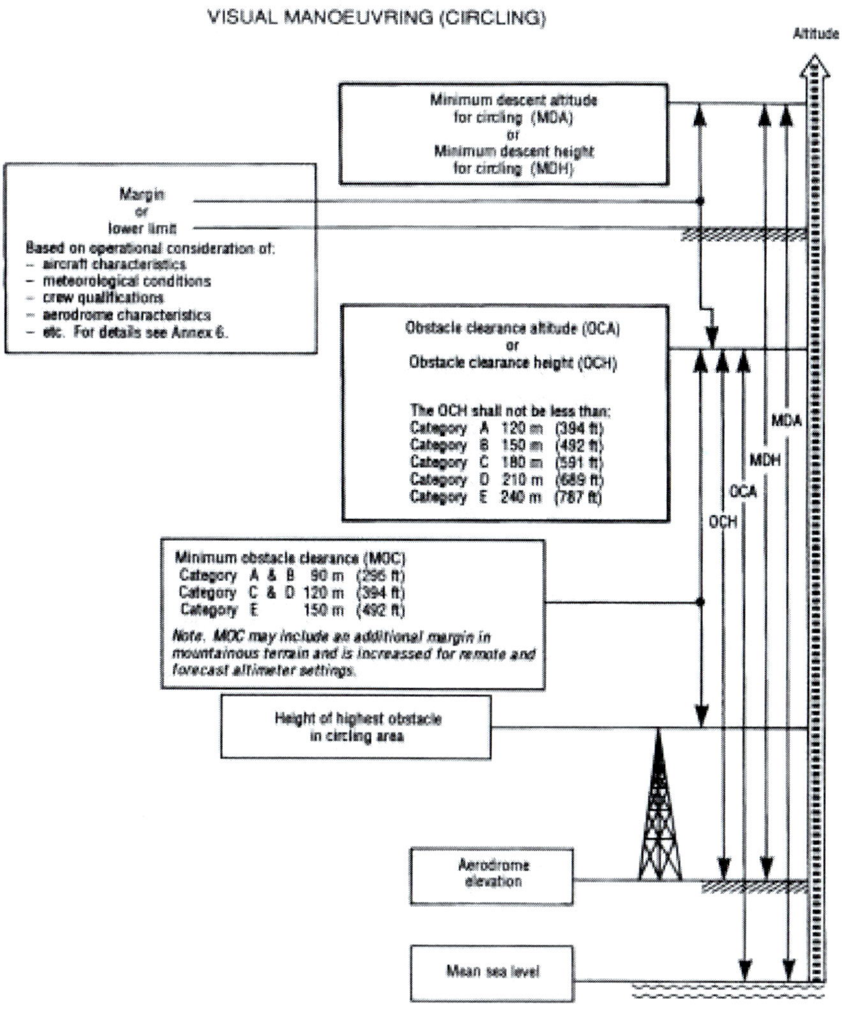

Relationship of obstacle clearance altitude/height (OCA/H) to minimum descent altitude/height (MDA/H) for visual manoeuvres (circling)

그림 4-27 Obstacle Clearance For Circling

가. ICAO: Minimum Descent Height는 Airport Elevation으로부터의 고도이다(Circling).

나. FAA: Straight Approach시의 DH 또는 MDA(H)는 Touchdown Zone Elevation으로부터의 고도이다.

4.9.11 Maneuvering시 활주로를 시야에서 상실하면 즉시 Missed Approach를 수행하면서 Tower에 통보한다.

4.9.12 Missed Approach

Instrument Approach 후 Circling Maneuvering하는 동안 Visual Reference를 상실하면 착륙하려는 활주로 방향으로 상승 선회하여 ATC의 지시 또는 발행된 Missed Approach Track을 유지해야 한다.

4.9.13 Visual Approach와 Circling Approach와의 차이점(FAA)

표 4-8 Visual Approach와 Circling Approach의 차이점

FLT phase	Visual approach	Circling approach
Airport weather	Ceiling 1,000ft 이상 Visibility 3SM 이상	IFR (Circling WX minimum 이상)
Flight plan	IFR	IFR
Landing traffic	VFR landing traffic (VFR 장주)	30° 이내의 Bank로 기동할 수 있는 범위 내에서 Downwind leg과 Base leg는 가능한 활주로로부터 가깝게 설정하고 장주에서는 MDA와 같거나 보다 높은 고도 유지
Missed approach	Go-around후 Airport control area 내에서 VFR Flight를 유지 하든가 VFR Landing 허가를 받아 Downwind leg로 진입	인가된 Missed approach 절차를 이행

4.9.14 Missed approach for circling approach

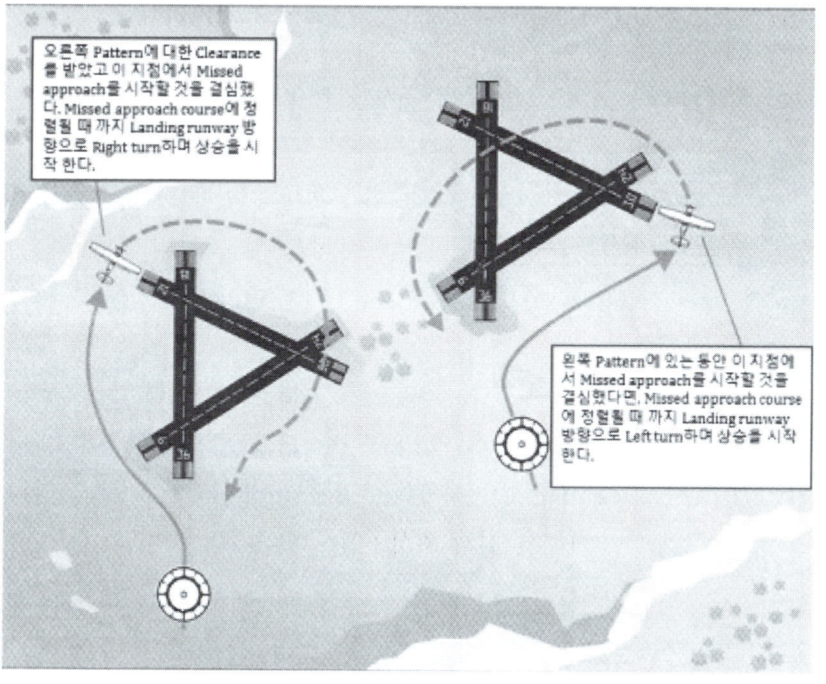

그림 4-28 Missed approach pattern for circling

4.10 기타 제반 계기 접근절차

4.10.1 Radar Monitor 하에서 Instrument Approach

가. Instrument Approach를 수행하는 항공기를 PAR 또는 Primary Radar 장비로 Monitor하여 조종사에게 다음 정보를 제공한다.

1) Passing Final Approach Fix 또는 ILS Outer Marker 조종사는 이 지점에서 Approach Lights 또는 Runway의 Insight 통보를 하도록 지시된다.

2) Well Above or Below Glide Path

3) Well Left or Right of Course

4) 만약 Radar 정보를 계속 제공함에도 불구하고 항공기가 PAR Safety Limit를 벗어나거나 급격한 벗어남이 발행되면 조종사에게 Missed Approach를 지시하고 조종사는 이 지시를 따라야 한다.

5) Radar Service는 Approach 종료 즉시 자동으로 종료된다.

나. Radar Monitor Instrument Approach는 특정 공항에서 기상이 Ceiling 1,000ft 미만, Visibility 3SM 이하에서 수행된다.

다. 항공기가 Final Approach에 도달하기 이전에 PAR Controller의 Frequency로의 변경을 지시 받는다.

라. Primary AID는 NAVAID이고 Radar는 Secondary AID이다.

마. Radar Monitor(PAR)하에서 ILS, MLS의 Instrument Approach는 기상이 Airport Operating Published Minimum 이하의 경우도 Instrument Approach를 시도할 수 있고 최저고도까지 강하해서 실제 기상조건이 착륙 최저 미만 이상이면 착륙해도 무방하다.

4.10.2 Parallel ILS Approaches

가. Parallel ILS/MLS Approach는 Dependent Parallel ILS Approach와 Independent Parallel ILS Approach로 나누어지며, Independent Parallel ILS Approach는 Simultaneous Parallel ILS Approach(Independent)와 Simultaneous Close Parallel (Independent) ILS/MLS Approach로 나누어지며, 분류는 Parallel Runway의 중심선 간격, ATC Procedure 그리고 공항의 ATC Radar Monitoring과 Communications Capabilities에 달려있으며, 1개 이상의 Parallel Localizer Course가 있는 공항에서는 3°까지의 Offset이 허용된다.

나. Parallel 활주로의 Operation은 조종사의 Situational Awareness가 더욱 요구되며, 접근절차의 Minimum을 Review 하더라도, Approach의 Name & Number, LOC Frequency, Inbound LOC/Azimuth course, Glide Intercept Altitude, Decision Height, Missed Approach Instructions, Special Notes/Procedures, 지정활주로/근접활주로 위치를 확인해야 하며, 조종사는 사용 중인 Simultaneous ILS/MLS 접근에

관한 정보는 ATIS를 통해 제공될 것이다.

다. 접근을 수행중인 조종사는 ATC인가를 이행하며, 항법장비의 고장 시 즉시 ATC에게 보고해야 한다.

라. Parallel ILS/MLS 접근 중 무선교신을 반드시 유지해야 하며, 불필요한 무선교신은 피해야 한다.

마. TCAS(Traffic Collision Avoidance System)의 사용은 추가적인 안전을 제공하며, 조종사는 TCAS 작동절차를 따라야 한다.

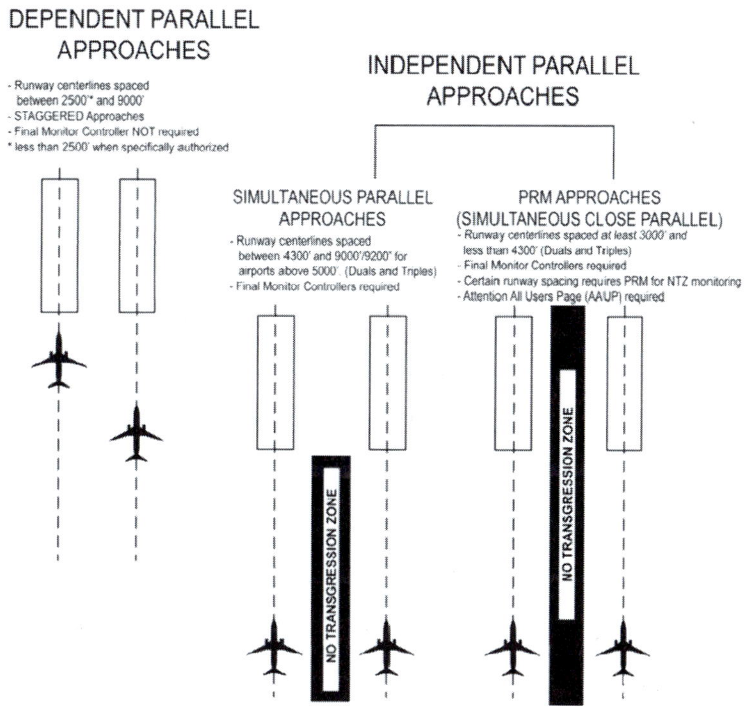

그림 4-29 Parallel ILS Approaches

바. Parallel ILS Approaches의 종류

1) Parallel ILS/MLS Approach(Dependent)

(가) Parallel Runway의 중심선 간의 간격은 최소 2,500ft이다.

(나) 구성 요소는 ILS, Radar, Communications, ATC Procedure 및 요구되는 탑재 장비

(다) 항공기의 분리

(1) 활주로 중심 사이의 간격이 2,500ft ~ 4,200ft일 때 대각선(Diagonal Separation)

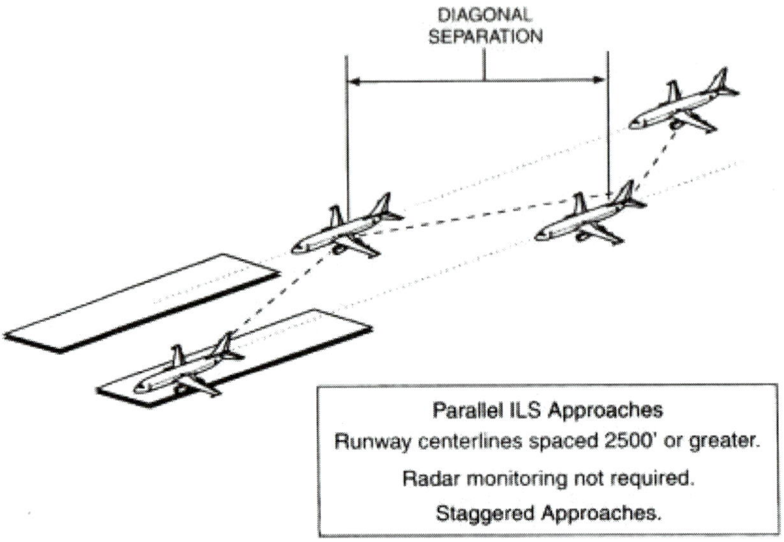

그림 4-30 Parallel ILS Approach Separation

으로 1.5mile의 Radar 분리(아래 그림 참조)

(2) 활주로 끝으로부터 10mile 이내에 있는 활주로 중심선 사이 간격이 4,300ft~9,000ft일 때 대각선으로 2mile의 레이더 간격 분리

(3) 동일 Localizer Course 상의 항공기와는 최소 2.5mile 간격 분리

(4) Parallel 최종접근 Course로 선회 중인 항공기 사이에는 최소 1,000ft의 수직 분리, 또는 최소 3mile의 레이더 간격 분리

2) Simultaneous Parallel ILS/MLS Approach(Independent)

(가) Parallel Runway 중심선 간의 간격은 4,300ft ~ 9,000ft

(나) Final Monitor Controllers 필요

(다) 구성 요소는 ILS, Radar, Communications, ATC Procedure, 요구되는 탑재 장비

(라) Radar Monitoring

(마) 최종 접근 선회 시 3mile의 Radar 분리 또는 최소 1,000'의 고도분리

(바) Tower Controller로의 Overriding 능력(On The Tower Frequency)

(사) 비행 금지구역 및 NTZ(No Transgression Zone) 침범 감시, 감독

(아) 조종사가 Approach Lighting Or Runway Insight 보고시나, Threshold로부터 1mile 이하일 때 자동으로 종결

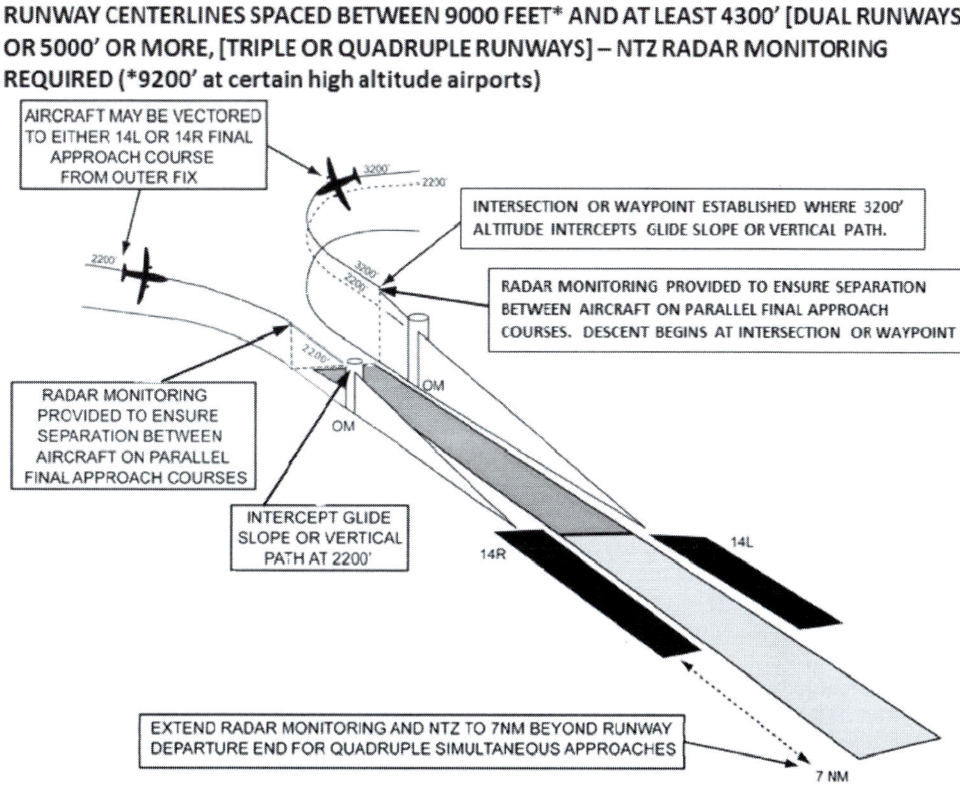

그림 4-31 Simultaneous Parallel ILS Approach

3) Simultaneous Close Parallel ILS/MLS Approach(Independent)

(가) Parallel Runway 중심선의 간격이 4,300ft 이하

(나) Final Monitor Controller 필요

(다) Final Monitor Controller는 PRM(Precision Runway Monitor) System

(라) 구성요소 및 Radar Monitoring은 Simultaneous Parallel ILS/MLS Approach (Indepe-ndent)와 동일

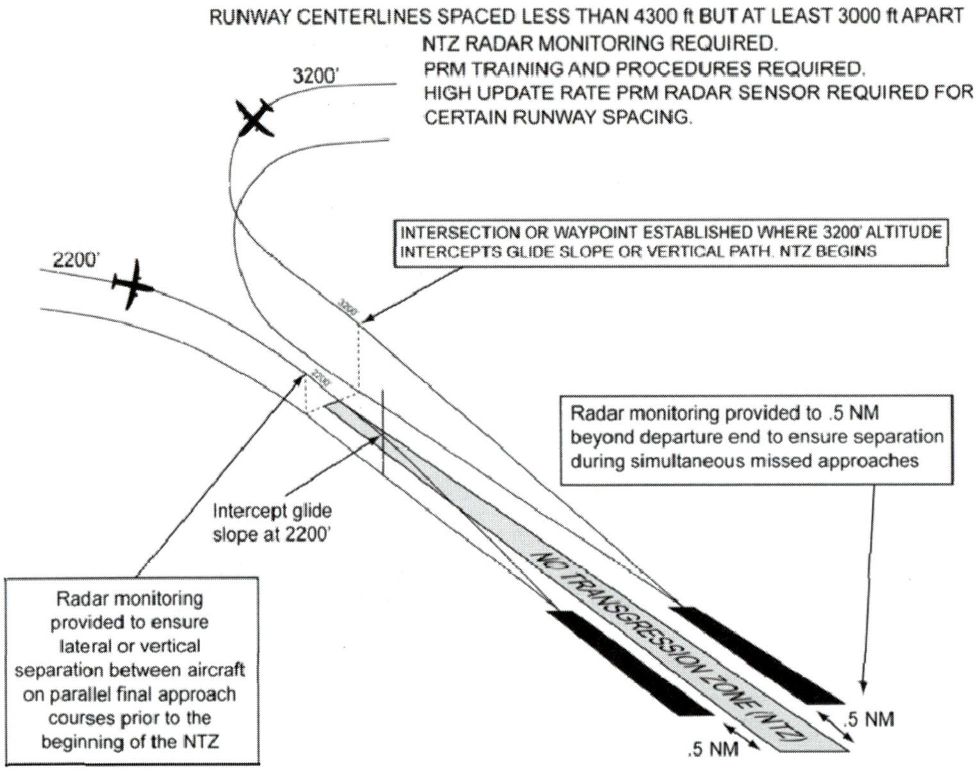

그림 4-32 Simultaneous Close Parallel ILS/MLS Approach(Independent)

4.10.3 Simultaneous Converging Instrument Approach

가. 활주로 방향이 15°~100° 차이가 있는 Runway를 가진 공항에 양 활주로에 동시에 Instrument Approach를 수행하는 절차를 말한다.

나. Separation은 Standard Instrument Approach Procedure에 따르고, Missed Approach Point는 적어도 3mile 이상 떨어져야 하며 Missed Approach Area는 서로 중첩되지 아니해야 한다.

다. 기타 요구조건: Radar Service가 가능해야 하고 각기 Runway에 ILS/MLS Approach 등 양 Runway에 동시에 Straight Approach하여 착륙한다.

라. Simultaneous Converging Approach를 운용하는 때는 언제나 조종사에게 이 사실을 Initial Radio Contact 후 가능한 빨리 조종사에게 알려주거나, ATIS를 통하여 알린다. Instrument Approach를 수행하는 항공기간의 Separation에 대한 책임은 Radar Controller가 가지며 Tower에 위임되지 않는다.

4.10.4 Side Step Maneuver

가. 활주로 중앙선에서 1,200ft 이내에 있는 Parallel Runway에 적용되며 Approach Procedure로서 사전 인가되어 있어야 한다.

나. ILS/MLS Instrument Approach수행 후, Landing은 다른 Parallel Runway에 수행한다.

예) "HL1234, cleared for ILS runway 7L approach, side step to runway 7R" 조종사는 ILS Approach를 7L로 수행하여 Runway Environment (Runway, Approach Lights 등)이 Insight되면 Landing은 Runway 7R으로 수행한다.

다. Landing Weather Minimum은 Primary Runway의 Minimum보다 높거나 Circling Minimum보다는 낮게 설정된다.

4.11 Raw Data ILS Approach

4.11.1 개요

Raw Data ILS Approach는 Flight Director를 사용하지 않고, ILS Approach를 수행하는 것이다. Raw Data ILS의 CAT-I의 Minimum은 Published Minimum을 적용한다. 대한항공에서 Simulator 및 CTN-II Simulator 훈련과정에서 Raw Data ILS 과목이 포함된 것은 Flight Director System의 고장에 대비한 것도 있지만 항공기의 Pitch, Bank 및 Power Control의 종합적인 훈련 차원의 의의가 더 크다고 보아야 할 것이다. 왜냐하면 Pitch, Bank & Power Control의 조종기술이 완벽의 경지에 도달되어야 Raw Data ILS Approach를 완전하게 수행할 수 있기 때문이다.

4.11.2 비행 절차

ILS 주파수를 동조 및 식별한 후 HSI에 ILS의 Localizer, Glide Slope Indicator의 작동을 확인한다.

가. Localizer를 Intercept하는 요령

1) HSI의 Symbolic Aircraft의 Nose가 CDI의 Top을 향하도록 Bank Control한다. 만약에 Crosswind가 있는 때에는 Wind Correction Angle만큼 풍상으로 더 선회한다.
2) LOC 1 Dot 이내의 Deviation 수정: Heading Bug를 ILS Course ± WCA(Wind Correction Angle)에 Set 한다. LOC On Course(CDI가 계기의 중앙 위치) 시는 Heading Bug와 HSI의 Top Index를 Bank Control하여 일치시킨다. LOC가 좌측으로 Deviation 시는 5° 이내의 Bank로 LOC가 On Course 되기 직전에 Lead Turn하여 HSI의 Top Index와 Heading Bug가 일치되도록 Lead Turn을 한다. LOC가 우측으로 1 Dot 이내 Deviation되면 5° 이내의 Bank로 우측으로 선회해서 CDI가 On Course 되기 직전까지 기다렸다가 Lead Turn하여 HSI의 Top Index와 Heading Bug을 일치시켜서 LOC On Course를 유지한다.

나. Glide Slope를 Intercept하고 유지하는 요령

1) Desired Pitch Altitude에서 ±1°의 Pitch Control 능력이 갖추어야 한다. Pitch Attitude의 변화, 즉 강하율의 변화에도 불구하고 Final Approach Speed를 일정하게 유지할 수 있는 Power Control 기술이 숙달되어 있어야 한다.
2) Final Approach Phase에서 On Glide Slope를 유지할 수 있는 항공기 Pitch 자세를 유지하고 Final Approach Speed를 유지할 수 있는 Thrust를 Set한다.

4.12 접근 차트의 구성

4.12.1 개요

접근 차트는 다음과 같이 나누어진다.

가. Heading Section

나. Plan View

다. Profile View

라. Landing Minimums

4.12.2 상단부(Heading Section)

가. 그림은 접근차트의 상단부를 나타내는 예제로 '가'에는 각 국가별 지역 이름이 명시되는데 일반적으로 공항이 위치한 저명한 도시 이름을 사용한다. '나'에는 접근차트의 공항이나 도시가 속한 국가명이 명시된다. 그러나 미국의 경우에는 해당 '주'이름이 명시된다. '다'에는 차트에 도시된 접근절차의 종류와 이름을 명시한다. 예제는 김포공항의 여러 접근절차 중에서 ILS Y or LOC Y RWY 14L 접근절차로써, 이와 같은 접근절차의 이름에는 여러 가지 의미가 내포되어 있다. 우선 접근절차의 이름 뒤에 활주로 번호가 명시되어 있다면, 이 절차는 접근 코스와 착륙 활주로가 동일한 직진

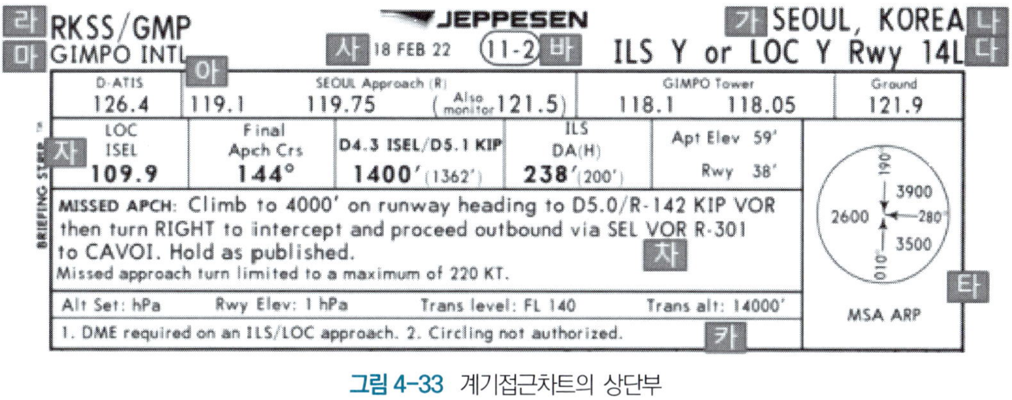

그림 4-33 계기접근차트의 상단부

입 접근(Straight-in Approach)을 의미하며 그렇지 않은 경우, 예를 들어 'VOR-A'와 같이 절차 이름 뒤에 A, B, C 등의 문자가 명시되어 있다면 이는 선회접근(Circling Approach)를 의미한다. 또한 절차 이름에는 해당 절차를 수행하기 위해서 항공기에 탑재되어야 할 최소한의 장비가 명시된다. 따라서 자신의 항공기에 장착되어 있으며 이용 가능한 장비에 해당하는 접근절차를 선택해야 하며 김포 ILS Y or LOC Y RWY 14L로 접근하기 위해서는 ILS 수신기 또는 LOC 수신기가 필수 장비이다.

나. '라'와 '마'에는 절차가 설정된 공항 이름과 이에 대한 ICAO 식별부호이다. 예를 들어 우리나라의 김포공항은 RKSS, 제주 국제공항은 RKPC이다.

다. '바'에는 색인번호가 명시되어 있는데 Jeppesen Chart는 이 번호에 특별한 의미를 부여하고 있다. 이 색인번호를 이용하면 차트의 수정 및 정리를 편리하게 할 수 있다. 각각의 숫자들이 의미하는 내용들은 다음과 같다. 첫째 자리 숫자는 공항번호로서 동일한 지역에 여러 개의 공항이 있는 경우 이를 구별하기 위해 첫 번째 공항은 '1'을, 다음 공항에는 그 순서에 따라서 '2', '3' 등과 같이 순서대로 번호를 부여하고 있다. 둘째 자리 숫자는 해당 접근차트의 형태를 구별하여 준다. 따라서 접근절차의 색인번호만을 보고서 조종사는 해당 접근절차가 어떠한 시설로 구성되어 있는지를 알 수 있다. 다음은 이 두 번째 자리의 숫자에 따른 접근형태를 나타낸다.

Approach Type Number	Approach Type
1	• ILS • MLS • LDA, SDF, or any other Localizer with Glide Slope or Localizer-only approach
2	• RNAV (RNP), RNAV (GPS), RNAV (GNSS), RNAV (GNSS or VOR DME), GLS • Sole-use FMS • Excludes VOR DME RNAV
3	VOR, VOR DME, VORTAC
4	TACAN
5	Unassigned
6	NDB
7	DF
8	• PAR • ASR, SRA, SRE • Stand-alone GPS
9	• VOR DME RNAV • Vicinity Charts, Visual Arrival or Departure Charts • Charted Visual Flight Procedure (CVFP) • Miscellaneous

그림 4-34 Chart Index Numbers

참고로 0은 Area, SID, STAR, CLASS B 공역 등을 의미한다. 세 번째 숫자는 동일한 공항 내에 있는 여러 개의 같은 형태의 접근절차에 대해 이를 구별하기 위한 번호로서, 예를 들어 어떤 지역의 두 번째 공항에 대한 첫 번째 ILS 절차는 '21-1'이 되고, 같은 공항의 두 번째 ILS 절차는 '21-2'가 된다. 또 다른 예로서 이 공항에서의 첫 번째 VOR 접근절차는 '23-1'이 된다.

라. '사'에는 차트가 발행된 연도와 달, 날짜가 명시되는데 발행된 차트가 이용되기 시작하는 유효일자와 발행일 사이에 차이가 있을 경우 'Eff 17 NOV'와 같이 유효일자를 따로 표시하고 있다. 이러한 경우 해당 유효일자까지는 전에 사용하던 차트를 그대로 사용하여야 한다.

마. '아'는 해당 접근절차를 수행하는 데 있어서 지상 관제기구와 교신하기 위한 통신주파수를 명시하고 있다. 이러한 주파수 정보는 통상 사용순서에 따라 표시되는데 김포공항 ILS DME RWY 14L 접근을 수행하기 위해서는 우선 접근관제구역에 진입하기 이전 목적지 공항의 현재 사용 활주로와 고도계 수정치 등의 여러 공항정보와 기상을 미리 파악하기 위해서 ATIS를 청취하게 된다. 여기서 ATIS 앞의 '*' 표시는 해당 주파수가 시간제로 운용(Part Time Operation)된다는 의미인데, 접근관제소나 관제탑과 같이 착륙을 위해서 필요한 시설들이 시간제로 이용될 경우 해당 관제기구를 대신할 대체기구를 같이 명시 해주고 있다. 다음으로 조종사는 목적지 공항에 접근하기 위한 인가를 받기 위해서 접근관제소와 교신하여야 한다. 김포공항의 경우 서울접근관제소와 교신을 하게 된다. 여기서 '(R)' 표시가 되어있는 것은 해당 기관이 레이더 장비를 갖추고 있음을 의미한다. 계기접근 중 대부분의 경우 최종접근구간에서 관제탑과 교신하여 해당 활주로에 착륙하기 위한 착륙인가(Landing Clearance)를 받게 된다. 착륙 후에는 지상활주를 위해 지상관제소(Ground Control)와 교신을 한다. 이와 같이 사용상 편리를 위해서 교신하는 순서에 따라서 각 해당 주파수들을 나열하고 있다.

바. '자'의 내용들은 목적지 공항에 착륙하기 위한 절차를 수행함에 있어서 조종사가 차트상의 내용 중 자주 확인하는 내용들을 따로 구분해서 싣고 있다. 첫 번째는 해당 절차를 수행하기 위한 주 항법보조시설로 LOC가 주 항법 보조시설이 된다. 다음 내용은 최종접근코스의 방위정보이고 이 옆에는 정밀접근의 경우 Glide Slope과 Outer Marker가 교차하는 고도를 표시하거나 비정밀 접근의 경우 FAF에서의 고도이다. 그 다음에는 정밀접근의 **결심고도(DH or DA)**나 비정밀 접근의 **최저강하고도(MDH or MDA)**를 표시하고 있다. 또한 가장 끝에는 Airport Elevation 또는 Runway

End Elevation과 접근하는 **활주로의 접지대의 표고**(TDZE)가 명시되어 있다.

사. '차'에는 실패접근절차가, '카'에는 해당 접근절차를 수행하는 데 있어서 알아두어야 할 일반적인 정보를 제공한다.

아. 마지막으로 '타'에는 **최저안전고도**(Minimum Safe Altitude)가 표시되어 있는데, 일반적으로 아래쪽에 표시된 시설을 기준으로 25NM 범위 내의 가장 높은 장애물로부터 1,000피트의 장애물 회피 고도를 제공한다. 이때 그 기준거리가 다를 경우에는 별도로 거리를 표시한다. 이러한 최저안전고도는 항법보조시설로부터 Radial이나 Bearing을 이용하여 몇 개의 구역(Sector)으로 분할 표시되기도 한다. 이러한 최저안전고도에 대하여 조종사가 유의하여야 할 점은, 첫째로 MSA는 단지 해당 구역 내에서의 **장애물 회피고도**(Obstruction Clearance)를 제공할 뿐이며 계기비행을 위한 항법이나 통신이 가능한 범위를 보장하고 있지는 않다는 것과 둘째로 MSA는 비상 상황이나 시계비행을 위해서 제공된다는 점이다. 예를 들어 야간에 시계비행방식으로 해당공항에 접근하는 경우에 이용할 수 있을 것이다. 세 번째로는 MSA는 식별 용이한 항법보조시설을 이용하여 범위와 구역을 구분하였기 때문에 그 공항의 모든 접근절차를 위해서 작성된 것은 아니라는 것이다. 따라서 각각의 MSA는 오직 명시된 접근절차에만 적용 가능하다.

4.12.3 평면도(Plan View)

가. 평면도는 접근절차의 평면적 모형을 표현하고 있으므로 접근 수행 중 조종사가 해당 절차를 머리속에서 그릴 수 있도록 도와준다. 그러나 이러한 평면도가 일반적인 지도와 같이 지상의 지형지물을 일정한 척도로 축소 표현하고 있는 것은 아니다. 따라서 비행절차와 함께 표시되어 있는 지형지물은 조종사가 이를 이용하여 육안으로 장애물을 확인하면서 회피할 수 있는 구체적인 자료를 제공하는 것은 아니며 단지 제한된 지형에 관한 내용이나 참고로 이용할 수 있는 장애물에 대한 정보를 싣고 있는 것이다.

나. 그러나 이러한 접근차트가 지상의 장애물에 관한 회피를 보장하고 있지 않다는 의미는 아니다. 계기접근이라고 하는 것 자체가 공항이나 활주로를 시각적으로 확인하면서 접근할 수 없는 계기비행 기상상태에서 이용할 수 있도록 만들어졌기 때문이다. 따라서 접근차트에 나와있는 코스와 고도를 정확하게 지키면서 절차를 수행한다면

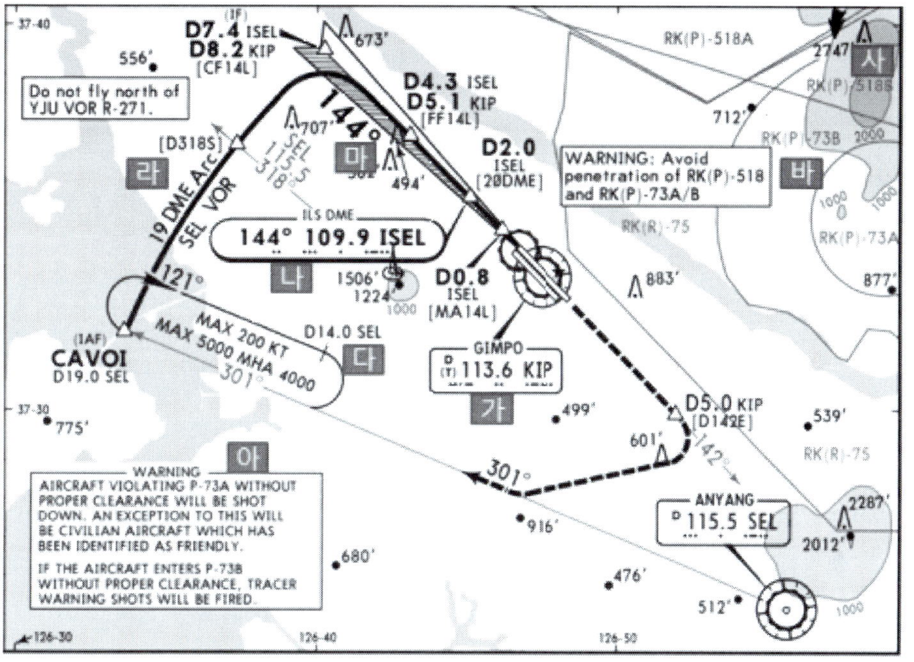

그림 4-35 평면도

지상의 장애물에 대한 확실한 안전고도를 제공받을 수 있다.

다. 평면도에 표시된 지형지물이나 인공 조형물은 해당 지역 내에 있는 모든 것들을 표시하는 것은 아니다. 일반적으로 차트상에 표시된 것은 비행장 표고로부터 400ft 이상의 것이다. 이러한 장애물에 관한 정보 중 '사'를 살펴보면 굵은 화살표를 이용하여 접근구역 내의 장애물 중에 가장 높은 장애물을 표시하고 있다. 조종사는 이러한 장애물에 관한 정보를 단지 참고용으로만 이용하여야 한다. 그것은 가장 높은 장애물로 표시된 지형지물 외에 더 높은 장애물이 주변에 있을 수 있기 때문이다.

라. 평면도에는 해당 절차를 수행하기 위해 필요한 항법보조시설에 관한 주파수와 모르스 식별부호를 싣고 있는데 이 정보들은 박스 안에 표시하고 있다. 이 박스의 모양에 따라 다양한 항법보조시설들을 구분할 수 있는데 우선 '가'와 같이 사각형 박스는 VOR, NDB, LOM 시설을 나타내고 '나'와 같은 타원형 박스는 ILS, LOC, LDA, SDF 시설을 나타내기 위해 사용된다. 또한 이러한 시설들 중 주(Main) 접근시설에 대해 그림자 처리를 하였다. 해당 시설에 DME 장비가 있는 경우에는 박스 왼쪽 위에 'D'로 이를 알리고 있으며 VOR, VORTAC, VOR/DME 시설들의 등급도 H, L 또는 T로 구별하여 표시하고 있다.

마. 김포공항 ILS DME RWY 14L 절차의 예제를 보면 이 접근절차의 평면도에는 특

별한 전환항로가 명시되어 있지 않음을 알 수 있는데, 이것은 김포공항을 목적지로 하는 항로에서는 접근절차로 전환을 위한 전환항로들일 설정되어 있지 않음을 알 수 있다. 참고로 전환항로는 굵은 화살표로 표시되며 접근절차상의 IAF에 도달하기 위한 방위, 거리, 최저고도를 함께 표시한다.

바. 예제의 절차에서 IAF는 Anyang VORTAC(SEL)으로부터 300°, 19 DME인 'CAVOI'가 되며 이는 또한 실패접근절차의 Holding Fix가 된다. Holding pattern은 '다'에서 보듯이 Holding Fix가 특정 항행안전시설로부터의 방위와 거리로, 혹은 두 개의 항행안전시설로부터 두 Radial의 교차점으로 표시되며, Holding pattern에는 방향과 최저고도 등이 함께 표시된다.

사. 조종사가 해당 절차를 위한 접근인가를 접근관제소로부터 받지 못하였다면 Holding pattern procedure를 수행하여야 하며 이를 위해 Pattern 내로 진입하기 이전에 인가를 요청하거나 Holding pattern을 위한 정해진 속도로 감속하여야 한다. 이 때 접근관제소로부터 인가를 받았다면 Holding pattern procedure를 중단하고 IAF에서 '라'의 DME Arc를 시작하여야 한다.

아. 최종접근코스로의 선회는 명시되어 있는 Lead Radial을 참고하여 항공기의 현재 속도에 따라서 Lead Point를 결정하여 실시하며, 이때에 Anyang VORTAC(SEL) 주파수를 LOC 주파수로 바꾼다. 이 경우 최종접근코스에 진입할 때가 중간접근구간의 시작지점이 된다. Lead Radial 이후의 고도강하 절차는 만일 접근절차에 Lead Radial에서부터 고도강하가 명시되어 있으면 다음 최저고도로 강하할 수 있으나 접근절차에 고도강하가 명시되어 있지 않다면 최종접근코스에 진입(Established)되었을 때 고도강하를 할 수 있다. 여기에서 접근 코스로의 진입은 항공기에 장착된 CDI가 Half Full Scale 내로 들어왔을 때나 ADF의 Needle을 이용할 경우에는 코스 좌우로 5° 이내의 범위에 들어왔을 때이다.

자. '마'는 접근절차의 최종접근코스를 표시하며, '바'와 '아'는 해당 접근절차를 수행할 때 특별히 주의해야 할 사항이나 비행금지구역, 제한구역과 같은 특수공역 등을 표시하고 있다. 김포 VOR/DME 이후의 굵은 점선과 화살표로 그려진 '아'는 실패접근절차를 표시한 것으로 이와 같이 평면도에 나와 있는 그림만으로도 실패접근절차를 어느 정도 쉽게 이해할 수 있다.

4.12.4 측면도(Profile View)

가. 차트의 측면도는 항공기가 접근절차를 수행하고 있는 동안에 필요한 고도정보를 표시하고 있으며, 마치 강하 과정을 측면에서 보고 있는 것과 같이 나타내고 있다. 이러한 측면도에는 최종접근코스와 접근절차내의 각각의 최저고도, 기준이 되는 무선항법시설 등이 표시된다. 최저고도 외에 별도의 고도가 괄호 안에 표시되기도 하는데 이는 **활주로의 접지구역 표고**(Touchdown Zone Elevation) 또는 해당 공항의 표고(Airport Elevation)로부터의 고도를 표시하고 있다. 여기에서 접지구역으로부터의 고도는 HAT(Height Above Touchdown)라고 하며, 주로 직진입 접근절차의 경우에 표시되고 접근에 사용될 활주로의 접지구역 표고로부터의 절대고도로 측정된다. 다음으로 공항 표고로부터의 고도는 HAA(Height Above Airport)라고 하며, 각 공항별로 공식적으로 지정된 공항 표고로부터 측정된다. 이러한 고도는 최종진입코스와 착륙활주로가 일치하지 않는 선회접근절차나 Side Step 접근절차 등의 경우에 표시된다. 참고로 접지구역표고(Touchdown Zone Elevation)는 착륙 활주로의 진입하는 방향의 시단에서 처음 3,000피트까지의 활주로 중심선에서 가장 높은 부분의 표고이다. 표시된 각 제한고도 표시는 아무런 표시가 없다면 최저고도를 의미하며 최대고도는 'MAXIMUM'으로, 반드시 유지해야 할 의무고도는 'MANDATORY'로 절차를 유지하기 위해서 추천된 고도는 'RECOMMEND'로 표시된다.

나. 측면도에는 최종접근지점(FAF)이 '가'와 같이 표시된다. 비정밀 접근의 FAF는 'X'로써 표시하고 정밀 접근에서 최종접근구간은 Minimum Glide Slope Intercept

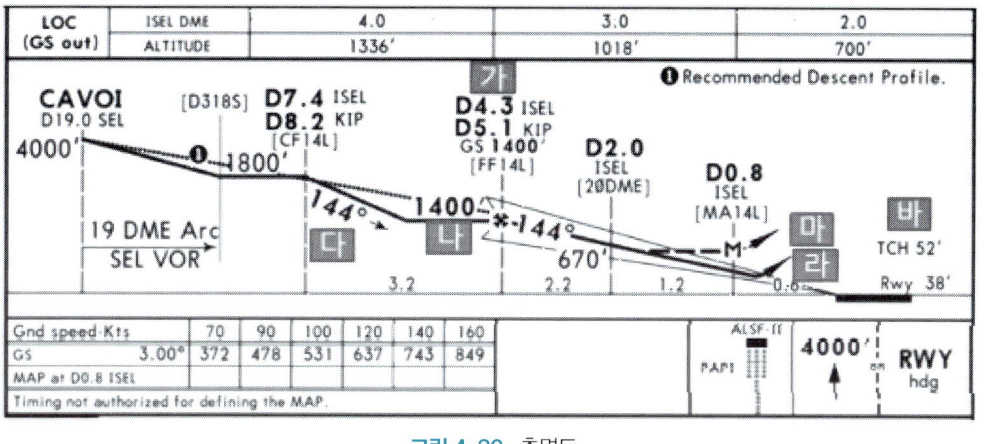

그림 4-36 측면도

Altitudec에서 Glide Slope과 교차하는 고도인 '다'의 1,310ft(HAT: 1,272)에서와 같이 나타낸다. '나'는 비정밀 접근 중 FAF까지 유지하여야 할 고도를 나타낸다.

다. '다'는 최종접근코스로 LOC의 코스를 설정하는 데 이용된다. '라'는 정밀 접근을 위한 실패접근지점을 표시하고 있으며 '마'는 비정밀 접근을 위한 실패접근경로이다.

라. '바'는 정밀 접근 수행 중 Glide Slope 중심선을 비행할 때 활주로 시단을 통과하는 높이를 표시한다. 이를 Threshold Crossing Height(TCH)라고 하며 예제에서의 TCH는 52ft이다(Glide Slope의 각도가 차트에 표기되는데 이는 왼쪽 하단에 표기된 시간 전환표(Time Conversion Table에 명시되어 있다). 측면도 아래 부분에는 각 Fix간의 거리가 표시되어 있다. 측면도 아래 부분에 있는 각종 아이콘들은 실패접근절차를 요약 설명해 놓은 것이다.

4.12.5 단계강하(Stepdown) Fix and VDP(Visual Descent Point)

가. 접근절차는 일반적으로 하나 혹은 그 이상의 단계강하(Stepdown) Fix들이 설정되어 있는데 그 이유는 접근구간상에 있는 여러 가지 지상 장애물들을 회피하면서 단계적으로 강하하기 위한 것이다. 만일 이러한 단계 강하를 사용하지 않는다면 접근구간에 있는 특정 지상장애물로 인하여 전체적인 접근 강하각이 높아지게 되므로 항공기는 더욱 더 깊은 강하각을 가지고 접근하게 될 것이다. 그러나 최종접근구간 내에는, 즉 FAF와 MAP 사이에는 이러한 단계강하 Fix가 하나만 허용된다. 조종사가 이러한 단계강하 Fix가 설정되어 있는 접근절차를 수행 시 명심해야 할 것은 비행 중 DME 장비 등의 고장으로 단계강하 Fix를 정확히 확인할 수 없는 경우 다음 고도로 강하해서는 안 된다는 것이다.

나. 그림의 '가'는 VDP(Visual Descent Point)로 이는 비정밀 접근절차의 MDA에서

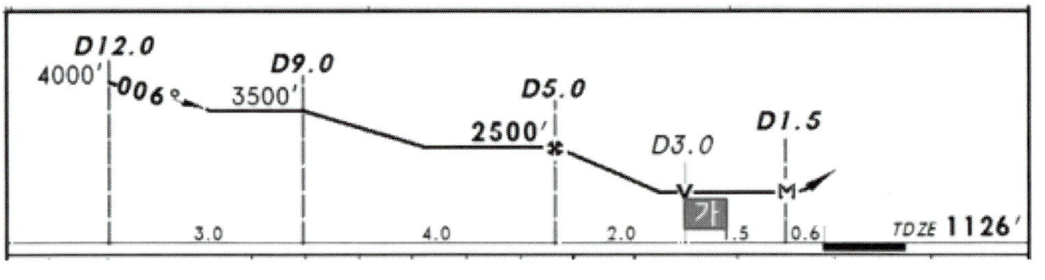

그림 4-37 단계강하(Stepdown) Fix들과 VDP

활주로나 또는 시각 참조물이 확인될 경우 이 지점으로부터 정상적인 강하율 및 기동으로 착륙을 할 수 있는 지점을 의미한다. 따라서 VDP 이전에서 활주로나 시각 참조물이 확인되었더라도 반드시 VDP에서 착륙조작을 시작할 수 있도록 한다.

4.12.6 착륙 최저치(Landing Minimums)

가. 착륙 최저치는 계기접근 중 매우 중요한 부분으로 각각의 접근절차를 위하여 설정되며 활주로에 따라 달라질 수 있다. 이러한 착륙 최저치에 영향을 주는 요인들은 설치된 장비의 형태나 활주로 등화의 종류, 접근구간이나 실패접근구간의 지상 장애물의 높이와 항공기에 탑재된 장비의 종류, 또는 이러한 장비들의 작동 상태에 따라서, 또는 항공기의 접근속도에 의해서 영향을 받는다. 이러한 착륙 최저치들은 최소시정과 최소고도를 포함한다.

나. 조종사가 자신이 수행하고 있는 접근절차에 해당하는 착륙 최저치를 결정하기 위해 먼저 해야 할 일은 자신이 조종하고 있는 항공기의 접근속도에 따라 결정되는 범주(Categories)를 알아야 한다.

다. 항공기 접근범주(Aircraft Approach Categories)

1) 모든 항공기들은 접근속도를 근거로 한 접근범주를 가지고 있다. 이 속도는 최대 착륙 중량 및 착륙 외장(Configuration) 상태에서 항공기의 무동력 실속속도의 1.3배를 적용한 값으로 결정된다. 예를 들면, 항공기의 무동력 실속속도(Vso)가 65kt일 때 이를 근거로 접근속도를 계산하면 85kt가 된다. 다음은 착륙속도에 근거한 여러 가지 항공기의 접근범주를 구분하여 놓은 표이다.

2) 일반적으로 범주 E는 군용기에 적용되며, 민간항공기에는 적용되지 않으므로 Jeppesen 차트에는 명시하고 있지 않다. 이와 같이 항공기의 접근범주를 결정했다면 다음 그림의 착륙 최저치의 '가'에서 해당 범주에 맞는 착륙 최저치를 적용한다.

3) 일단 항공기의 접근범주를 확인했으면 접근을 위한 최소시정과 최저고도를 결정하기 위하여 접근차트의 착륙 최저치를 확인해야 한다. 만일 교통량이 혼잡하여 관제기구가 신속한 항적의 흐름을 위해 높은 속도가 요구되어지거나 조종사가 선회접근 중 항공기의 정상 접근범주를 초과하여 기동할 경우 이에 해당하는 최저치를 적용하여야 한다. 이러한 변화된 최저치를 쉽게 확인할 수 있도록 '나'와 같이

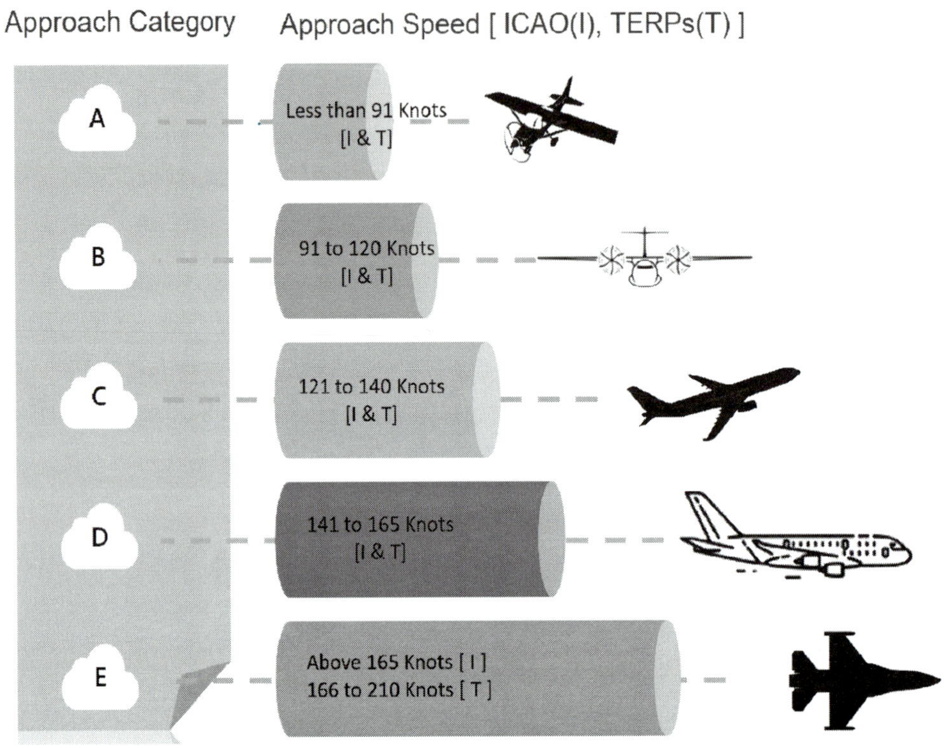

그림 4-38 항공기의 접근속도별 접근범주

State	STRAIGHT-IN LANDING 다 ILS DA(H) 238′(200′) 라		LOC (GS out) 마 MDA(H) 430′(392′)		CIRCLE-TO-LAND 바
	FULL	ALS out		ALS out	
A B C D	가 R550m V800m	R/V1200m	R/V1100m	R/V1800m	A B C D 나 NA

그림 4-39 접근차트의 착륙 최저치

선회접근(Circling Approach) 최저치에 접근범주에 따른 최대 속도를 같이 표시하고 있다.

라. 시정최저치

1) 계기접근 중 항공기가 착륙을 위하여 **최저강하고도(MDA 또는 DA)** 이하로 강하하기 위해서 현재의 시정이 접근차트에 명시된 최저치 이상이어야 하며, 다음과 같은 시각 참조물 중 최소한 하나 이상을 명확히 육안으로 확인하여야 한다.

(가) Approach light system

(나) Threshold

(다) Threshold markings

(라) Threshold light

(마) Runway end identifier lights

(바) Visual approach slope indicator

(사) Touchdown zone or touchdown zone markings

(아) Touchdown zone lights

(자) Runway or runway markings

(차) Runway lights

2) 시정은 접근차트 상에 SM이나 ft, 또는 미터 단위로 표시된다. 이때 시정치가 마일로 표시되었을 경우엔 일반적으로 우시정이며 100ft 단위로 표시되었을 때는 활주로 가시거리(RVR)를 의미한다. 국가별로 시정이나 RVR이 미터나 피트 단위로 표시되는 경우도 있다. 예제에서는 RVR 값이 550m로 표시되어 있다.

마. 최저강하고도

1) 착륙 최저치에 표시되어 있는 최저강하고도에 관한 내용은 착륙을 위한 시각 참조물을 식별하기 위해 강하할 수 있는 최저고도를 명시한 것으로 만일 활주로에 대한 시각 참조물을 식별할 수 없다면 명시된 최저강하고도 이하로 강하할 수 없다. 최저고도에 관한 용어는 접근 종류에 따라서 **결심고도(DA)**와 **최저강하고도(MDA)** 두 가지를 사용한다.

2) 정밀접근의 경우 착륙이나 실패접근을 결정해야 할 고도를 결심고도(DA 또는 DH)라고 하며 '다'와 같이 MSL을 기준으로 한 결심고도(DA)와 '라'와 같이 접지구역표고를 기준으로 표시한 결심고도(DH)를 함께 표시한다. 다음으로 비정밀 접근의 경우에는 해면고도를 기준으로 한 MDA나 접지구역표고를 기준으로 한 MDH로 표시한다. 위 그림에서는 '마'에 비정밀접근절차인 LOC 접근 절차의 최저강하고도를 표시하고 있다. 이와 같은 최저고도들은 정밀접근이든 비정밀 접근이든 착륙을 위한 강하를 제외하고는 실패접근 지점까지 이러한 결심고도나 최저강하고도 이하로 내려가서는 안 된다.

3) 이처럼 최저고도를 적용하여야 할 정도로 시정이 나쁠 때 일수록 실패 접근지점을 정확하게 확인하는 것은 중요하다. 실패접근지점은 거리정보에 의해 확인되거나 시간환산표를 이용하여 FAF에서부터 접근속도에 따라 일정한 시간이 지난 뒤에도 활주로 시각 참조물을 식별하지 못하면 실패접근을 수행하도록 하고 있다. 이러한 형태의 접근을 **시간접근**(Timed approach)이라고 하는데 이를 위해 차트

하단부에 항공기 대지 속도(Ground speed)에 근거한 시간환산표를 제공하고 있다. 해당 절차에 대한 시간환산표가 명시되지 않았을 경우 시간접근이 인가되지 않았다는 것으로 이러한 경우 조종사는 시간접근을 임의로 시도하여서는 안 된다.

4) 시간환산표에는 정확한 활공경로를 유지하기 위한 접근속도별 강하율을 추가로 제공하여 주고 있는데 이 또한 현재 진행중인 항공기의 대지속도에 근거하고 있다.

5) 다음으로 '바'는 Circle-to-land라고 표기되어 있는데 이것은 접근 방향과 착륙 활주로가 서로 다른 **선회접근**(Circling approach)을 위한 최저치이다. 이러한 선회접근은 일반적으로 활주로 주변의 지형이나 기타 이유로 한쪽 방향으로만 계기접근절차가 설정되어 있는 경우에 바람의 방향에 따라서 절차가 설정되어 있지 않은 활주로로 착륙하게 될 때 흔히 사용되는 접근형태이다. 각각의 차트에서는 이러한 선회접근을 위한 최저치를 따로 명시해 주고 있으며 이러한 최저치들은 직진입 접근 최저치보다 보다 높게 설정되므로 조종사는 이러한 선회접근을 수행하게 되는 경우 평소 정상 직진입 절차보다 최저치가 높다는 것을 숙지해야 한다.

6) 이러한 선회접근 외에도 진입하는 활주로와 실제 착륙하는 활주로가 서로 다른 경우가 있는데, 이는 Side step 조작이라 한다. 이러한 조작은 활주로 사이의 간격이 1,200ft 이하인 평행 활주로가 있는 경우에 이루어 질 수 있는데 하나의 활주로에 직진입 접근을 수행한 다음, 평행한 인접 활주로에 착륙하는 절차이다. 이러한 Side Step 조작을 위한 착륙 최저치 역시 정상적인 직진입 절차보다는 높으나 일반적으로 선회접근 최저치보다는 낮다. 조종사가 이러한 조작을 할 경우 항상 주의해야 할 것은 실제로 착륙하게 되는 활주로 및 활주로 주변 시각 참조물들을 가능한 한 빨리 육안으로 확인하여야 한다는 것이다.

바. 부분적인 시설 부작동시 최저치 적용(Inoperative Components)

1) 일반적으로 착륙 최저치는 해당 절차를 수행하기 위해 설치되어 있는 여러 시설들에 따라서 설치된 시설들의 작동 여부에 따라 달라지는데, 특히 해당 절차 수행을 위해 요구되는 장비들이나 시각 보조 시설물들이 작동하지 않을 때에는 그 최저치가 대개 증가된다. 이렇게 변동된 최저치를 이용하기 위해서 차트에는 각각의 시설물이 작동하지 않음에 따른 최저치의 변화를 직접 차트 내에 표시해 줌으로써 이용하기 편리하게 되어 있다.

2) 위의 그림을 보면 Approach Light System이 작동하지 않을 때 ILS 접근의 경우 시정 최저치가 800m(RVR 550m)에서 1,200m로 증가되어야 함을 알 수 있다.

3) 여기서 만일 여러 개의 시설물들이 동시에 작동하지 않는다면 각각의 시설물이 작

동하지 않는 경우에 적용되는 최저치들의 증가분 중에서 가장 큰 값을 적용해야 한다.

4) 이러한 최저치의 증가가 단지 수치상의 값을 높였다는 단순한 문제만은 아니다. 최저치를 높인다는 것은 그만큼 목적지 공항에 착륙할 수 있는 확률이 낮아진다는 것이고 이로 인한 손실 또한 무시할 수 없기 때문이다. 따라서 작동되지 않는 장비를 다른 장비로 대체할 수 있도록 규정에서는 정하고 있다. 이러한 규정은 어떤 한 가지 시설물이나 장비가 작동되지 않거나 혹은 접근 절차를 수행 도중 작동이 되지 않아 사용이 불가능하게 된 경우 다른 지정된 시설로 대체하여 최저치의 증가 없이 접근을 계속할 수 있도록 정하고 있다. 예를 들어, ILS 접근의 경우 Compass Locator나 Precision Radar는 Middle Marker나 Outer Marker를 대신할 수 있다. 이를 이용하여 조종사는 착륙 최저치를 증가하지 않고 접근을 수행할 수 있게 된다. DME, VOR, NDB Fix들이 접근절차 내에 설정되어 있거나 감시 레이더(Surveillance Radar)가 사용 가능한 곳에서는 그러한 것들이 Outer Marker를 대체하여 사용할 수 있도록 하고 있다.
5) 과거에는 Middle Marker가 작동되지 않을 경우에도 착륙 최저치를 증가시켰으나 1992년 10월 15일부터 FAA가 미국의 모든 ILS 접근절차에서 Middle Marker 부작동에 대한 착륙 최저치 증가 조항을 삭제하였다.

Understanding Instrument Flying

05

계기 접근
Instrument Approaches

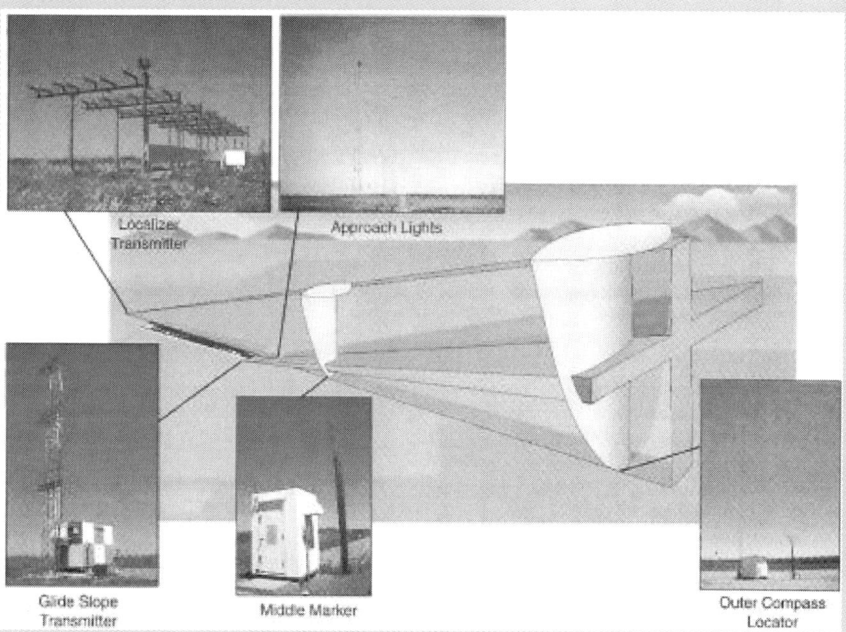

5.1 VOR & NDB Approach

5.1.1 VOR Approach

가. VOR 접근절차는 계기접근에서 널리 이용되고 있는 절차 중 하나로 **최저강하고도**(MDA: Minimum Descent Altitude)는 활주로 표고로부터 250ft까지 설정될 수 있다. 그러나 일반적으로 VOR 접근의 최저강하고도는 500~1,000ft에 설정되고 있다.

나. 일반적으로 비정밀 접근절차에는 두 가지 형태가 있는데, 하나는 공항밖에 위치한 항행안전시설로부터 접근 절차가 설정되어 있는 경우이며, 다른 하나는 공항 내에 위치한 항행안전시설을 이용하여 접근절차가 설정되어 있는 경우이다. 이러한 접근 절차의 형태는 차트에 의하여 쉽게 구분된다.

다. 공항 밖의 항행안전시설을 이용하는 접근절차는 GUAM의 AGNA NAS 공항 VOR RWY 6L 접근절차를 예로, 공항 내의 항행안전시설을 이용하는 접근절차는 일본의 IZUMO 공항 VOR-B 접근절차를 이용하여 설명한다.

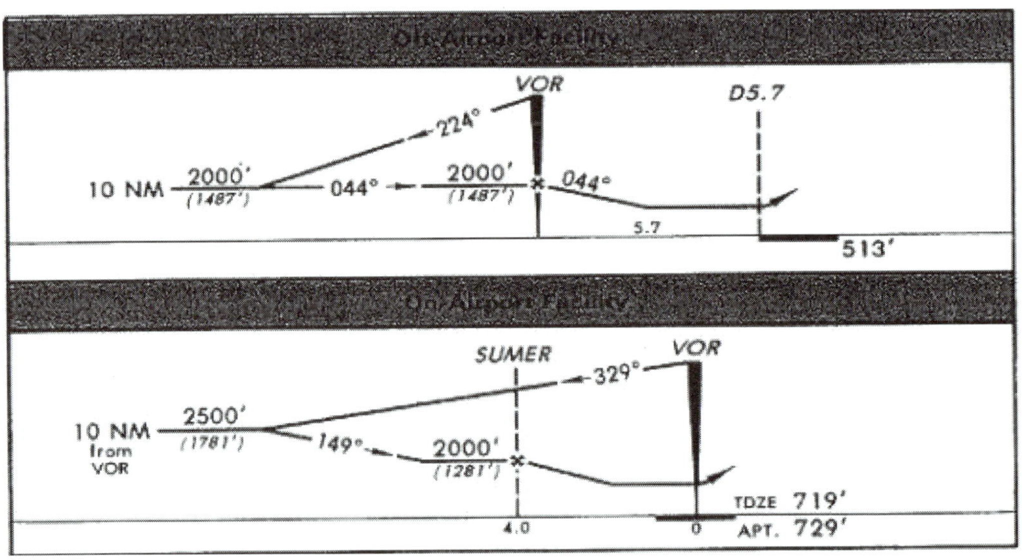

그림 5-1 공항 내의 시설이나 공항 외의 시설을 이용한 비정밀 접근절차

라. 공항 밖의 시설을 이용한 접근절차에 이용되는 NIMITZ VORTAC은 공항으로부터 3.3NM 떨어져 있으며, UNZ VORTAC으로부터 25NM 내에서 **최저안전고도(MSA)**는 북쪽의 경우 2,200ft, 남쪽은 2,600ft이다.

Procedure Turn를 위한 최저고도는 2,500ft이며, Procedure Turn 완료 후 1,700ft까지 강하할 수 있다. Procedure Turn 중 시간 조절은 차트에 명시된 Procedure Turn의 제한 거리 이내에서 이루어지도록 조종사가 항공기 속도, 바람 등을 고려하여 판단하여야 하나 일반적으로 저속항공기의 경우 항행안전시설로부터 OUTBOUND 경로에서 2분, Procedure Turn를 위한 OUTBOUND시 1분을 추천한다.

이는 통상 10NM 이내에서 Procedure Turn가 이루어지도록 해준다. 또한 Procedure Turn 중 착륙에 대비하여 착륙전 점검절차(PRELANDING CHECKLIST)를 실시하고 최종접근경로로 진입을 위하여 HDG 017°로 선회 후 INBOUND 경로인 062°를 선택함으로써 최종접근코스로 진입 시 HDG을 참조할 수 있다.

이 절차에서 UNZ VOR은 IAF와 FAF 모두의 기능을 수행하고 있으며, FAF를 통과한 후 MDA 720ft MSL(HAT 464ft)까지 강하할 수 있다.

조종사는 FAF 통과 시 관제탑에 보고하여야 하나 레이더 감시하의 비행일 경우에는 관제사의 요구가 있을 때에만 보고하면 된다.

조종사는 비정밀접근절차 중 활주로로 **시각강하지점(VDP)**에서 활주로나 주변의 시각 참조물이 확인되면 착륙을 위하여 MDA 이하로 강하할 수 있으나 이 절차에서는 시각 강하 지점이 명시되어 있지 않으므로 최저 강하 고도를 유지하고 실패접근지점까지 비행하면서 활주로나 시각 참조물이 확인되고 안전한 착륙이 가능하다고 판단되면 착륙을 위하여 강하하여야 한다.

만일, 접근 절차에 시각 강하 지점이 명시되어 있다면, 조종사는 이 지점 이전에 활주로를 확인하였더라도 미리 최저강하고도 이하로 강하하지 말도록 권고하고 있다.

실패접근지점은 UNZ VORTAC 통과 후 대지 속도에 의한 비행시간을 측정하여 알 수 있으며, 시간 환산표(Time Table)는 차트 하단에 명시되어 있다. 예를 들면, 접근속도가 대지속도 90Kts시 FAF 통과 후 2분 12초 후에 실패접근지점에 도달하게 된다.

착륙 최저치는 접근을 위하여 모든 구성품이 정상으로 작동할 경우, 항공기 Category가 A, B일 때는 시정 1/2SM이며 C일 때는 3/4SM, D일 때는 1SM이 적용된다.

만일 RAIL이나 접근등화체계가 부작동 시에는 해당 카테고리에 따라 시정 최저치가 높아지게 된다. 실패접근절차는 UNZ VOR로부터 062°R로 OUTBOUND하면서

2,500ft까지 상승 후 우선회하여 UNZ VOR로 비행하여 Holding하여야 한다. 또한, 조종사는 접근 중 최소 1SM의 비행시정을 유지할 수 있다면, 발행된 VOR Approach 대신에 CONTACT Approach를 요청할 수도 있다.

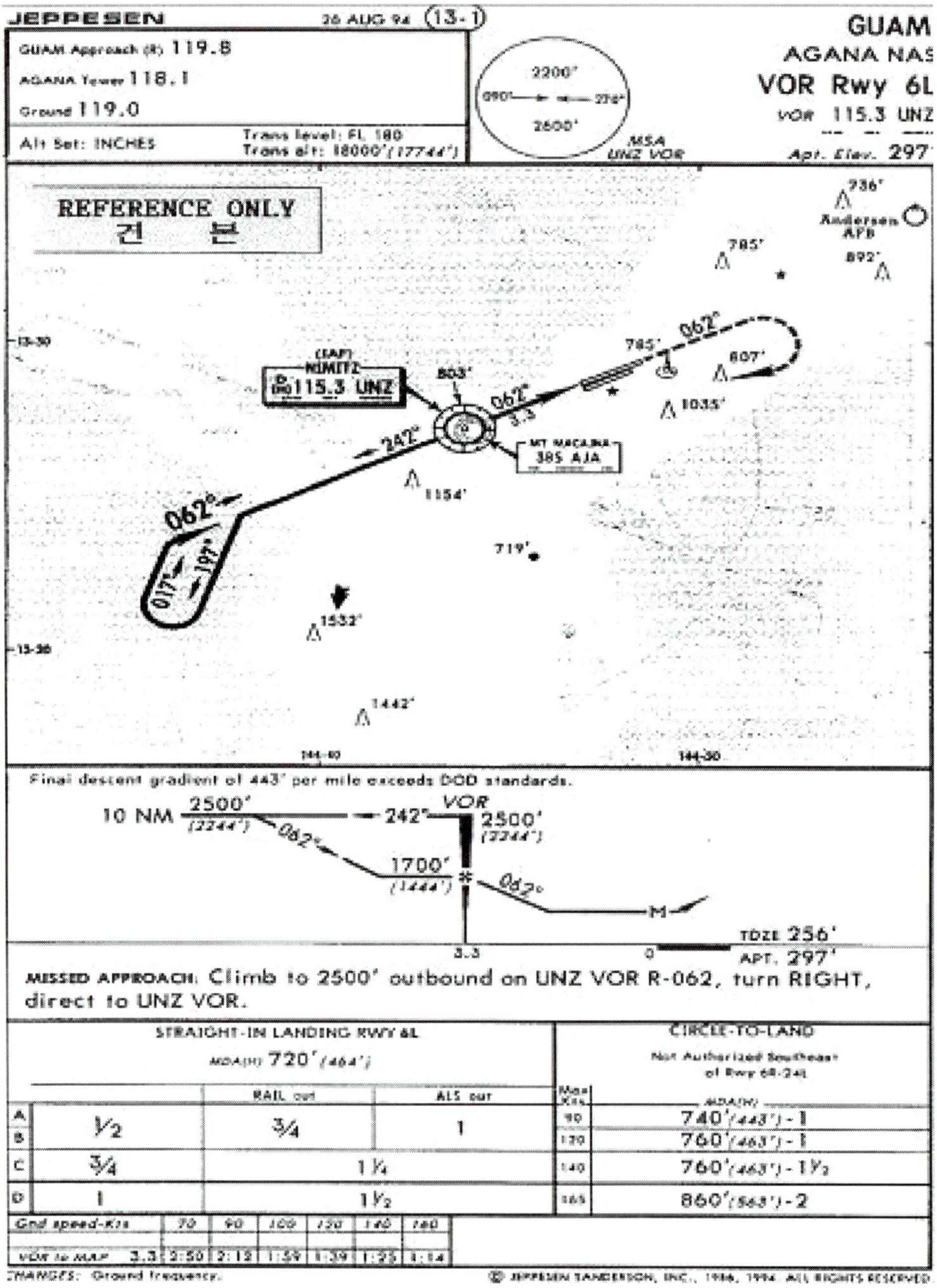

그림 5-2 괌 비행장 밖의 항법시설을 이용하는 절차

마. 공항 내의 시설을 이용한 접근절차

1) 공항 내 시설을 이용한 VOR 접근차트의 예는 일본의 IZUME 공항의 VOR-B 접근절차로 이 공항에는 접근 관제소가 없으며 도쿄 항공교통관제소(ACC)가 접근 인가를 발부한다.

2) 공항 내에는 IZUMO RADIO가 시간제로 운영되고 있으며, 착륙을 위한 정보를 제공한다. 차트의 **최저안전고도**(MSA: Minimum Safe Altitude)는 IZE VOR/DME로부터 25NM 내에서 000°R에서 090°R 사이는 4,500ft 090°R에서 270°R 사이는 6,200ft 270°R에서 000°R 사이는 3,800ft로 세 개의 구역으로 나뉘어 MSA로 명시되고 있다.

3) 접근절차는 Straight In Approach가 아닌 Circling Approach로 접근절차의 이름(VOR-B)에서 알 수 있다. 즉 VOR-B 접근코스는 활주로 중심선에서 30° 이상 벗어나 있으며, Circling Approach에 대한 착륙 최저치가 차트 하단에 명시되어 있다. 이 접근 절차는 180° 방향전환을 위하여 Procedure Turn 대신에 TEAR DROP 절차를 이용하고 있으므로 IZE VOR을 통과한 후 053°R을 따라 OUTBOUND하면서 10NM 이내에서 최저고도인 2200ft까지 강하한다.

4) 조종사는 10NM 이내에서 253° 코스에 INBOUND 진입 된 후 Circling-Approach **최저강하고도**(MDA)인 940ft까지 강하한다. 선회접근 최저강하고도는 차트 우측 하단에 명시되어 있으며 Category A, B, C, E 모두 940ft이나 착륙을 위한 시정 최저치는 Category A, B는 1,600m, C는 2,400m, D는 3,200m이다.

5) 또한, Circling Approach 최저강하고도와 함께 괄호 안에 표시된 934ft는 HAA 고도임을 알 수 있다.

6) 조종사는 INBOUND 중 활주로나 주변 시각 참조물이 확인되면 Circling Approach을 위하여 기동을 하여야 하며, 활주로로 착륙을 위한 강하를 실시할 수 있는 지점에 도달하기 전까지 Circling Approach 최저강하고도 이하로 강하할 수 없다. 또한 선회기동 중 언제라도 활주로를 시야에서 놓친다면 즉각 실패접근 절차를 수행해야 한다.

7) 명시된 실패접근절차는 우선회하여 IZE VOR로부터 315°R로 OUTBOUND 하면서 3,000ft까지 상승한 후 IZE VOR에서 10NM이내로 좌선회하여 IZE VOR로 진행하여 Holding 하여야 하며, IZUMO RADIO에 교신하도록 명시하고 있다.

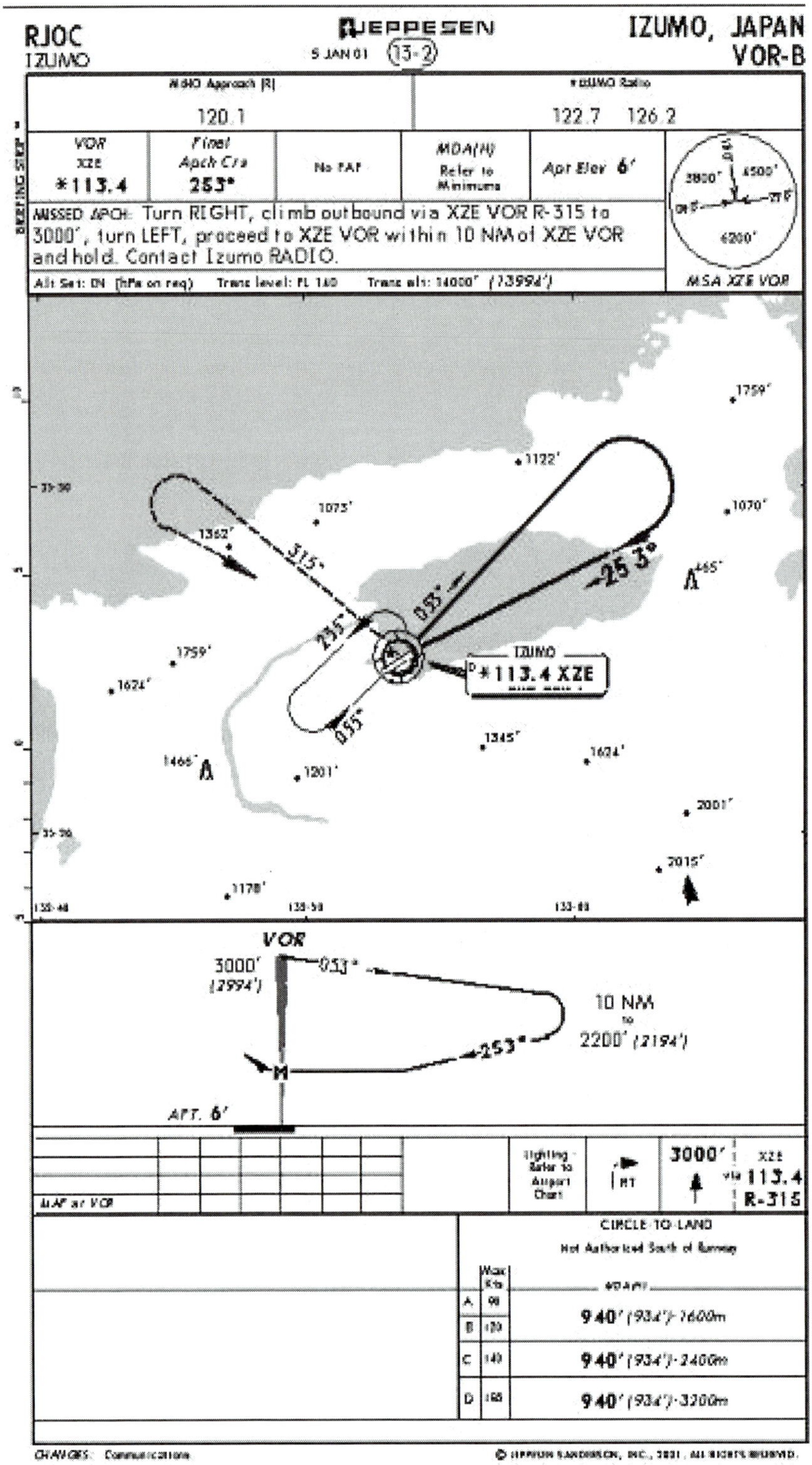

그림 5-3 공항 내의 VOR 시설을 이용한 접근절차

5.1.2 VOR/DME Approach

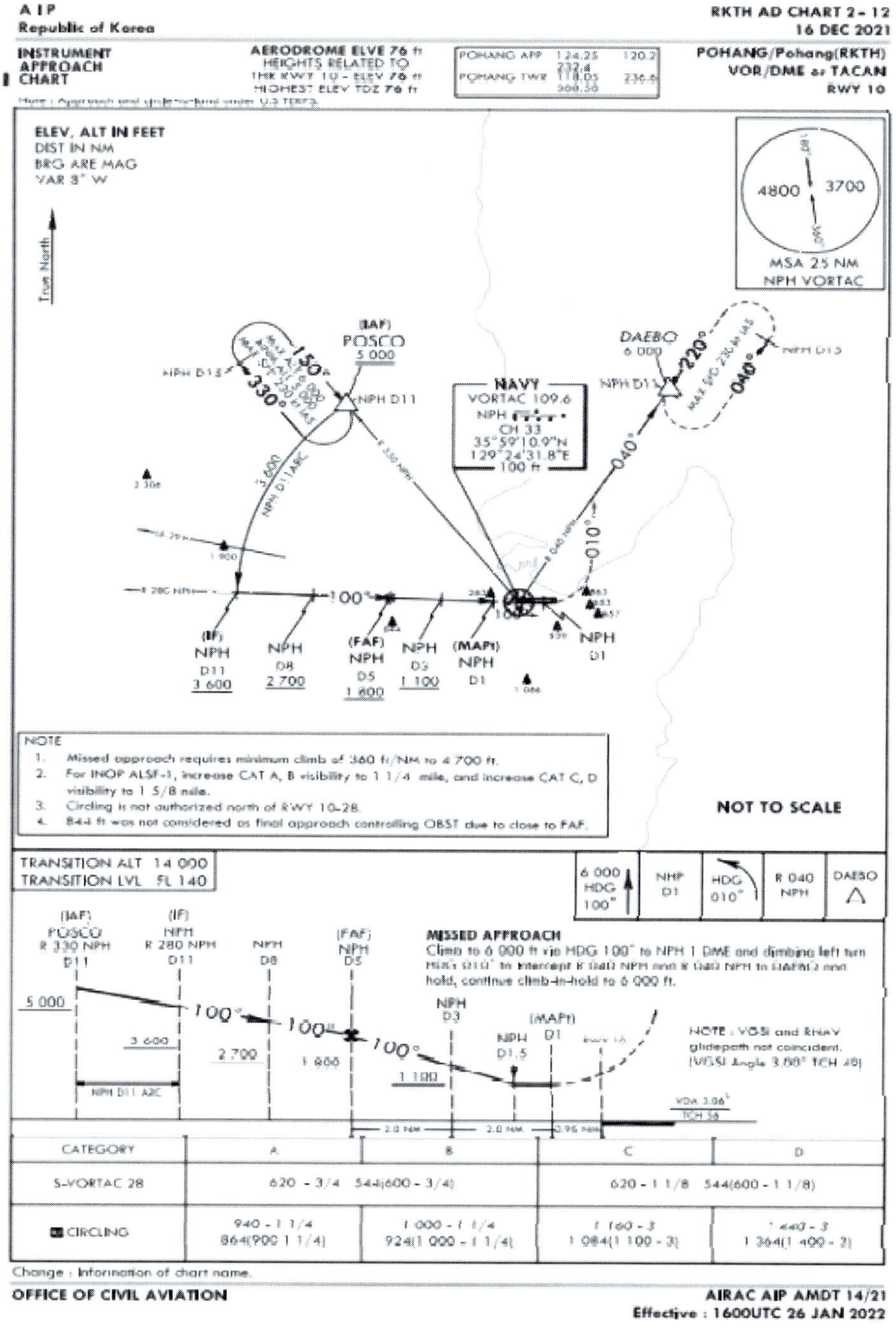

그림 5-4 포항의 VOR/DME RWY 10 접근절차

가. 접근절차의 이름에 "VOR/DME"로 표시되어 있을 때에는 차트상의 접근절차를 수행하기 위하여는 VOR 수신기와 더불어 반드시 DME 수신기가 필요하다는 의미이다. 만일, 차트상의 접근절차 이름에 "DME"가 명시되어 있지 않다면, 비록 접근절차에 부가적인 DME Fix들이 이용되고 있다 해도 DME가 반드시 필요한 장비는 아니다.

나. 본문의 예제인 포항 VOR DME RWY10 접근절차는 DME가 접근을 위한 최소 필요 장비에 포함되어 있음을 알 수 있다.

다. 차트의 설명

1) 주파수란에는 포항 접근 관제소에 레이더 시설이 갖추어져 있음을 표시하고 있다(R).
2) 최저안전고도(MSA)는 NPH VORTAC으로부터 25NM 내에서 180~360 Bearing 기준 서쪽 4,800ft, 동쪽 3,700ft이다.
3) 접근을 위한 IAF는 POSCO INTERSECTION으로 NPH VORTAC에서 330°R, 11DME에 있으며, 15DME까지 Right Turn Holding Pattern이 설정되어 있다.
4) Holding Pattern 고도는 5,000ft로 조종사는 대기 중 접근 관제소로부터 접근인가를 받으면(예: "HL1234 CLEARED FOR THE VOR/DME RWY 10 APPROACH, REPORT LEAVING POSCO IAF") NPH의 11DME ARC로 진입 후 IF까지 3,600ft 이상을 유지하여야 한다.
5) 차트에서 LEAD RADIAL은 291°R로 이 지점에서부터 초기접근구간(Initial Approach Segment)에서 중간접근구간(Intermediate Approach Segment)으로 전환되며, 조종사는 접근코스로 진입을 위한 기동을 하여야 한다. 즉, 접근코스로 적절한 각도로 진입 되도록 선회하여야 한다.
6) 고도 강하는 차트 상의 LEAD RADIAL에서 차기 고도로 강하가 명시되어 있지 않으므로 접근코스에 진입(Established) 된 후 강하하여야 한다(예: "Pohang Approach, U514T Complete Arc Turn Inbound.").
7) 접근코스에 진입 후 8 DME까지 2,700ft 이상으로 강하하고 FAF 최저 고도인 1,800ft로 강하하며 접근관제소에 접근코스에 진입하였음을 보고한다.
8) FAF는 5DME FIX로 차트에 표시되며, 조종사는 FAF를 통과 후 최저강하고도까지 강하할 수 있다. 또한, 조종사는 통상 FAF 통과를 관제탑에 보고하고 착륙인가를 받게 된다.
9) 최저강하고도는 차트 하단에 표시되어 있으며, 모든 장비가 정상 작동되면 MDA 620ft(MDH 544ft)이다.

10) 실패접근지점(MAP)은 NPH VORTAC에서 11DME이며, DME가 접근을 위한 필수 장비이기 때문에 시간접근(Timed Approach)을 위한 시간환산표는 차트에 명시되어 있지 않다. 조종사는 최저강하고도에서 실패접근지점까지 비행 중 활주로나 주변 시각 참조물을 육안 확인하지 못하면 실패접근을 수행하여야 한다.

11) 실패접근절차는 NPH VORTAC으로부터 1DME까지 직진(H/D 100°) 상승 후 010° 기수방위로 좌선회하여 NPH 040°R에 진입한 다음, 6,000ft까지 상승하여 11DME (DAEBO)에서 Holding 하여야 한다.

5.2 ILS 접근(Instrument Landing System Approach)

5.2.1 개요

ILS는 다른 접근 절차와 비교할 때 매우 정확한 코스정보(Localizer) 및 활공 경로(Glide Slope), 마커비콘(Marker Beacon)이나 DME와 같은 활주로에 대한 거리정보 기능 등을 제공해주는 여러 장점을 가지고 있다. 따라서 ILS는 다른 대부분의 접근 절차보다 더 낮은 착륙 최저치까지 안전한 강하를 보장해 줄 수 있다.

5.2.2 ILS 구성품 및 시각 참조물

가. ILS의 기본적인 지상 구성품

Localizer, Glide slope, Marker Beacon이다. 일반적으로 활주로 등화체계(Runway Lighting System)나 RVR 장비와 같은 시각 참조시설도 같이 설치되며, 지상 구성품인 로컬라이저 시설의 설치 위치로 인해 고도의 정확한 코스 유도 기능을 제공한다.

나. Localizer

1) ILS의 가장 핵심이 되는 구성품으로 로컬라이저의 송신기는 접근 활주로 반대편 끝에

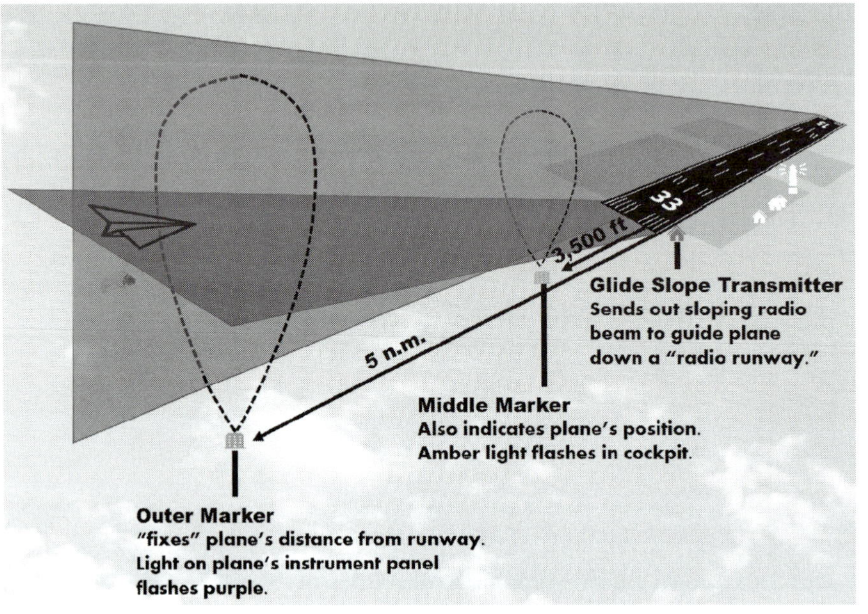

그림 5-5 ILS 구성품의 배치도

위치하여 활주로 중앙선에 대한 코스로 항공기를 유도하기 위한 항법신호를 발사한다. 이러한 접근 활주로 반대편의 송신기로부터 항법 신호를 이용하는 접근 코스를 Front 코스라 하고 전방코스의 반대편 방향에 대한 항법신호를 이용하는 코스를 Back 코스라 한다. 그러나 Back 코스 접근은 절차가 설정되어 있고 관제기구에서 후방코스 접근을 인가하지 않는 한 항법 목적으로 사용할 수 없다.

2) 로컬라이저 폭을 결정하는 코스의 각도는 활주로의 시단(Threshold)에서 약 700ft 폭의 신호가 발사되도록 하는 것인데 이는 3°에서 6°까지 유동적이다.
3) 로컬라이저의 주파수는 108.0~111.95MHz의 범위에서 50KHz 간격으로 소수점 첫째 자리가 홀수 주파수인 40개의 채널을 이용하고 있으며(예: 108.10, 108.15, 108.30, 108.35~111.95MHz) 현대의 200개 채널 항법 수신기를 가진 항공기들은 40채널과 결부하여 사용할 수 있다. 로컬라이저의 음성식별부호는 'I'자 뒤에 3 문자의 모르스 부호로 구성된다(국가에 따라서는 'I'자 뒤에 2문자의 식별부호로 구성하는 경우도 있음. 예: 일본).
4) 로컬라이저의 식별부호는 모르스 부호 'I'가 2개의 Dot이기 때문에 식별을 위한 뚜렷한 특징을 가지고 있다. 또 다른 특징은 CDI의 민감성이다. 예를 들면 VOR의 경우 CDI가 한쪽으로 완전히 벗어났을 때 10°이며 양쪽으로 20°의 폭을 가진다. 그러나 로컬라이저의 경우 CDI 전체 폭이 5°로, 한쪽으로 2.5°의 폭을 지시한다. 이러한 높은

민감도로 인해 로컬라이저는 VOR보다 4배의 정확도를 가지고 코스를 유지할 수 있으며 조종사는 비행 시 보다 신속하고 적은 수정을 하여 경로를 유지하여야 한다.

5) 로컬라이저 송신기로부터의 송신되는 신호는 활주로에 대해 하나의 자방위 코스만 형성하기 때문에 Basic VOR 계기의 OBS로 어떤 코스를 선정하더라도 지시에 영향을 미치지 않는다. 즉, 어떤 코스를 선택하든 관계없이 CDI는 로컬라이저 코스에 대해 벗어난 위치만큼 지시하게 된다. 그러나 ILS의 INBOUND 코스를 선택하는 것은 접근 중 코스 수정 시 참조점으로 활용하기 위해 유용하다. 만일 ILS 접근 중 HSI를 사용하고 있다면 CDI는 정상적으로 지시한다. 즉, CDI가 오른쪽으로 벗어났으면 오른쪽 기수방위로 코스를 수정해야 한다. 그러나 로컬라이저 코스에 반대 방향으로 (예: 전방 코스에서 OUTBOUND, 후방 코스에서 INBOUND) 비행 시 CDI는 역방향 지시(Reverse Sensing)를 하게 된다. 즉, HSI는 전방 코스를 선택할경우 비행방향이나 전방코스, 후방코스, 또는 IN Or OUTBOUND에 관계없이 항상 정상적인 지시를 하게 된다.

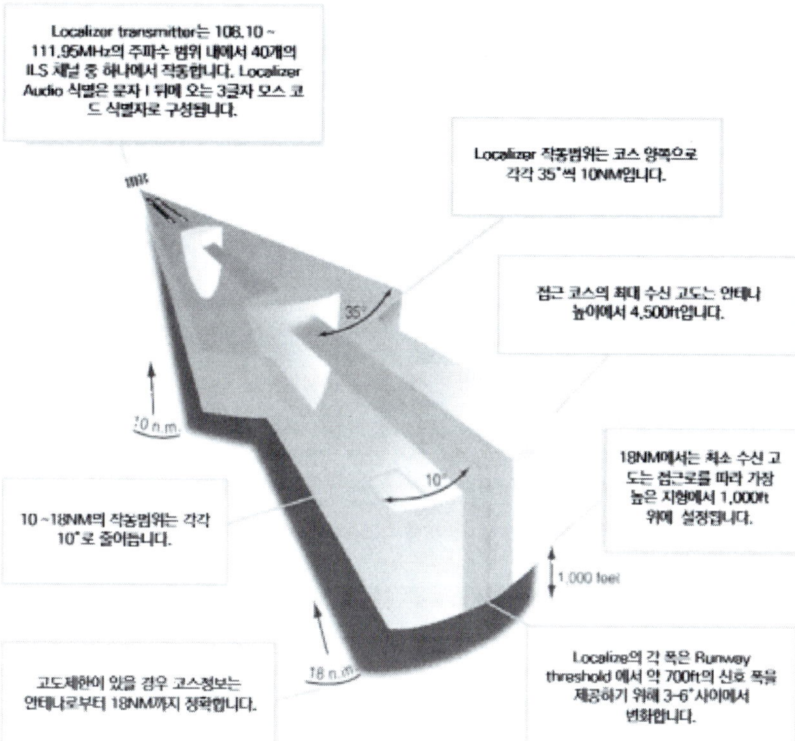

그림 5-6 Localizer의 항법 신호 수신 범위

다. Glide Slope

1) VOR 계기나 HIS의 지시침(Needle)은 ILS의 활공 경로에 대한 지시를 한다. 활공 경로 송신기의 위치는 접근 활주로 끝으로부터 750~1,250ft 안쪽, 활주로의 중앙선으로부터 250~650ft 옆으로 장착되어 있으며, 일반적으로 전방 코스쪽으로만 신호를 발사하도록 되어 있다. 활공 경로 송신기의 주파수는 로컬라이저의 주파수와 쌍으로 배정되어 있어 로컬라이저 주파수 선택시 자동적으로 같이 선택된다. 조종사는 활공 경로

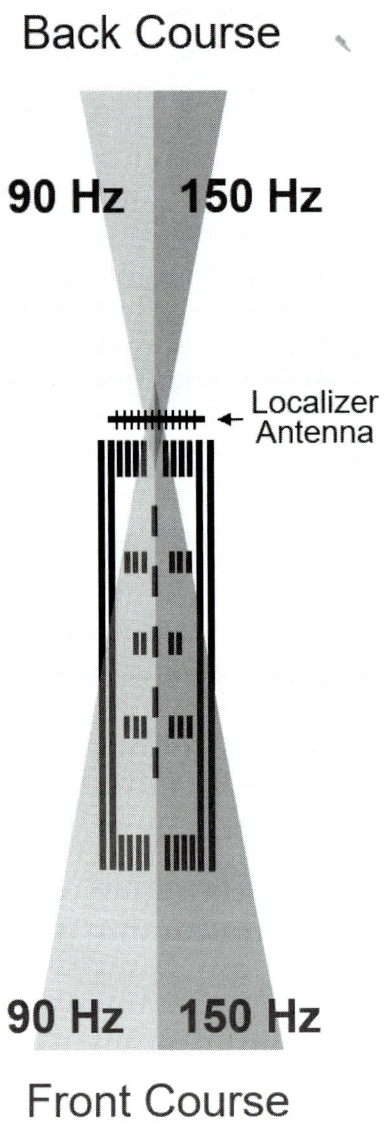

그림 5-7 Localizer and Back Course

송신기의 위치가 활주로로부터 좌측 또는 우측으로 벗어나 있고 활주로 중앙선의 높이 보다 다소 높으므로 접지지점까지 유도되지 않을 수도 있음을 기억하여야 한다.

2) ILS 활공 경로는 통상 수평면으로부터 3°의 각도 및 1.4° 폭으로 조정되어 있으며 활주로 표고로부터 약 200ft 고도에서 Middle Marker와 1,400ft에서 Outer Marker를

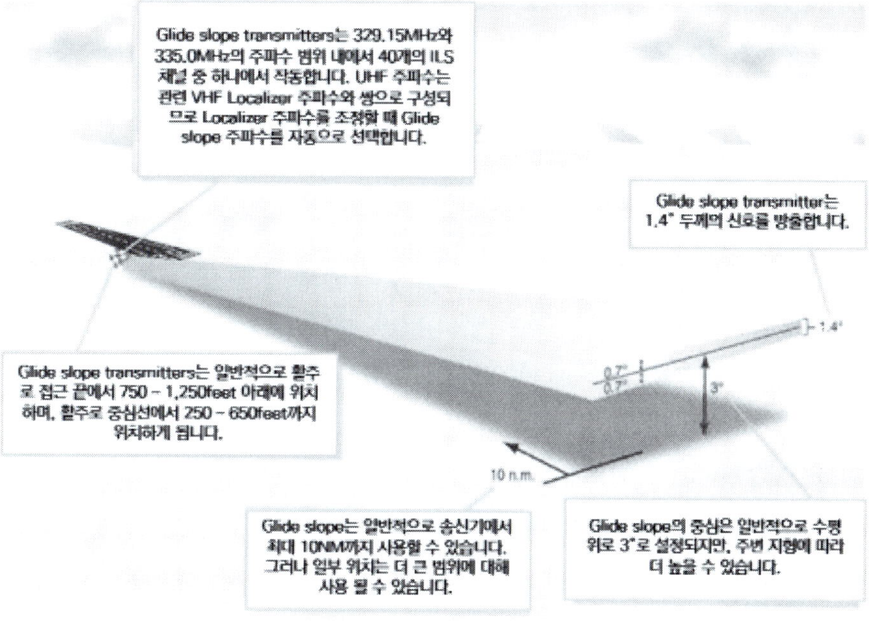

그림 5-8 Glide Slope

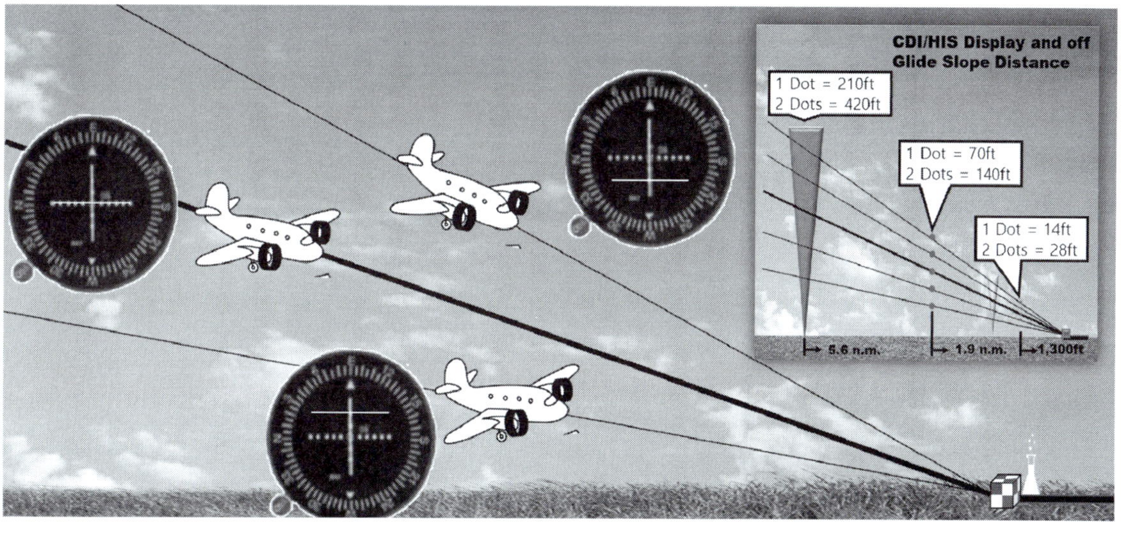

그림 5-9 Glide Slope Tracking

통과하도록 조정된다. 조종사는 3° 이상의 활공 경로에서 잘못된 신호나 **역방향 지시**(Reverse Sensing)가 일어날 수 있음을 유의하여 접근 차트에 명시된 활공 경로 진입 고도에 도달할 때까지는 활공 경로 지시기에 대한 지시를 무시해야 한다.

라. Marker Beacon

1) 마커비콘은 항공기가 접근하는 동안 활주로로부터의 거리정보를 제공해 준다.
2) 마커비콘은 안테나 상방으로 타원형의 전파를 발사하며 안테나 상공 약 1,000ft 높이에서 2,400ft 두께와 4,200ft의 폭으로 배열된다. 따라서 120Kts의 대지속도로 1,000ft AGL에서 비행하는 항공기는 약 12초 동안 신호를 수신할 수 있게 된다.
3) ILS에 사용되는 마커비콘은 3가지로 통상 Category I 접근절차에는 Outer Marker 및 Middle Marker 2개가 사용되며 Category II 이상의 접근 절차에는 Outer, Middle, Inner Marker 3개가 사용된다. 이들 중 OM는 활주로로부터 4~7NM 사이에 설치되며, **활공경로 진입고도**(GSIA: Glide Slope Intercept Altitude) 안쪽에 위치하게 된다. OM은 초당 2회의 계속되는 모르스 부호 '다'(-)로 확인할 수 있다. MM는 접근 활주로 말단으로부터 약 3,500ft에 위치하며 접지구역 표고로부터 약 200ft에서 활공경로의 중앙선과 교차하도록 설치된다. MM의 음성에 의한 식별은 분당 190회의 모르스 부호 '디(·)'와 '다(-)'가 반복됨으로써 확인된다.
4) ILS Category II의 운영이 인가된 활주로에서 IM는 Category II 결심고도(DH)를 나타낸다. Category II 결심고도는 보통 MM와 착륙활주로 말단 사이에 위치한다. IM의 음성식별은 초당 6회의 모르스 부호 '디(·)'로서 식별된다. 어떤 공항에서는 마커 비콘이 로컬라이저 후방코스 접근절차의 FAF로 활용되는 경우가 있다. 후방코스의 마커 비콘은 분당 144-190회의 연속되는 모르스 부호 "디, 디(··)"로 확인할 수 있다.
5) 대부분의 항공기에는 항공 전자장비를 선택 조절할 수 있는 Audio Control Panel이 있으며, 이 패널에 마커비콘 수신기가 설치되어 각각의 마커비콘에 대한 시각 및 청각 신호를 식별을 할 수 있도록 되어 있다. 즉, 마커비콘 상공을 통과하는 동안 마커 비콘의 음성신호는 스피커를 통해서 들을 수 있으며, 시각신호는 각각의 마커에 대한 표시등이 켜지는 것을 보고 확인할 수 있다. 보통 마커비콘 수신기에는 수신감도를 높이거나 낮게 조절할 수 있는 조절기를 가지고 있다.

마. Compass Locator

1) ILS에서 OM이나 MM와 같이 설치된 NDB를 Compass Locator라 하며, OM와 같이 설치된 Compass Locator를 LOM(Locator At The Outer Marker), MM과 같이 설치된 Compass Locator를 LMM이라 명한다.
2) Compass Locator는 보통 25Watt 미만의 출력으로 사용가능거리는 최소 15NM이며, 주파수 범위는 190~535KHz이다. 즉, LOM은 로컬라이저 식별부호의 뒤 3 문자 중에서 처음 2 문자를 송신하고, LMM은 뒤의 2 문자를 송신한다(예: 김포공항 ILS14L의 식별부호 I-SEL에서 LOM은 SE, LMM은 EL을 식별부호로 사용한다.).

바. DME

1) ILS 시설 중에는 DME 송신기를 로컬라이저나 활공경로 송신기에 같이 설치하거나 또는 부근에 설치하는 경우가 있다. 이러한 DME는 ILS접근 중 활주로로부터의 거리 정보를 제공해 주며, OM를 대신하거나 또는 로컬라이저의 전방이나 후방코스의 설정된 Fix를 확인하기 위하여 사용될 수도 있다.
2) 어떤 ILS 접근 절차에서는 별도의 VORTAC과 같은 독립된 항법 시설로부터의 DME 정보를 접근 절차에 이용하는 경우도 있다.

그림 5-10 Marker Beacons

사. 시각 참조물(Visual Aid)

1) ILS의 시각 참조물로는 접근등화체계(Approach Light System) 등이 일반적으로 이용되며 ILS Category I 착륙 최저치의 시정이 RVR 1,800ft로 낮게 적용될 때는 고광도 활주로등(HIRL: High Intensity Runway Light), 접지구역등(Touchdown Zone Light), 활주로 중심선등(CL: Centerline Light), 활주로 중심선 표지(Centerline Marker), 그리고 RVR과 같은 시각 참조물 등을 활용하는 경우에 적용된다.
2) 접근 차트의 직진입접근 착륙 최저치중 가장 낮은 최저치는 모든 ILS 장비와 시각 참조물이 정상적으로 작동하고 있을 때 적용되며, 부작동 장비가 있을 때는 최저치가 높아지게 된다. 만약 한 개 이상의 구성품이 부작동할 경우 모든 부작동 장비의 최저치 증가분을 합산하지 않고 부작동 장비 중 최대 증가분만을 적용하게 된다.
3) ILS 접근 시 일부 부작동 장비에 대하여는 이를 대신할 수 있는 장비를 규정에 의해 허용하고 있다. 즉, Compass Locator나 정밀접근 레이더는 OM이나 MM를 대신할 수 있으며 표준계기접근 절차에서의 DME, VOR 또는 NDB나 감시레이더는 OM을 대신할 수 있다. Glide Slope이 작동되지 않을 때는 로컬라이저만을 사용하는 비정밀 접근 최저치가 적용되어야 한다. ILS 접근 중 OM가 부작동 시 이를 대신할 수 있는 시설이 없거나 또는 로컬라이저가 작동되지 않을 때는 ILS 접근절차가 인가되지 않는다.
4) 이러한 부작동 장비에 대한 최저치 증가에 대해 Jeppesen 차트의 경우, 접근차트에 직접 기록하여 표시하고 있다. 그러므로 조종사가 접근절차를 선택할 때는 반드시 항공기가 해당 접근 절차에 필요한 항법장비를 갖추고 있는지를 판단하여야 한다.

5.2.3 ILS Category

가. ILS 접근절차는 Category I, II, III로 구분되며 ILS Category I을 기본 ILS 접근절차라 한다. 이는 Category I 접근 절차를 수행하기 위해선 기본적으로 조종사의 계기 증명과 필요한 계기비행 경험, 그리고 항공기에 계기비행을 위한 계기만을 장착하면 되기 때문이다.

나. Category I 접근의 최저 시정치는 1/2SM 또는 RVR 2,400ft이다. 만약 활주로에 중앙선 등과 접지구역 등이 있을 경우 RVR은 1,800ft까지 감소 될 수 있다. 결심고도(DH)는 통상 접지구역 표고로부터 200ft 상공에 설정된다. Category II나 III 접근을

위해서는 조종사 및 운영요원, 항공기, 지상 장비 등에 특별한 인증이 요구된다. 이러한 엄격한 제한을 적용함으로써 Category II 접근의 착륙 최저치는 접지구역 상공 100ft 및 RVR 1,200ft까지 설정될 수 있다.

5.2.4 ILS 접근 절차

가. ILS 접근 시 CDI는 항공기 고도에 무관하게 접근 코스에 대한 지시를 표시하며, 활공 경로 지시기는 송신기로부터 활공 경로를 기준으로 항공기의 움직임을 지시한다.

그림 5-11 Tracking the ILS

나. ILS 접근 시 정밀하고 안정된 조작을 위해 활공 경로에 진입하기에 앞서 로컬라이저 경로의 중앙에서 속도와 고도, 기수 방위를 일정하게 안정시키는 것이 매우 중요하다. 활공 경로 지시기가 활공 경로에 진입함을 지시하면 경로를 따라 강하를 시작해야 하며 착륙장치가 Retractable 형식인 항공기는 착륙장치를 내림으로써 항력을 증가시켜 출력을 거의 감소하지 않고 강하할 수도 있다. 기수 및 출력을 조정한 후 항상 트림을 다시 조절하여 항공기를 안정시키는 것이 중요하다.

다. 활공 경로 지시기를 활공 경로 중심에 유지하기 위해선 기수 및 출력을 사용하여 수정을 계속하여야 한다. 만일 활공 경로에 진입 후 속도가 증가하면 출력을 줄여줘야 하며 속도가 줄어들면서 항공기가 활공 경로보다 낮아지지 않도록 다시 기수 조절이 필요하게 될 것이다. 강하율이 안정된 후엔 접근 속도를 유지하기 위해 출력을 조절하여야 하며 활공 경로 지시기가 어느 쪽으로든 완전히 벗어났을 경우 경로로 다시 진입하기 위해 신속히 기수와 출력을 함께 조절해야 한다.

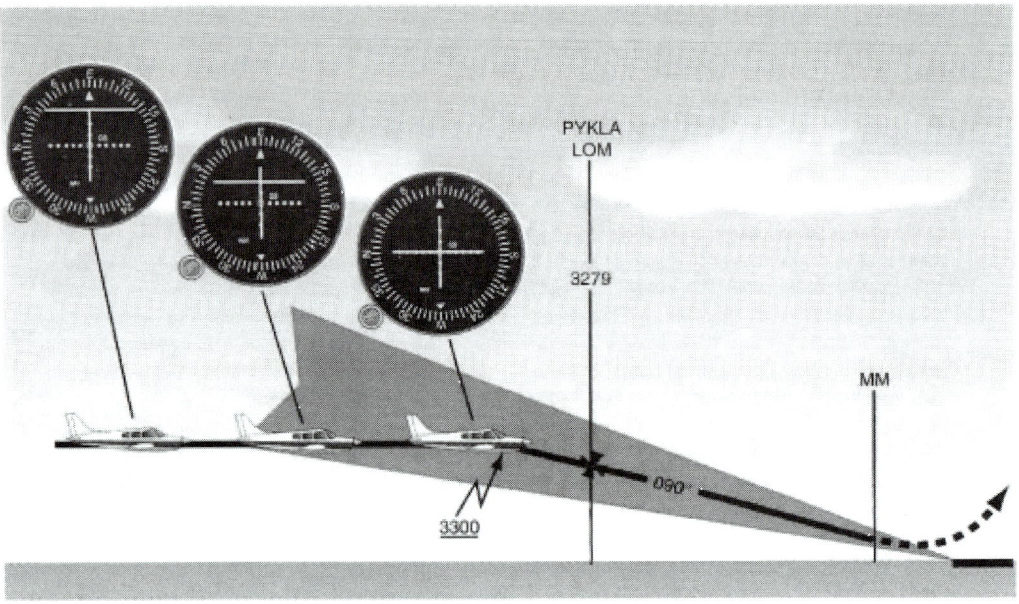

그림 5-12 Tracking Glide Slope

라. 결심고도까지 접근 중 활주로 및 주변 시각 참조물이 확실하게 육안으로 확인되기 전까지는 계속해서 계기비행을 하여야 하며 잠깐씩 활주로를 확인할 수 있도록 크로스체크해야 한다. 흔히 접근 중 500ft AGL 정도에서 육안 확인을 하였으나 결심고도 부근에서 활주로를 시야에서 잃어버리는 경우가 있다. 이러한 상황은 수직시정은 양호하나 수평시정이 불량한 낮은 고도의 안개층에 진입했을 때 발생하며, 이러한 이유로 결심고도에 도착하기 전 활주로를 육안으로 확인하였다 하여도 활공경로보다 낮게 비행하는 것은 바람직하지 않다.

5.3 RNAV Approach

RNAV시스템에 기반을 둔 계기 접근은 공항으로의 IFR접근 능력의 개선과 조종사에게 보다 나은 상황인지 능력을 제공하는 등 여러 가지 이유에 의해 선호도가 증가하고 있다. RNAV접근 절차의 한 가지 방법은 GPS시스템을 사용하는 것이다. 이는 지상에 설치된 항행시설의 상공을 바로 통과하지 않아도 되기 때문에 Non-RNAV보다 나은 유동성을 제공한다. RNAV의 오래된 방법 중의 하나로 RNAV접근 절차를 확립하기 위하여 VOR/DME, VORTAC, 또는 TACAN 시설을 사용할 수 있다. VOR/DME RNAV접근으로써 접근차트상에 명시되어 있는 이러한 절차들을 제공한다. RNAV접근 비행에 포함된 기본적인 절차들은 GPS, VOR/DME에 기초를 하든 다른 기술에 기초를 하든지 간에 비정밀 접근에 대해 사용하는 방법과 유사하다. 하지만 연관된 항법 장비들의 복잡성 때문에 조종사는 항공기에 장비된 시스템에 관한 지식 없이는 RNAV접근을 시도하지 말아야 한다.

5.3.1 Approach Design

가. TAA

1) En-route로부터 터미널 지역으로의 전환은 일반적으로 지상에 설치된 항법을 참고하여 항행하도록 하는 제한된 특정 트랙을 가지고 있을 것이다. 지역항법 시스템의 확산은 Terminal Arrival Area(TAA)로 알려진 표준화된 접근 구역 형태로 발전되도록 이끌었다.
2) TAA는 FMS와 GPS를 장착한 도착 항공기들에 대해 En-route 구조로부터 터미널 환경까지의 매끄러운 전환을 제공한다. TAA는 전형적으로 En-route 환경으로부터 터미널 환경까지의 전환을 지원하며 기본적인 T자형 디자인을 가진다. TAA는 보통 Straight-in, Left base, Right base를 가진다. TAA는 조종사와 관제사에게 적은 ATC만으로 터미널 지역까지 인도하는 효율적인 방법을 제공한다. TAA는 관련 계기 절차와 조화하여 표준 장애물 회피를 보장하는 최소 고도와 함께 설립된다.
3) RNAV(GPS)접근 절차는 기내에 장착된 항법 데이터베이스를 사용하여 이용할 수 있다. 이것들은 서로 연관된 절차로써 사용되거나 또는 수동으로 사용할 것이다. 다른 예로 항법시스템에 데이터베이스가(접근과 실패 접근을 위한 연결된 Waypoint를

포함한) 바로 연결되어 있다. 데이터베이스와 하드웨어의 판단은 Waypoint를 통과하는지 접근하는지 나타낼 것이고, 각각에 대하여 적절한 안내를 제공할 것이다. Fly-By(FB) Waypoint는 다음 비행구역에서의 Overshooting을 피하기 위해 선회의 사용을 필요로 한다.

4) 일반적으로 Map과 Map Holding Waypoint는 Fly-Over Waypoint이다. Fly-Over Waypoints(FO)는 Waypoint의 상공을 지나갈 때까지 어떤 선회도할 수 없도록 금지하고 있으며, 다음 비행구역에서의 Intercept 기동이나 Next Waypoint까지 Direct로 가는 방법 중 하나를 따르도록 정하고 있다. 만약 조종사가 선택된 RNAV Waypoint로의 수동 비행을 하고 있다면 부드러운 전환을 위해 Fly-Over Waypoint에서의 선회를 예상 하여야 하고, 다음 비행 구역에서의 Overshooting을 피해야 한다. Fly-Over Waypoint에 대한 대처 방안으로 항공기가 Waypoint를 통과할 때까지 선회를 하지 못하도록 설정해 놓는 방법이 있다.

5) RNAV접근 차트들은 Plan View 란에 Icon의 형태로 TAA를 묘사하고 있다. 이 Icon은 En-route 구조로부터 도착하는 항공기에 대한 위치에 따라 차트상에 배열되어 있다. 일반적으로 표준이 되는 TAA는 3가지 구역으로 구성되어 있다(Straight-In Area, Left Base Area, Right Base Area). 항법에 대한 이들 Waypoint는 TAA Icon과 관련하여 서술되고 이름 붙여진 각 특정 TAA Area 내에서 적절하게 예상된다. Icon 내에서 이름 붙여진 각각의 Waypoint는 그 지역에 도착하는 항공기들에 대한 IAF이다. Straight-In Area는 중심으로부터 반경이 30NM되는 반원으로 정의되고 피상적으로 IF/IAF까지 확장된다. Left base area, Right base area는 Straight-in TAA의 바닥에 의해 정해지고 중간 구역 코스까지 확장된다. Base Area는 IF/IAF중 하나의 IAF상에서 반경 30NM로 정의 된다. 고도는 최소 IFR 장애물 회피를 제공하는 TAA Icon 내에서 보여진다. 몇몇 TAA는 장애물로부터의 충분한 분리와 운용상의 제한, 과도한 하강각 등을 위하여 Step Down Arc 형식으로 계획되어 있을 것이다.

6) TAA 디자인의 수정과 생략이 적절한 운항 요건을 위해 필요할 것이다. 변화는 하나 또는 두 개의 Base Area를 제거하거나 Straight-In Area의 평균적인 크기를 수정/제한할 것이다. 두 Base Areas가 제거되었을 때, TAA Icon은 Plan View상에 묘사되지 않는다. 일반적으로 TAA 부분은 Airway를 강조한다. 만약 이러한 경우가 아니라면 최소한 하나의 Feeder 항로가 항로 Fix 또는 TAA 경계선에 대한 항법 시설로부터 제공된다. Feeder 항로는 En-route Fix/Navaid로부터 적절한 IF/IAF로의 직선코스를 제공한다. 만약 절차의 특별화가 필요하다고 여겨지면 멀티 Feeder 항로들이 확립될

것이다. 몇몇 경우에는 TAA는 나타나지 않을 수도 있는데, 이는 공역의 혼잡과 다른 운용상의 요구로 인해 TAA의 수행에 대한 ATC의 능력이 부족하기 때문이다.

나. Required Navigation Performance

1) RNAV접근 디자인의 다른 면은 Required Navigation Performance(RNP)이다. RNP의 표준은 항로의 구성과 절차 그리고 공역의 사용에 있어서 상당한 유동성을 발휘한다. 공역과 항행 장비에 대한 Single Performance Standard의 적용에 있어서도 항법의 정확성을 증가시키며, 그 결과 비행의 안전성을 향상시킨다.
2) 추가적으로 RNAV와 RNP를 같이 사용할 경우 보다 많은 Direct 항로를 제공할 수 있으며, 부대 비용의 절감과 동시에 더욱 효율적인 공역 사용을 가능하게 한다.
3) 미국에서 Standard RNP 0.3/1.0/2.0이 현재 AIM에 수록되어 있다. 각각의 RNP Standard는 공역과 항로, 절차에 대하여 적용되며 특히 유지해야 될 특정 항로의 중심으로부터 NM 거리로 정해진다. 이 거리는 최소 비행시간의 95% 동안 유지 되어야 한다. 이것은 만약 RNP 1.0이 요구된다면 항공기의 항법 장비뿐만 아니라 이용하는 항법시설 또한 항공기가 비행시간의 95% 동안 항로 중심의 양쪽으로 1NM 이내에 유지되도록 하여야 함을 의미한다. RNP에 사용되는 항법 장비의 성능은 특정 센서 또는 항공기 항법 시스템의 정확성을 요구하며, 비행할 항공기의 정확도도 요구한다.
4) RNP의 원리는 이륙부터 착륙까지 비행의 모든 단계에 대하여 적용할 수 있다. 출발, 항로 그리고 접근단계에 대해 다른 RNP 성능이 사용된다. RNAV 계기접근은 접근의 구조 및 절차의 이해에 대한 기초적인 전제에 따라 두 가지의 다른 RNP Standard를 사용한다. FAWP 이전에는 터미널 운영을 위하여 RNAV 접근은 접근을 위해 RNP 1.0을 사용하고, FAWP에서 접근 완료 지점까지는 RNP 0.3을 사용한다. RNP Standard는 두 가지 방법으로 RNAV 접근에 적용된다. 첫째 접근 항로에 수평적인 제한이 있다는 것을 이해를 하자마자 접근이 예상될 때이고, 둘째 접근을 위해 사용 중인 장비가 이러한 제한 이내에서 항행을 유지할 수 있는 능력이 가질 때이다.
5) 각 비행에서의 특정 요구 사항을 알고 이해하는 것은 조종사의 책임이다. 특정 비행 요건에 관련된 정보는 차트 상에 명시되어 있다. 반면 특정 장비 성능에 관련된 정보는 AFM과 장비 제작사로부터 얻을 수 있다. 만약 조종사가 계기접근에 있어서 필요한 RNP 성능을 맞추지 못할 때 ATC와 Contact하고 현재의 상황을 알려주어야 한다.
6) ICAO에서 정한 RNP에 대한 정의와 RNP의 확장된 의미를 가진 RNP RNAV를 구분하는 것은 중요하다. RNP RNAV는 U.S RTCA와 EUROCAE 의해 발전된 확장된

의미의 RNP이다. 이는 수평적인 경계 제한선과 최소 시스템 성능을 제공한다. RNP RNAV에 대한 보다 많은 정보는 이 책의 뒤편에 있는 NOTAM Section을 참고하라.

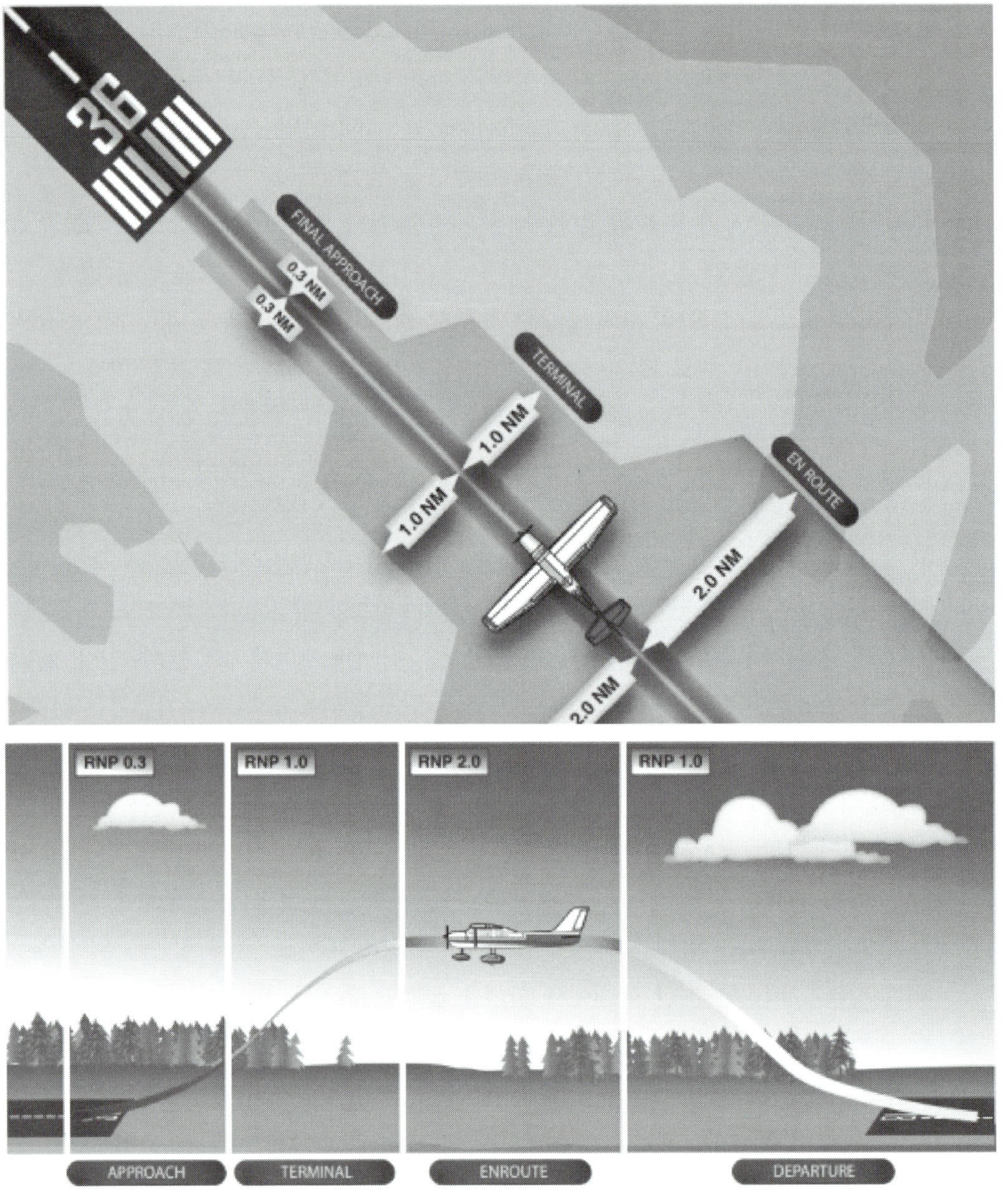

그림 5-13 미국의 3가지의 RNP 표준

다. RNAV Approaches

1) 지역 항법의 궁극적인 목표 중 하나는 각각의 항법 시스템 개념을 초월하고, 대신에 성능에 기초한 시스템을 갖추는 것이다. 그 결과 조종사는 계기 항법에 관해 배우고 생각하는 방법에 있어 기본적인 개념을 달리하여야 한다. 지금까지 접근해왔던 각각의 시스템에 대한 초점을 바꾸어, 탑재 장비의 성능 한계에 중점을 두어야 한다. 그리고 필요한 항법 성능을 유지할 수 있는지 없는지를 결정하여야 한다. 이용 가능한 성능 역시 이 접근에서 항공기가 사용할 수 있는 최저치를 알아야 한다. 이러한 변화를 용이하게 하기 위하여 계기 해석 방법과 차트, ATC 절차 그리고 전자 장비가 바뀌고 있으며, 추가적으로 RNAV 시스템의 현실화를 위해 발전되고 있다.
2) RNAV 용어와 charting 방법의 변화는 지역항법으로 인해 사라지고 있는 다양한 항법 시스템을 수용하기 위하여 필요하다. 세 번째 접근형식은 표준 정밀 접근과 비정밀 접근 절차 등급에 대한 Approach with vertical guidance(APV)이며, 뿐만 아니라 LNAV, LNAV/VNAV, LPV 그리고 착륙 최저치에 대한 GLS 역시 RNAV 조합의 두 예이다.
3) 비정밀 접근(NPA)등급 이하로 떨어 졌을 때 RNAV 접근 절차 형태를 이해하는 것과, 착륙 최저치에 관련 차트의 제목뿐만 아니라 정밀 접근(PA), 그리고 수직 안내를 받는 접근에 관한 이해도 중요하다.

라. Non-precision Approach

1) Non-precision Approach(NAP)은 오직 수평 항법만을 제공하는 모든 RNAV 접근을 포함한다. Non-precision RNAV 접근은 오직 수평 항법(LNAV)과 Conventional Non-precision Approach와 유사한 고도를 같은 Circling Minimum을 제공한다.
2) 아직 바뀌지 않은 몇몇 오래된 Stand Alone GPS 접근의 경우 Transitional MDA(H) 직진 착륙 최저치의 용어가 표기될 것이다. 이들은 “GPS RWY XX”의 제목을 가진다. **수평 항법(LNAV)** 최저치는 오직 수평항법을 위한 것이고, 접근 최저고도는 수직 안내를 제공하지 않기 때문에 **최저하강고도(MDA)**로써 설정된다. 이러한 최저치들은 AC 20-138과 AC 20-130에 따라 접근 운영을 허가 받은 RNAV 항법 시스템을 갖춘 모든 항공기들에 의해 사용될 수 있다. LNAV는 현재 GPS Stand Alone 접근과 동일한 등급의 서비스를 제공한다.

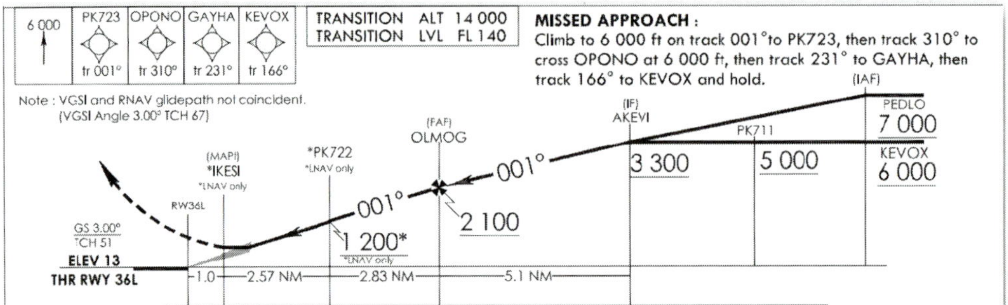

CATEGORY		A	B	C	D
LNAV /VNAV	FULL	420/45 408(500-7/8)			
	ALS INOP	420-1 3/8 408(500-1 3/8)			
LNAV	FULL	500/45 488(500-7/8)		500/55 488(500-1)	
	ALS INOP	500-1 1/2 488(500-1 1/2)			
CIRCLING		580-1 1/2 567(600-1 1/2)		1 360-3 1 347(1 400-3)	1 700-3 1 687(1 700-3)

그림 5-14 비정밀 RNAV접근의 LNAV와 Circling Minimums

마. GPS Overlay Approach

1) GPS Approach Overlay 프로그램은 Localizers(LOC)를 제외하고 함께 Conventional Navaid에 기초한 많은 비정밀 접근에 있어서, 공인된 GPS장비의 적절한 사용을 조종사들에게 허가하고 있다.
2) GPS Overlay Approach는 "VOR or GPS-A"와 같은 "GPS" 그리고 절차의 이름에 의해 확인된다. 다른 이전 타입의 Overlay들은 이러한 형태나 Stand Alone 절차로 바뀌었다. 오직 현재 탑재된 항법 정보를 포함한 접근만이 허가된다.
3) Overlay 접근들은 접근의 근간이 되는 지상에 위치한 Navaid의 디자인 형식에 따라 예상된다. Stand Alone 절차를 위한 RNAV 디자인 형식을 고수하지 않는 경우와 RNAV(GPS) 등급에 포함되지 않는 경우도 있다.

5.3.2 GPS Stand Alone/RNAV(GPS) Approach

가. GPS Stand Alone/RNAV(GPS) Approach는 보통 "RNAV(GPS) RWY20"와 같이 절차의 확인란에 표기되어 있다. 이 이름은 접근 차트상에 그 제목과 함께 나타난다. 이는 Inertial Navigation System(INS)과 DME/DME시스템과 같은 GPS 데이터베이스 없이 운용하는 RNAV 시스템에 필요하다. 절차 확인란에 있는 Parenthetical GPS는 '이 절차 역시 데이터베이스 속에 GPS 절차로써 코드화되어있음'을 의미한다.

나. RNAV(GPS) 접근에 대해 허가를 받았을 경우 관제사는 절차 속에 나타난 GPS라는 용어를 포함하지 않는다. 하지만 접근을 위해 조종사에게 "...Cleared RNAV Runway

Two Zero Approach."라고 알려줄 것이다.

다. 조종사는 Stand Alone GPS Approach를 위해 Conventional 항법 장비를 가지거나 모니터할 필요가 없다. 하지만 항로에서의 Backup 용도와 필요한 경우 대체 공항으로 가기 위하여 여전히 Conventional 항법 장비를 탑재하는 것이 바람직하다. 한편 GPS를 사용하는 대체 공항으로 접근하는 행동을 취할 수도 있으며, GPS의 신뢰도에 맞추어 Conventional 장비를 사용하여 접근을 실행하기 위한 성능 또한 갖추어야 한다.

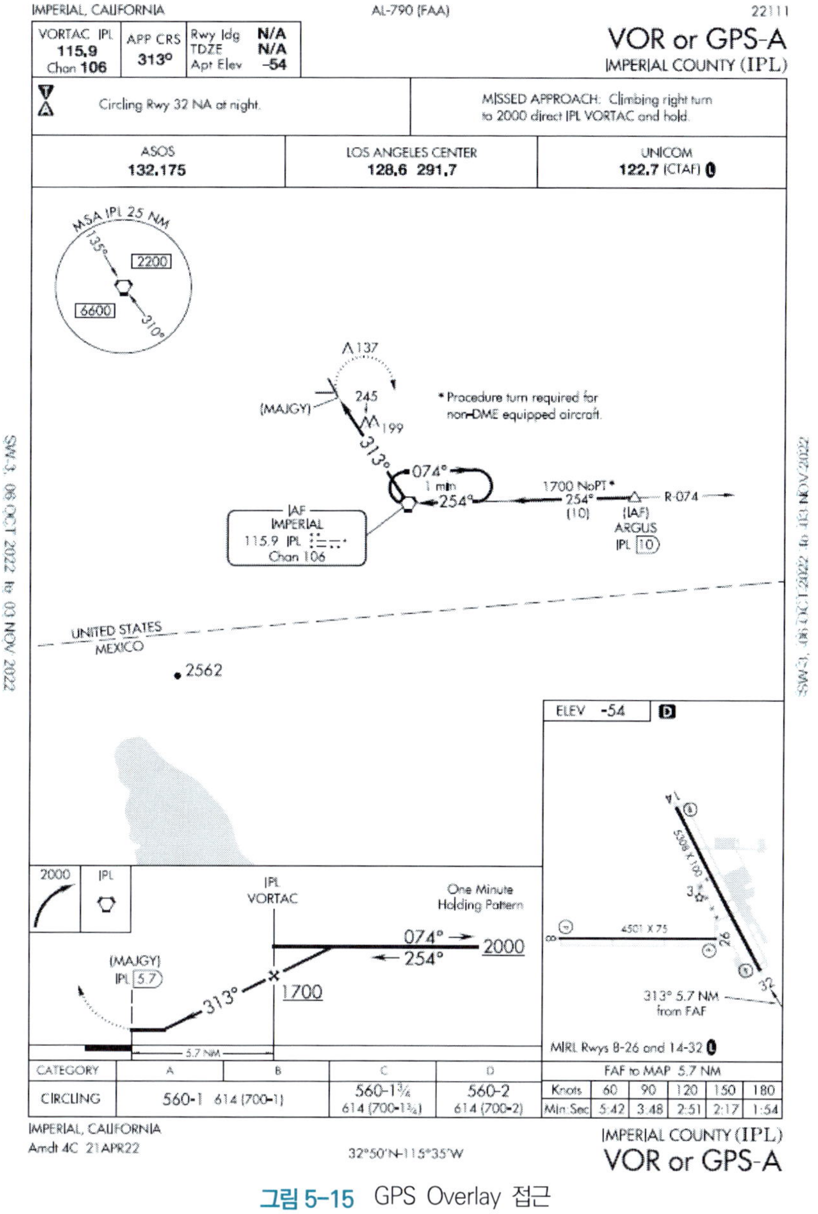

그림 5-15 GPS Overlay 접근

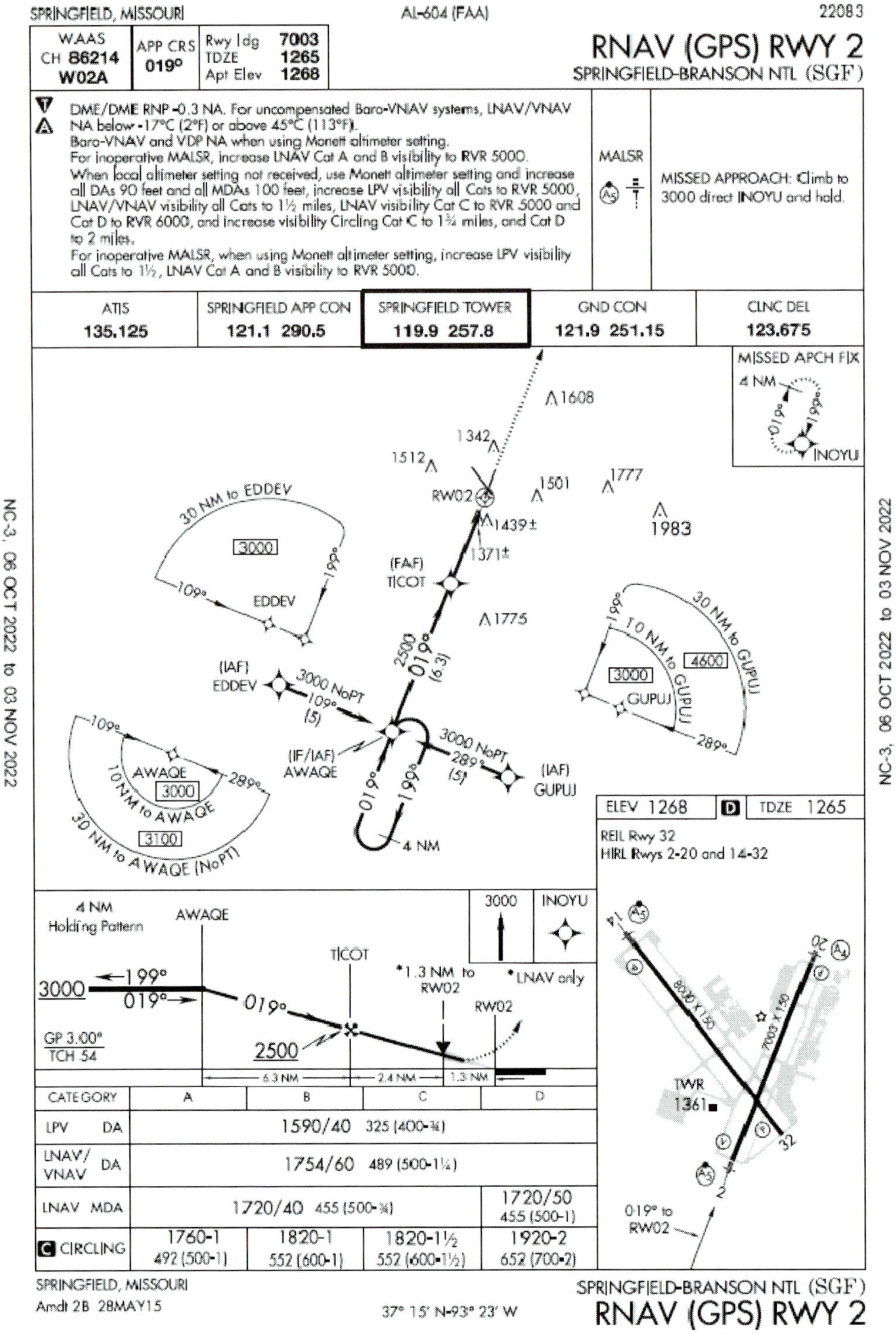

그림 5-16 RNAV(GPS) 접근

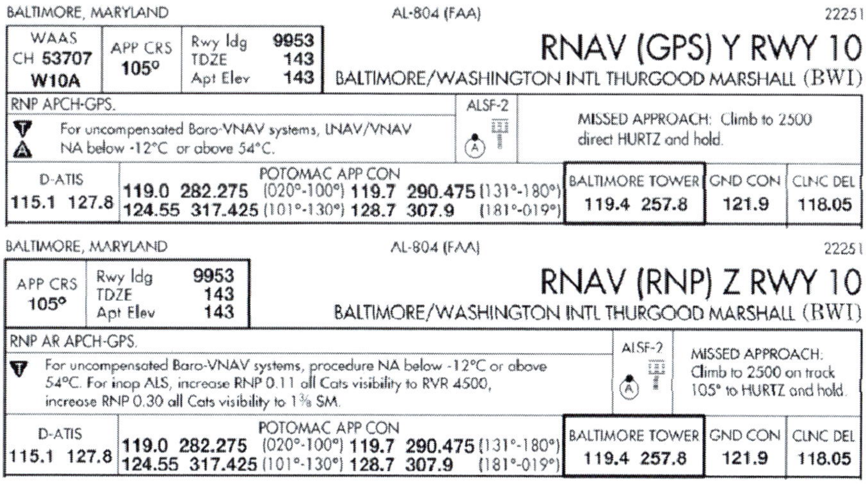

그림 5-17 관제사의 RNAV접근 허가

"...Cleared For The RNAV Yankee Runway One Five Right Approach."

라. 같은 활주로에 두 개의 RNAV 절차가 수립된 경우 RNAV 접근에 있어서 추가적인 명칭이 필요하다. 이는 VNAV의 성능에 상관없이 FMS나 GPS 수신기에 부착된 Panel을 수용하기 적합할 때 일어난다. 이에 따른 규칙은 알파벳 끝에서부터 시작하는 문자를 사용하여 뒤로 진행하는 것이다. 이것은 VOR-A와 같이 오직 Circling Minimum을 위해 제공되는 접근과의 혼동을 피하기 위함이다.

마. 여기에는 시스템의 기초로 GPS를 사용하지 않는 RNAV 등급 하의 항법 시스템 등 여러 형태가 있다. FMS, INS 그리고 DME/DME 시스템들은 단지 RNAV(GPS) 접근을 사용하는 다른 항법들 중 일부이다. 중요한 시스템 기초에도 불구하고, 만약 항법 장비가 접근을 위한 VNAV를 제공하지 않는다면 이는 오직 LNAV와 Circling Minimum을 사용하는 비정밀 접근에 대해서만 이용 가능하다.

바. VNAV Descent Profile

1) 선택된 비정밀 접근 절차상의 VNAV Descent Profile은 산업용으로 시작되었고, FAA가 MDA까지의 안정화된 하강 경로를 제공하기 위해 시작되었다. VNAV를 수용할 수 있는 항법 장비에 의한 이 하강각의 사용은 안정적임과 동시에 그 구간 내의 장애물로부터 회피가 보장된 상태에서의 일정한 하강율을 보장한다.

2) VNAV의 하강각은 VNAV 하강 경로에 따라 괄호 안에 표시되며 Conversion

Table에서 반복되어 나타난다. 추가적으로 Conversion Table은 VNAV각과 Ground Speed에 대하여 권장되는 하강률을 제공한다.

3) VNAV 하강각의 포함이 현존하는 비정밀 접근 요구 사항들을 바꾸거나 수정하지는 못한다. MAP뿐만 아니라 MDA의 사용은 변하지 않는 상태로 남아있다. FAA에 따라 필요한 시야를 확보하기 전까지는 MDA 이하로 하강하면 안 된다. 게다가 출판된 MAP 지점에 도달하기 전에 Missed Approach Procedure를 실행해서는 안 된다.

4) Lewiston, Idaho 접근에서 Profile 하단에 나타나는 각주는 VNAV 하강을 할 때, FAA로부터 DA 운영 기술을 인정받은 조종사들만을 허가하는 표시가 되어 있다. DA 운용 기술의 적용을 허가받은 조종사는 특정 항공기에 대해서만 인정되고 VNAV 항법 장비의 성능과 승무원의 훈련 정도에 따라 달라진다. Profile 내에서 Dashed Line (VNAV 하강경로)는 MDA까지 이어져 있고, MDA에서부터는 작은 화살표가 곡선 형태로 나타난다. 이것은 MDA가 DA처럼 사용됨을 허가한다는 의미이다. 어떤 VNAV 하강각의 사용은 옵션이다. 하지만 Controlled Flight Into Terrain(CFIT) 사고의 범위는 정밀 접근과 비교해 비정밀 접근이 7배나 많다. VNAV 하강각의 사용은 비정밀 접근의 안전성을 상당히 개선시킬 수 있다.

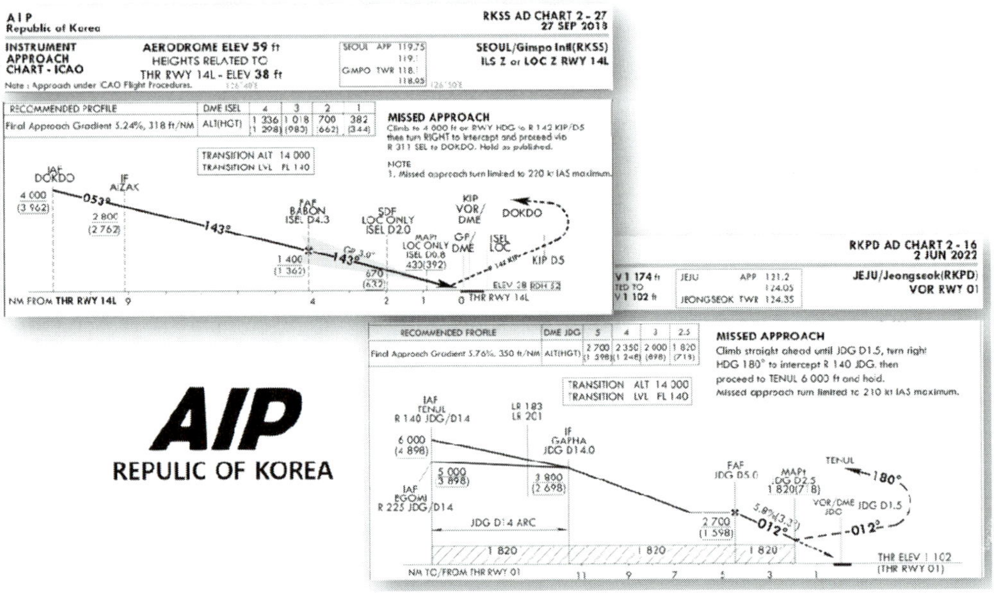

그림 5-18 하강 각도 정보

사. Approach With Vertical Guidance

1) Approach With Vertical Guidance(APV)는 접근 형태에 대한 논의를 할 때 상대적으로 새로운 정의이다. 비정밀 접근과는 달리 APV Approach는 수평 수직 안내를 모두 가지고 있기에 접근 Category가 필요하였다.

2) 하지만 이는 ICAO Annex 10의 표준 정밀 접근 기준에 부합되지 않는다. 비록 APV approach는 정밀 접근에 속하지 않지만, 접근 최저치를 TDZ로부터 250ft, 1/2SM 시정만큼 낮추는 것을 가능하게 한다. 접근 Category는 LPV, LNAV/VNAV를 포함하는 기준에 일치하고, 표준 지역 항법 형식 "RNAV(GPS) RWY XX."에 나타난다.

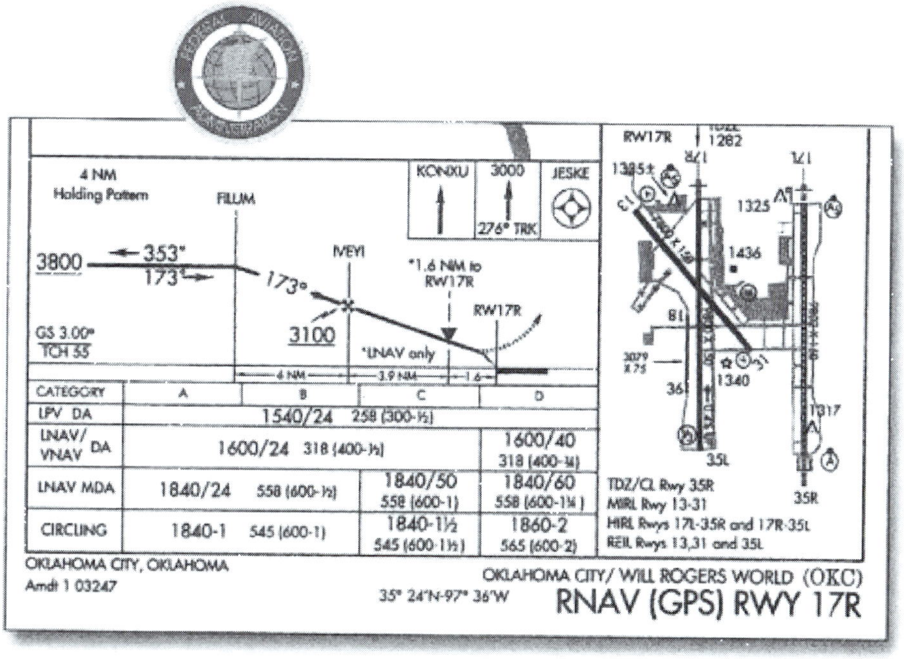

그림 5-19 LPV와 LNAV/VNAV 최저치

5.3.3 LNAV / VNAV

가. LNAV/VNAV는 수직 안내와 함께 RNAV 계기 접근 절차를 성립하기 위한 최소치와 동일한 값을 가지지만, 다른 정밀 접근보다 높은 Integrity Limit를 가진다.

나. LNAV/VNAV 최저치를 사용하는 항공기는 접근을 위해 허가된 GPS, FMS 또는 다른 VNAV 시스템에 근거한 하강 경로를 거쳐 착륙을 위한 하강을 한다. Barometric Altimetry, 전형적으로 Baro-VNAV로 불리는 이것은 수직 경로를 만들 수 있는 수신기에 의한 한 가지 방법이다.

다. LNAV/VNAV 최저치 역시 Wide Area Augmentation System(WAAS) 장비를 가진 항공기에 적용된다. WAAS의 공인을 받은 적절한 수신기들은 WAAS 전자적인 하강 각을(Barometric Altimetry를 사용함으로써 발생할 수 있는 오류를 제거하기 위해 지상 장비와 Baro-VNAV의 도움 없이) 사용하여 LNAV/VNAV 최저치 하에서 비행 가능하다. 만약 WAAS 시스템이 고장 또는 신뢰할 수 없다고 NOTAM에 등록됐다면, WAAS 전자장비는 여전히 접근을 위해 사용할 수 있지만 오직 수평항법만을(LNAV) 위해 사용할 수 있다.

라. 전자적인 수직 안내가 제공되기에 최소치는 DA로써 표기된다. 이러한 최소치들은 정밀 접근 능력을 가진 WAAS 장비를 장착한 어느 항공기에서나 쓸 수 있으며, WAAS Lateral-Only Receiver는 IFR 접근에 대해 허가받은 Baro-VNAV와 함께 결합한다. 게다가 IFR 접근에 사용 가능한 Baro-VNAV를 장비하고 RNP 0.3의 성능을 가진 항공기는 이러한 최소치를 수용할 수 있다.

마. 조종사가 DA이하로 내려갈 때에는 특별한 허가가 필요하지 않다. 하지만 Baro-VNAV에 의한 수직 안내 시스템은 찬 기온과 Barometric의 측정과 관련한 문제로 인해 제한된다. Baro-VNAV에 적용되는 절차는 RNAV 접근 절차에 수록되어 있다.

바. 특별 허가를 통해 RNAV시스템을 인정받은 장비를 가진 항공기만이 LNAV/VNAV로 LNAV 최소치 비행을 할 수 있는 것이다. U.S. Terminal Procedures Publication은 이러한 절차들을 사용하기 위해 허가된 다른 시스템들의 세부 내용을 제공한다. 조종사는 특정 장비의 장착을 위해 FSDO로부터 허가를 받아야 한다. 이 부분에 대한 보다 많은 정보를 위해, 적절한 Jeppesen Airway Manual Legend, Briefing Bulletin, Training Material, Website, NOTAM을 참고하여야 한다. RNAV 최저치는 적절한 AFM 또는 AFMS에 언급된 것처럼 항법 장비의 성능에 따라 달라진다.

5.3.4 LPV

가. LNAV/VNAV에 추가된 APV접근 절차의 새로운 형태는 WAAS로부터 제공받는 수평 정확도의 이점을 도구로 삼은 것이다. 이 수평 정확도는 큰 수직 제한치와 함께 전자적인 하강 경로와 결합하여 현재의 정밀 접근과 매우 유사한 TERPS 접근형식의 사용을 보장해 주는 것이다. 접근 절차 최저치의 결과는 (LPV로 명명된) 장애물과 공역 구조가 가장 낮은 최저치를 가질 때 시정 1/2 SM보다 낮은 시정과 TDZ 상공 250ft보다 낮은 결심 고도를 제공할 것이다. LPV 최저치는 RNAV(GPS)접근 차트 상에 명시되어 있다.

나. WAAS는 2003년 7월 FAA에 의해 공식적으로 발표되었다. WAAS의 처음 운용 능력은 LNAV, LNAV/VNAV 그리고 LPV를 포함한 모든 비행 단계를 지지하는 등급의 서비스를 제공한다. 길게 말하면 WAAS는 현대화된 GPS와 결합하여 Category I 정밀 접근 서비스를 제공할 것이다. 접근을 위한 WAAS 사용을 위하여, WAAS항법 장비는 AC 20-130A와 AC 20-138A와 함께 설치된다. 더욱이 WAAS 항법 장비는 TSO-C145A, WAAS에 의해 증가된 GPS를 사용하는 공중 항법 센서의 요구 사항을 충족시켜야 한다. 또는, TSO-C146A, WAAS에 의해 증가된 GPS를 사용하여 Stand Alone 공중 항법 장비를 충족 시켜야 한다. 모든 WAAS 운용은 제작자의 정보와 AFM의 추가 사항들 그리고 AFM에 명시된 특정 사항들과 제한 사항들에 맞추어 시행되어야 한다.

다. WAAS 시스템을 사용하는 RNAV접근은 전형적인 지상 항법 시설에 대한 참고 없이 비행되어야 하며, 다른 형태의 항법 장비를 가질 필요가 없다. WAAS 전자 장비를 사용하는 계기 접근 절차를 가진 공항 역시 비정밀 접근 최저치를 필요로 하는 대체 공항에 맞추어 Flight Plan을 작성해야 한다.

라. WAAS 시스템이 정상적인 기능을 하지 못하거나 특정 지역에 대한 서비스를 제공하지 못할 때, NOTAM이 출판된다. GPS NOTAM와 같이 WAAS 시스템은 Unreliable 함을 기준으로 하고 이 정보는 비행 계획을 세울 때 계산되어야 한다. 만약 고장이 ATIS에 이미 포함된 경우 조종사가 RNAV 접근을 요청한다면 ATC 역시 추가적으로 WAAS가 불안정함을 알려줄 것이다. WAAS 장비 역시 비행 중 사용 가능한 서비스의 정도를 알려주며, 어떤 착륙 최저치가 접근을 위해 사용될 수 있음을 결정하도록 도와준다. 만약 LPV 또는 LNAV/VNAV 서비스가 WAAS VNAV 정보의 부족으로

이용이 불가능할 때 접근은 오직 LNAV 최저치에 대하여 행해져야 한다. WAAS VNAV 정보는 더 낮은 최저치를 사용한 접근을 성립하기 위해 사용 가능할 것이다.

5.3.5 Precision Approach

가. 추가적인 지상 장비 없이 표준 GPS는 정밀 접근에 필요한 정확한 수직 정보를 제공하지 못한다. WAAS 그리고 LAAS와 같은 새로운 GPS 시스템의 발전과 함께 Category I 정밀 접근이 현실화될 것이다. WAAS와 LAAS는 추가적인 지상국과 함께 GPS 위성의 숫자를 증가시켰으며 정지궤도 위성으로부터 전송된 정보의 위치와 질을 향상시켰다. RNAV를 NAS로 완전히 통합하기 위해 FAA는 지상과 위성에 바탕을 둔 지역항법 시스템을 사용하여 모든 형태의 접근을 적용할 수 있도록 Chart 형식을 개발하고 중복을 없애기 위한 개발을 진행 중이다.

나. 과거에 “GLS PA DA”로 표시된 선이 NACO Approach Chart의 최저치 부분에 포함되었다. 이는 RNAV 정밀 접근이 NAS에서 현실화될 때까지 장소를 나타내는 표기로써 사용되었다. 미래에는 적용 가능한 최저치와 함께 RNAV 정밀 접근 절차는 아마도 제거되어 따로 차트화 될 것이다. 하지만 이러한 정밀 접근들이 이용 가능해질 때까지는 그렇지 않을 것이다. Jeppesen 접근 차트들은 정밀 접근의 위치 표기를 포함하지 않는다. 하지만 RNAV 정밀 접근들이 FAA에 의해 승인되자마자 Jeppesen은 이 정보를 표준 형태로 포함할 것이다.

CATEGORY	A	B	C	D
GLS PA DA	NA			
LNAV/VNAV DA	1660-1½ 399 (400-1½)			
LNAV MDA	1780-1 519 (600-1)		1780-1½ 519 (600-1½)	1780-1¾ 519 (600-1¾)
CIRCLING	1780-1½ 513 (600-1½)			1820-2 553 (600-2)

그림 5-20 GLS 최저치 라인

5.3.6 GPS Equipment Requirements

비정밀 GPS접근을 위해 GPS를 유일한 항법 장비로 사용할 때에는 사전에 수신기와 GPS의 설치 방법이 FAA 요구 사항들에 적합한지를 확인하여야 한다. GPS는 Technical Standard Order(TSO)에 따른 허가와 장비의 내구성에 관한 안내를 제공하는 AC 20-138에 따라 설치되어야 한다. 조종사는 AFM의 Supplement Section을 참고하여 GPS 설치를 위한 허가된 사용을 결정할 수 있다. 하지만 IFR 비행을 위한 휴대용 GPS의 사용은 불가하다.

만약 GPS가 TSO-C129 또는 C129A에 의해 인정받았다면 조종사는 감독과 Stand Alone GPS 절차를 위해 Conventional 항법 장비를 항공기에 탑재하지 않아도 된다. 하지만 항로상에서의 항법과 대체 공항으로 가기 위해 여전히 Conventional 항법 장비를 가지는 것이 좋다. GPS를 사용하여 대체 공항으로 갈 수 있는 반면 GPS의 성능이 문제가 될 경우를 대비하여 Conventional 장비를 사용할 수 있도록 성능 유지를 하여야 한다. 이전에 언급되었던 WAAS TSO에 의해 공인된 다른 GPS 장비는 AIM에 수록된 대로 다른 요구 조건을 충족하여야 한다.

가. Receiver Autonomous Integrity Monitoring(RAIM)

1) GPS 수신기는 RAIM으로 알려진 장비를 사용하여 GPS 신호의 신뢰도를 지속적으로 감시한다. 비록 Basic GPS의 위치 확인은 전 세계에 걸쳐 항상 이용가능 하지만, GPS 위치가 불연속적일 때 신호의 통합성을 확인하기 위하여 위성 측정값의 중복이 필요하다. 이는 조종사가 특정 지역과 시간에 수평면 위의 필요로 하는 각에서 오직 4개의 위성만을 찾을 수 있다는 것을 의미한다. 이 방법은 자신의 위치를 측량하기에는 충분하지만 통합적인 감시를 하기 위한 여분의 위성은 제공하지 않는다.
2) 실시간 통합 감시에 더하여, IFR 허가를 받은 GPS 수신기들은 접근을 위해 의도된 지역과 시간에서 RAIM 이용 가능성을 예상할 수 있다. 이 수신기들은 조종사가 예측을 요구하여 작동하는 위성에 기초하여 예상된다.
3) AFSS 또는 DUATS로부터 이용 가능한 GPS NOTAM 역시 정해진 위성의 배치에 대한 정보를 포함한다. 만약 정해진 위성이 항공기의 ETA에 이용할 수 없는 현재 사용 중인 위성 중에 하나라면, 조종사는 RAIM의 예측으로부터 그 위성을 제거하도록 수신기에 Programming 하여야 한다.

4) 실제적으로 가장 쉽고 믿을 만한 방법은 FSS 기상 보도관으로부터 GPS RAIM 이용 정보를 특별히 요청하여 항공기의 ETA접근을 위한 RAIM을 가지는 것이다. 만약 출판된 GPS 출항 절차를 따라 비행한다면 역시 출발 공항에 대한 RAIM 예측을 요청하여야 한다.

나. External Annunciation And Course Deviation Indication

1) IFR허가를 받은 GPS의 설치는 필수적으로 Annunciator와 CDI display가 조종사의 시야에 들어와야 한다. 일반적으로 이것은 시스템이 수신기기 장착된 conventional VOR 또는 HSI 상에 코스 변화를 표시할 수 있어야 한다.
2) 대부분의 장비들은 VOR과 GPS 수신기 사이에 주요 항법 장비를 전환할 수 있는 능력을 가지고 있다. Annunciator는 GPS가 선택되었을 때 지시가 전환 가능하도록 장착 될 것을 요구한다. 이는 접근을 시작하기 전 VOR 지시계 또는 HSI가 적절한 항법 시스템으로 전환되는 것을 확인하기 위해 필수적이다.
3) 외부 Annunciator Light 역시 GPS 수신기 메시지, Waypoint의 통과, 이용 가능한 접근, 그리고 Waypoint Hold를 알려주기 위해 사용된다.

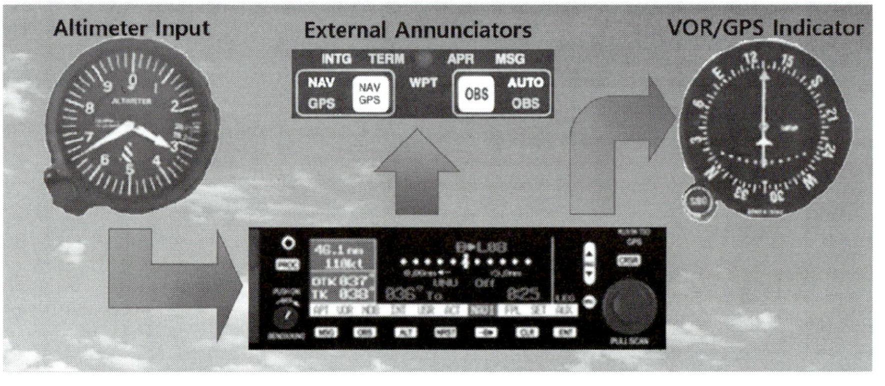

그림 5-21 GPS와 고도계의 연결

5.3.7 The Navigation Database

가. IFR 비행을 위해 인증받은 GPS 수신기는 Update 할 수 있는 Navigation Database를 가지고 있어야 한다. 비록 수신기는 사용자 정의의 Waypoint 추가가 가능하지만, 이 Database를 임의로 편집하는 것은 허락되지 않는다. GPS 항법사용을 위한

Waypoint, Fix, 그리고 Station Identifier는 항상 정보를 포함하는 Magnetic Card에 의해서 수신기 속에 실리게 된다. Database는 규칙적인 주기로 Update 되고, GPS 수신기는 IFR 항법을 위해 사용되기 전 현재의 Data를 가지도록 요구된다.

나. 만약 IAF 또는 다른 Fix가 발음 가능한 5개의 문자 이름을 가진다면, 그 이름은 차트와 Database 상에서 사용된다. DME Fix는 전형적으로 D와 Radial 그리고 Station으로부터 DME에 상응하는 알파벳 문자를 포함하는 5개의 식별 문자로 주어진다. 예를 들어 IAF Waypoint D271H에서 H는 알파벳의 8을 나타내기 때문에 8DME의 271°R상의 DME Fix를 나타낸다. Station으로부터 상당히 떨어진 거리에 있는 DME Fix는 AX141처럼 Radial에 따라오는 VOR 식별부호로부터의 두 문자와 함께 코드화될 것이다.

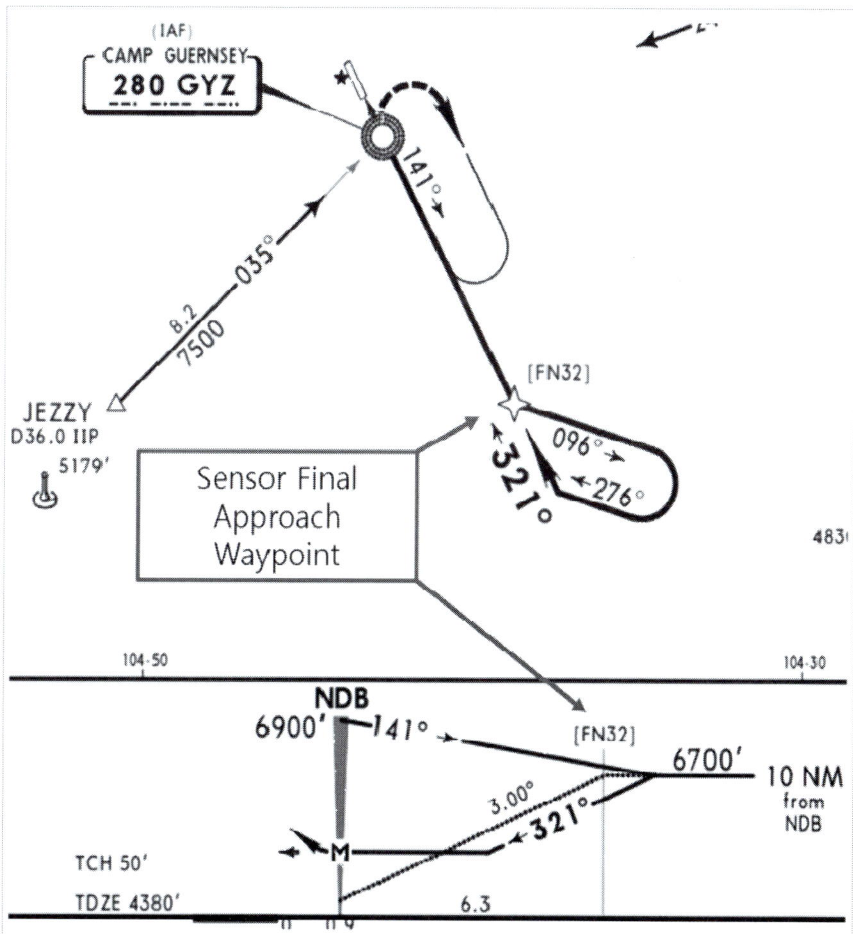

그림 5-22 Final Approach Fix를 가지지 않는 접근절차

다. Waypoint가 항행시설인 경우 Navaid 식별부호를 사용하여 코드화된다. MAP가 DME 거리 또는 타이밍에 기초하여 정해질 때, Missed Approach Waypoint(MAWP)는 Database에 추가되어 코드화된다. 그 식별부호는 항상 RW 뒤에 따르는 Runway 숫자로 구성되거나, 만약 MAP가 Runway Threshold가 아닌 경우 MA 뒤에 따르는 Final Approach Course로 나타난다.

라. Jeppesen GPS Approach 차트 상에 나타나는 다른 형태의 코드화된 Waypoint는 Sensor Final Approach Waypoint이다. GPS Unit은 접근도중 적절한 위치에서 CDI의 정확도를 가지기 위하여 Database 상에 Waypoint를 필요로 한다. Sensor Waypoint는 Final Approach Fix를 가지지 않는 Approach에 포함되며 Final Approach Waypoint(FAWP)로써 사용할 수 없다.

마. Sensor Waypoint는 Final Approach Fix를 가지지 않는 Approach에 포함되며 Final Approach Waypoint(FAWP)로써 사용할 수 없다. 예를 들어 VOR이 설치되어 있는 공항의 MAP에서 VOR 접근이 이루어질 때이다.

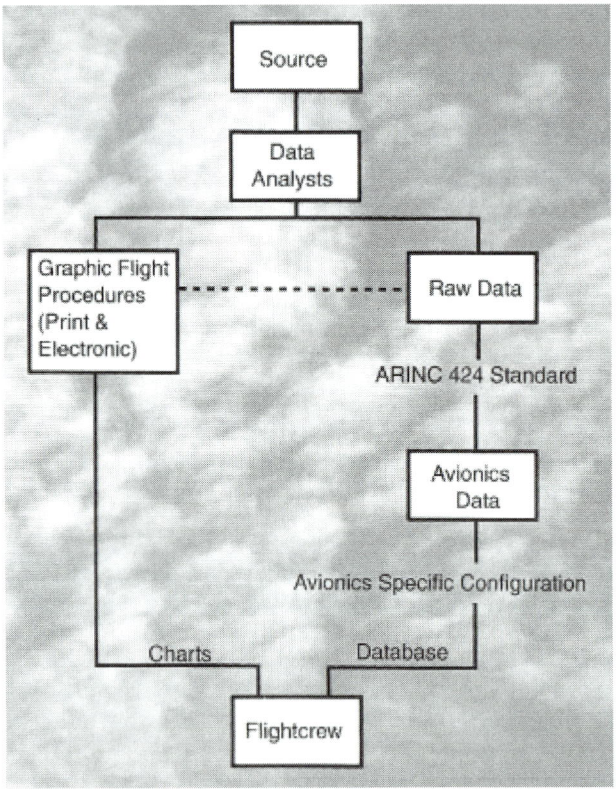

그림 5-23 항공 정보의 일반적인 흐름

바. 현재의 Aeronautical Charts는 수많은 이유로 인해 Database 항법을 사용할 때에만 필요하다. 계기비행 절차의 모든 것이 항법 Database에 (Industry Standard ARINC 424 data로 전환 작업 중인) 코드화되어 있지는 않다. 이는 FAF와 MAP사이의 Step Down Fix가 항법 Database 내에 포함되지 않았음을 의미한다. 조종사는 아마도 Database 내에 있는 모든 절차대로 비행할 수는 없을 것이다. 또한 Database 내에 포함되어 있지 않은 몇몇 고도나, Controlled Airspace 내의 Category를 확인하여야 한다.

1) 항상 차트에 명시된 절차대로 IFR 비행을 하라. 차트에 기준이 없는 Point-To-Point 데이터베이스를 따르지 말라.
2) 항공기 내의 데이터베이스가 모든 접근 절차를 포함하는 것은 아니다.
3) 항공기 내의 데이터베이스가 모든 Leg 또는 비행 중인 절차의 구역을 포함하는 것은 아니다.
4) 조종사가 필요로 하는 모든 정보가 데이터베이스 속에 있지 않다.
5) 항상 의도된 지역에서 데이터베이스로부터의 Waypoint 또는 Navaid를 찾아 확인하라.
6) GPS, FMS 그리고 전자 지도는 현재 항법 차트를 대신하는 것이 아닌 데이터베이스와 연관되어 나타낸다.
7) 항법 데이터베이스 공급자들은 정부가 발행하는 NOTAM과 유사한 방법으로 구독자들을 위한 정보를 출판한다. 이 정보는 일반적으로 Revision의 형식과 함께 데이터베이스 속에 포함된 오류를 알려준다. 데이터베이스 구독자로써 조종사는 비행 중에 사용하는 현재의 정보를 확인해야 하며 공급자로부터의 Track 정보와 같은 방법을 발전시켜야 한다.

5.3.8 GPS Navigation Considerations

비록 GPS의 사용이 IFR 비행을 위한 대체 수단으로 쉽고 효율적이긴 하지만, 그 전에 친숙해져야 할 GPS 항법만의 독특한 특성들이 매우 많다. 대부분의 경우 GPS Operating Manual에 나와 있는 절차들에 대한 완전한 이해가 조종사에게 IFR 비행 전반에 걸쳐 상황인지 능력을 유지할 수 있도록 하여야 한다.

가. GPS Single Reliability

1) 여러 가지 이유로 인해 GPS Signal을 이용하지 못하거나, 적정 수준의 신호를 받지 못할 경우가 있을 것이다. 이런 경우에 FAA는 Unreliable과 같이 특정 지역을 GPS에 표기한다. 이 정보는 비행 전에 확인해야 할 정부 발행의 NOTAM에 포함된다.

2) 하지만 비행 중 만약 GPS Signal을 받지 못할 경우에 지역 ATIS에 의해 경고 신호가 제공된다. 15분이 지나도록 GPS 신호 문제가 ATIS나 PIREP을 통해 포함되지 않을

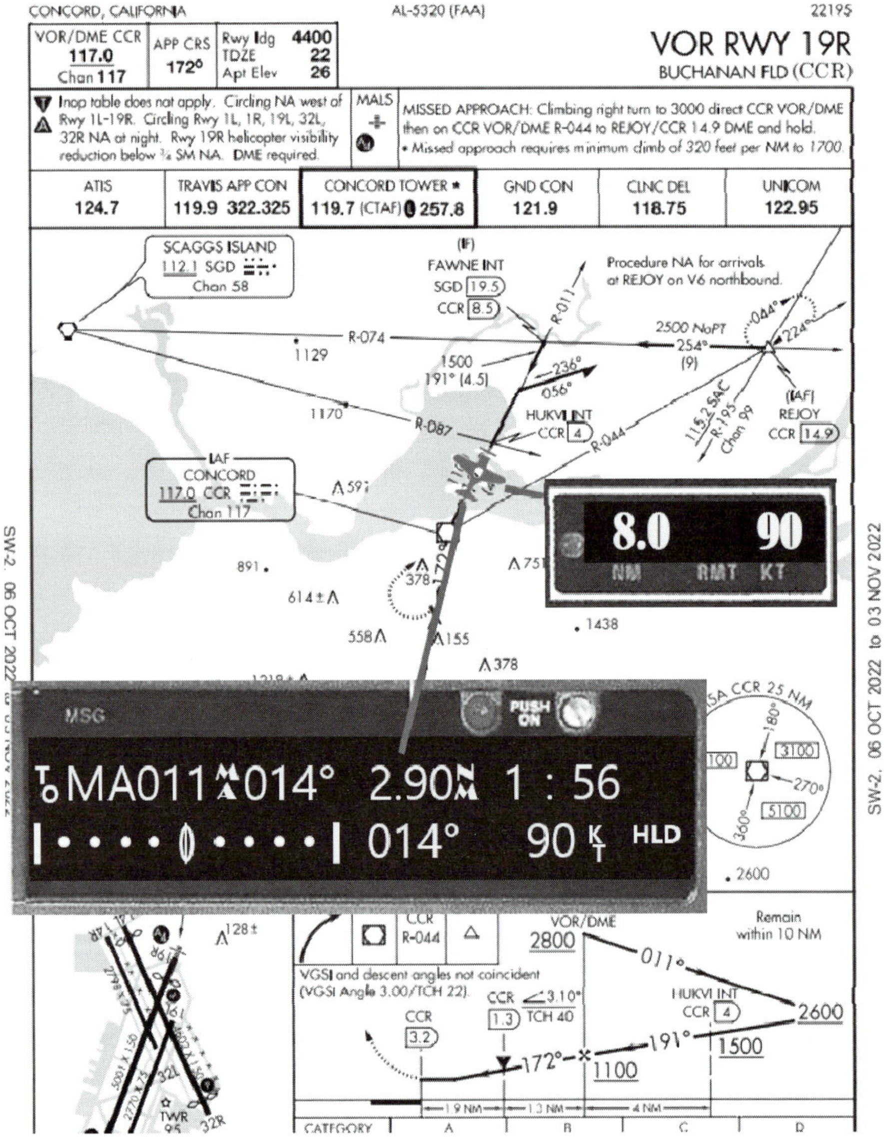

그림 5-24 접근 상에서의 DME 표시

때에는 ATC가 GPS 접근을 요구한 조종사에게 직접 경고 정보를 제공할 것이다.

나. Distance Information

1) 특정 Fix를 식별하기 위해 사용하던 Conventional 항법 장비와는 달리 GPS를 사용하여 접근을 할 때에는 거리정보를 자주 분석해야 한다.
2) GPS는 일반적으로 다음 Waypoint까지의 거리를 표시해주기 때문에 DME 거리와는 다를 수 있다.
3) 이때 차트 절차상에 나와 있는 거리와 GPS에 나타나는 거리가 다름을 알게 될 것이다. 계기접근 절차에 나와 있는 DME가 각 Station 사이의 Slant 거리에 기준으로 하는 반면 GPS 거리는 직선거리 또는 Along Track Distance(ATD)를 사용하기 때문이다. ATD와 DME의 차이는 항행 시설로 근접할 때뿐만 아니라 고도에 따라서도 다양하다.

다. Heading Information

1) GPS Overlay 절차나 항로를 따라 비행할 때, IFR Chart에 표기된 Heading 정보와 GPS에 나타나는 정보에 약간의 차이가 있음을 알 수 있다.
2) VOR Radial에 의해 정해진 Magnetic Track은 VOR에서의 Magnetic 차이에 의해 결정되지만, GPS 컴퓨터는 보통 현재 위치에서의 Magnetic 차이를 적용하기 위해 수학적 알고리즘을 사용한다. 비록 이 과정이 차트의 정보와 현재 GPS에 나타나는 Data 사이에 약간의 차이를 만들어내지만, 양쪽 모두 같은 지상 경로를 나타낸다.

라. Waypoint Sequencing

1) GPS의 일반적 사용은 To-To 항법을 참고로 한다. 항법의 지시는 비행 계획 내에서 다음 Point로의 안내를 받는 Localizer의 비행과 유사하다. Procedure Turn과 같이 Waypoint로부터 특정 코스를 따라 나가는 것이 필요할 때 여기에는 몇 가지 경우가 있다. 이 상황을 따르기 위하여 GPS 수신기들을 Hold Mode로 만든다.
2) Hold Mode에서 Waypoint를 지날 때 여분의 VOR 지시계는 TO에서 FROM으로 바뀌게 되며, GPS는 다음 Waypoint로 자동 전환되지 않는다. 몇몇 디지털 장비는 Waypoint로의 Bearing을 지속적으로 나타낼 것이다. 이 Bearing은 항공기가 Waypoint를 통과함으로써 180° 바뀌게 된다.
3) GPS 수신기 작동의 에러들은 특히 접근 시에 매우 위험하다. 어떤 경우에 잘못된 Entry는 수신기가 Approach Mode에서 벗어나게 할 수도 있다.

4) 만약 FAWP를 지나 이런 일이 발생한다면 조종사는 Missed Approach를 수행하여야 할 것이다. 가장 중요한 부분은 Final Approach Fix와 Missed Approach Point 사이에서 GPS 장비를 만지지 않아야 한다.

마. Bank Angle/Turn Rate

1) 항로의 부드러운 수정을 위해 가능할 때는 언제나 적절한 선회 방법을 사용하는 것이 중요하다. Bank Angle/ Turn Rate는 GPS 수신기가 선회의 예상을 어떻게 계산하는가에 따라 달리 사용되어야 한다.
2) 또한 접근 시 큰 Overshooting과 Undershooting을 피하기 위하여 GPS 운영 책자에 권장된 선회 방법을 따라야 한다.

바. RAIM Failure

1) GPS수신기가 통합적인 문제를 발견했다면 다음의 두 가지 메시지 중 하나를 받게 될 것이다. 첫 번째 RAIM(Receiver Autonomous Integrity Monitoring) 통합 감시를 위한 적절한 수의 위성을 확보하지 못했다는 지시이다. 두 번째는 RAIM 통합 감시가 현재 비행 단계에 대한 허용 오차를 초과하는 잠재적인 오류를 발견했다는 지시이다. 만약 GPS 접근을 설정할 때 RAIM의 이용이 불가능하다면, 조종사는 다른 형태의 항법 장비와 접근 시스템을 사용하여야 한다.
2) 만약 FAWP 이전에 RAIM의 고장을 알게 되었다면, MDA까지 하강하여서는 안 되고 FAWP를 거쳐 MAWP까지 진행한 후 Missed Approach를 수행하며 가능한 빨리 ATC 기관에 통보하여야 한다.
3) RAIM의 고장이 FAWP 이후에 일어났다면 GPS 수신기는 조종사가 완전한 접근을 수행할 수 있도록 최대 5분까지 경고 없이 계속 작동할 것이다. 하지만 RAIM 고장 메시지가 나타나면 즉시 Missed Approach를 수행해야 한다.

사. Missed Approach Routing

1) Missed Approach 이후 코스를 따라 Missed Approach Holding Way Point로 갈 때에 직선 보다는 정해진 코스를 따라가야 함을 숙지해야 한다.
2) 왜냐하면 만약 Missed Approach Procedure가 직선코스가 아니라면 MAP으로부터 Missed Approach Holding Waypoint(MAHWP)까지의 구간에 대해 충분한 장애물 회피가 주어지지 않을 수도 있기 때문이다.

5.3.9 GPS Overlay Approach

장애물과 공역에 관련된 사항들이 어떤 경우에는 GPS 접근을 저해하는 경우가 있는 반면 Basic-T 접근 형상 또는 그것의 변경은 일반적으로 RNAV(GPS) 접근을 위해 사용된다. TAA의 Basic-T design을 사용한 RNAV 접근의 좋은 예는 Will Rogers World Airport, Oklahoma city, Oklahoma의 RNAV(GPS) RWY 17L에 접근하는 것이다. 뒤에 나올 내용은 Kingfisher VOR 위의 5,000ft MSL 상공으로부터 Will Rogers로 접근하는 상황이다. 다시 한번 가상적인 목적을 위하여 이 예시의 끝을 Missed Approach로 한다. 이 접근은 GPS 시스템의 사용을 허가받은 접근과 함께하는 비행을 기초로 한다.

가. Preparing for the Approach

1) 목적지에 접근함으로써 조종사는 ATIS에 Tune하고 최근에 보고된 기상이 600ft Broken, 1,000ft Overcast, 그리고 RS에 2NM의 시정이 확보된다는 정보를 얻었다. Wind 170°/6Kts로 보고되었다. RWY 17에의 접근이 진행 중이기 때문에 조종사는 ATC로부터 RNAV(GPS) RWY 17L 접근을 요청하여야 하는 계획을 세운다. 이때 항공기는 WAAS를 증명받은 항법 장비를 탑재하고 있지 않기에 RWY 17R를 요청하지 않도록 하여야 한다.
2) 접근 차트를 점검하고 난 후 사용할 것으로 기대되는 IAF, HIGVO로부터 접근 상의 안내를 제공하기 위해 GPS 수신기를 프로그램해야 한다. Kingfisher VOR로부터의 Routing에 추가하여 GPS 장비는 MAHWP인 OCORE를 포함한 접근 상에서 필요한 Waypoint를 표시한다.

나. Your Clearance

1) VORTAC 상공에 도착함으로써 OKE CITY Approach로부터 허가를 받는다.
2) "HL1234, Descend and maintain 4,000ft and proceed direct HIGVO. Cleared RNAV RWY 17L approach to Will Rogers World Airport. Contact Rogers Tower on 119.35 at SIWHU." 접근에 대한 허가와 함께 GPS 수신기의 접근 모드가 작동되었는지 확인한다.

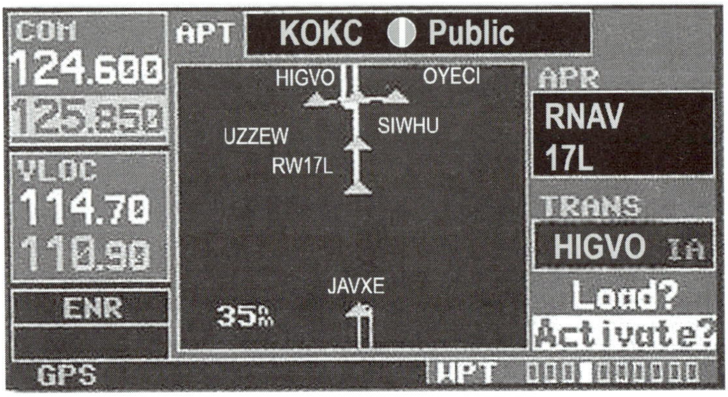

그림 5-25 GPS의 표시

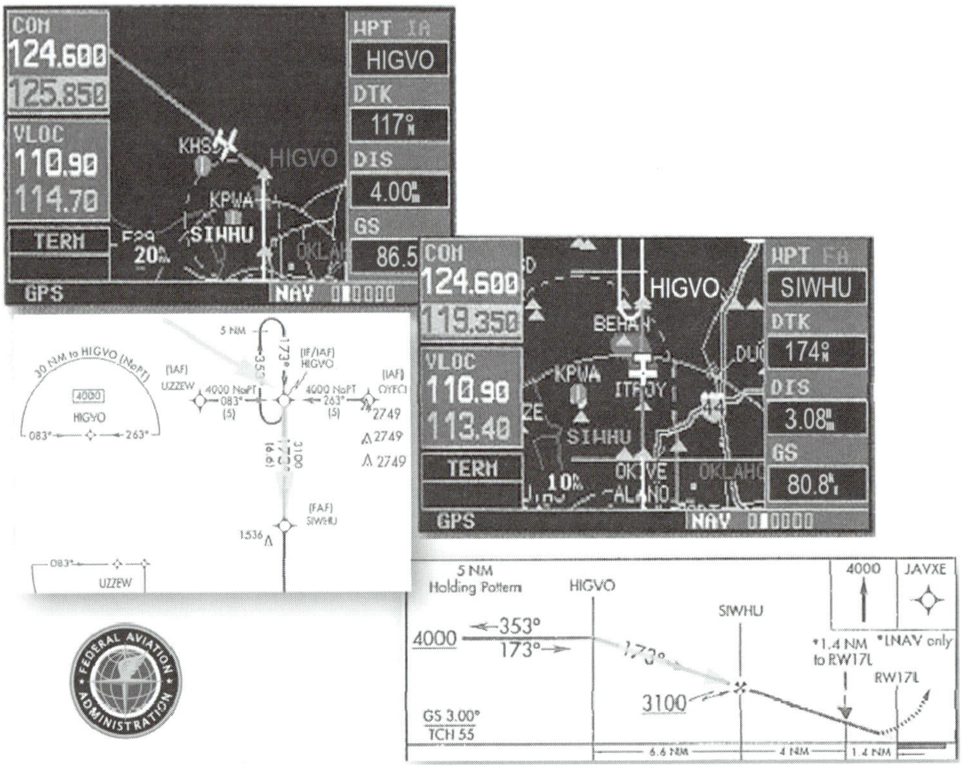

그림 5-26 GPS의 표시와 Approach Chart

다. Descent prior to the IAF

Kingfisher VOR에서 HIGVO로 비행하는 동안 4,000ft MSL까지 하강한다. Level Off 함으로써 Landing Gear와 Flaps를 제외한 Before Landing Check List를 완료한다.

라. Inbound to the FAF

HIGVO로의 항로에서 이 접근 구간의 최저 고도인 4,000ft MSL을 유지한다. HIGVO에 도달하기 직전에 조종사는 선회를 즉시 시작한다. FAWP인 SIWHU로 비행함으로써 3,100ft MSL로 하강하기 시작한다. Level Off 한 뒤, 남아있는 Before Landing Check List를 수행한다. VNAV의 하강각인 3.0°는 프로파일의 괄호 안에 나타난다.

마. Final Approach Course

1) SIWHU를 통과하여, VNAV 하강각를 유지하면서 LNAV MDA(H)까지 하강을 시작하고, Rogers Tower에 contact한다.
2) "Rogers Tower, HL1234, SIWHU inbound on the RNAV RWY 17L approach." 예상하였듯이 Tower는 조종사에게 RWY 17L로의 착륙을 허가하고, 1,840ft(554ft)의 MDA(H)까지 직선 경로로 하강하여야 함을 확인할 것이다. 활주로 환경을 시각으로 확인하면서 계속 Inbound 하며 주기적으로 확인한다.

바. Missed Approach

1) RWY17L의 MAWP 활주로 환경을 육안으로 확인할 수 없을 때, 4,000ft MSL로 상승함으로써 Missed Approach를 수행해야 한다.

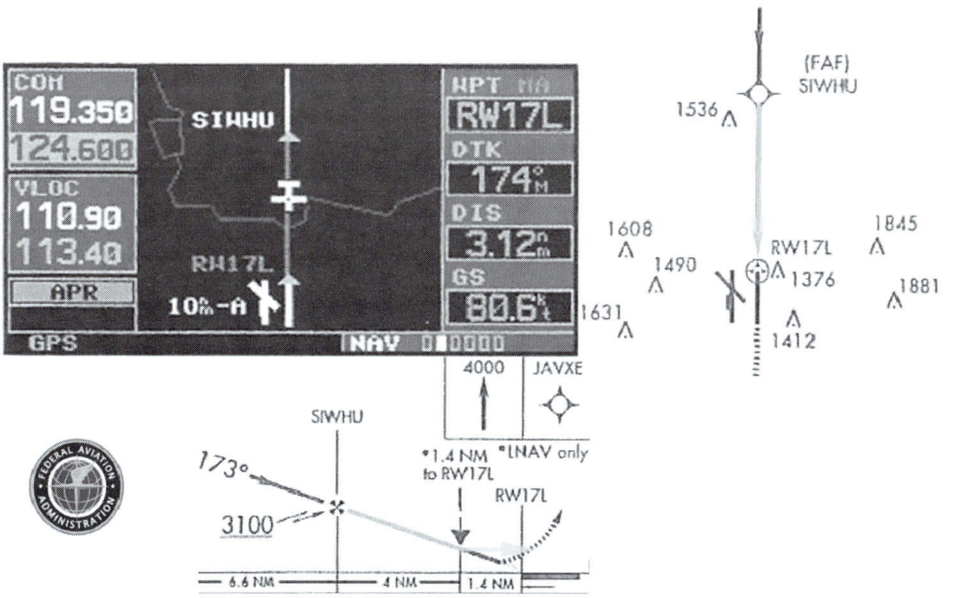

그림 5-27 GPS의 표시와 Missed Approach Point

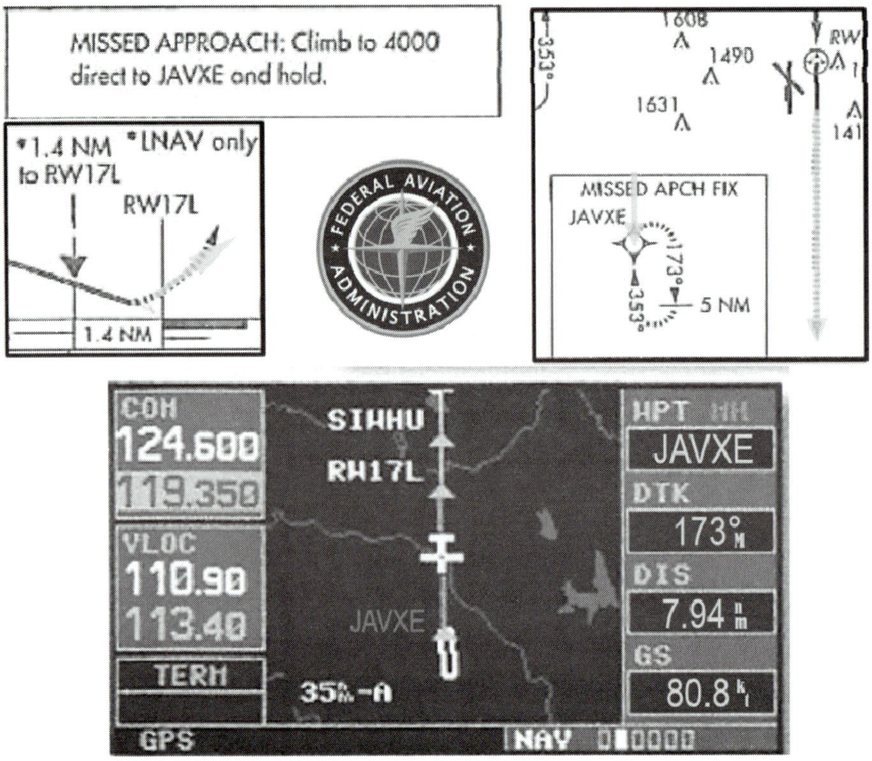

그림 5-28 GPS의 표시와 Missed Approach Point

2) GPS 수신기는 SIWHU이후에 자동적으로 Suspend Mode로 전환된다. 조종사는 수동으로 JAVXE MAHWP로 전환해야 한다. 이를 수행하자마자 GPS는 MAHWP의 안내를 제공한다.
3) 발행된 Holding Pattern으로 Teardrop 또는 Parallel Entry를 하고 MAHWP로 Inbound 하기 위한 항법 안내를 받기 위해 Inbound Holding Course 353° Setting을 한다.

사. Radar Vectors to GPS Approach

1) Final로의 Radar Vector를 받을 때 일반적으로 받은 벡터에 대해 수동으로 전환이 이루어져야 한다. TSO C-129에 따라 FAWP에서 MAWP로의 경로를 제외하고, Intercept를 위한 어떤 접근 경로라도 선택하여 사용할 수 있다. GPS 수신기 역시 MAWP로 직진하여 진행하는 요청을 받았을 때 거부하도록 프로그램 되어있다.
2) 만약 Final Approach Course로 벡터를 받았다면 몇몇 GPS 제작자들은 FAWP 상에서

수신기를 비전환 모드로 바꾸고 Course Intercept를 위해 수동으로 조작하기를 추천한다. 이 기술은 확장된 Final Approach Course를 제공하기 때문에 조종사는 ATC의 다른 허가가 없는 한 하강을 시작하기 전 항공기가 발행된 접근 경로 상에 위치해 있는가를 반드시 확인하여야 한다.

3) 혼란을 피하기 위해, FAWP로부터 2NM 내에서 Final Approach Course를 Intercept 하는 Radar Vector의 요청을 수용하지 않을 수도 있다. 만약 CDI가 0.3° 증가된 상태에서 Final Approach Course를 Intercept 하려 한다면 비록 Final Approach Course로 가까이 다가갈지라도 CDI는 중앙에서 더 멀어질 수 있다.

5.3.10 VOR/DME RNAV

VOR/DME에 기초한 RNAV는 수년을 거쳐 IFR 접근을 위한 능력을 인정받은 시스템이다. 비록 GPS가 새로운 장비로써 RNAV를 대체하겠지만, VOR/DME RNAV도 장착된 항공기로 비행하는 것이 좋을 것이다.

가. Operation Principle

1) VOR/DME RNAV 시스템의 핵심은 VORTAC 근처에서의 위치를 결정할 수 있도록 계산하는 것이다. 컴퓨터는 시설로 바로 향하는 To 또는 From이 아닌 직선 코스상의 정확한 항법의 필요성으로 인해 지리학적인 계산을 한다.
2) Jet항공기들은 VOR/DME RNAV에 기초하여 Flight Management Systems(FMS)를 사용한다. 이들 시스템은 항법 Database를 포함하며 Point-To-Point 그리고 GPS수신기와 유사한 접근 운영을 위한 Programming을 할 수 있다. 경비행기에서 흔히 볼 수 있는 RNAV 시스템은 VORTAC으로부터의 거리와 방위에 대한 Waypoint를 입력할 수 있는 상대적으로 간단한 Course Line Computer(CLC)로 구성되어 있다. 이들 Waypoint는 실제적인 VOR을 사용하는 것처럼 항법할 수 있는 Phantom VOR이라고 불리어진다.
3) RNAV CDI와 conventional VOR항법 지시계와의 다른 점은 RNAV CDI는 코스로부터 평균차이 보다는 NM로 표시되는 절대 차이를 지시한다는 것이다.
4) VOR/DME RNAV의 정확도는 GPS의 성능만큼은 좋지 않다. 계기의 수평면에 위치한 각 Dot는 0.5°, 1°, 2° 또는 10NM과 같은 값을 가진다.

나. VOR/DME RNAV Approach

1) 많은 VOR/DME RNAV 접근들은 GPS Data와 함께 붙어 있다. 다른 경우로 GPS Stand Alone Approach는 VOR/DME RNAV에 추가하여 발간된다. GPS가 RNAV 시스템의 다른 형태이기 때문에 절차들 사이에는 상당한 유사점이 있다.
2) 이전 차트는 RNAV Approach로써 VOR/DME RNAV 절차를 사용했다. 이 RNAV 시스템과 GPS/기타 다른 절차들과의 차별을 두기 위해서 Updated Charts는 "VOR/DME RNAV"라는 용어를 사용하고 있다.
3) CLC(Course Line Computer)에 프로그램 되고 접근을 위한 허가를 받자마자, 조종사는 WINCE를 향해 Reverse Course로 진행하여 하강을 시작하고, 만약 필요하다면 107° Final Approach Course로 진입하여 Intercept할 것이다. WINCE로 Inbound하여 통과할 때 2,000ft MSL까지 하강할 수 있다. MAP에 도달하기 5NM 전에 MDA 1140ft MSL까지 강하할 수 있고 MAP을 향하여 107° 코스로 지속적인 Tracking을 할 수 있다.
4) MAP에 도달하였을 때, VOR의 To/From 지시계는 바뀐다. 만약 이 지점에서 활주로를 육안으로 식별할 수 없다면 Colliers VORTAC으로의 Missed Approach 절차를 수행하여야 한다.
5) 어떤 RNAV시스템은 일반적인 방위/거리 안내에 더하여 수직 정보까지 동반한다. 수직 안내 장비와 함께 조종사는 지정된 지역뿐만 아니라 원하는 고도까지 선택할 수 있다. 그 장비는 공역 내에서의 그 지점까지 비행 시 수평 수직 안내를 제공한다.
6) VOR/DME RNAV 접근 차트는 장비의 수직 항법 능력에 따라 Final Approach 각도를 제공한다. 수직 항법 능력은 Standard VOR/DME RNAV Approach에 대해서는 필요로 하지 않는다.

부록

기출문제 / 정답

제1장 출항(Departure)

01 Which of the following statements about Instrument Departure is correct?

가. As long as pilots do not request, Departure Procedures do not come into effect.

나. If Air Traffic Control Order Pilots to do Departure Procedures, Pilot in Command must follow the procedures.

다. Pilots must use Departure Procedures.

라. If pilots decide to use Departure Procedures, they must have at least textural description.

※ 〈그림 1〉을 참조하여 아래 항공무선통신을 통해 이어지는 물음에 답하시오. [02~03]

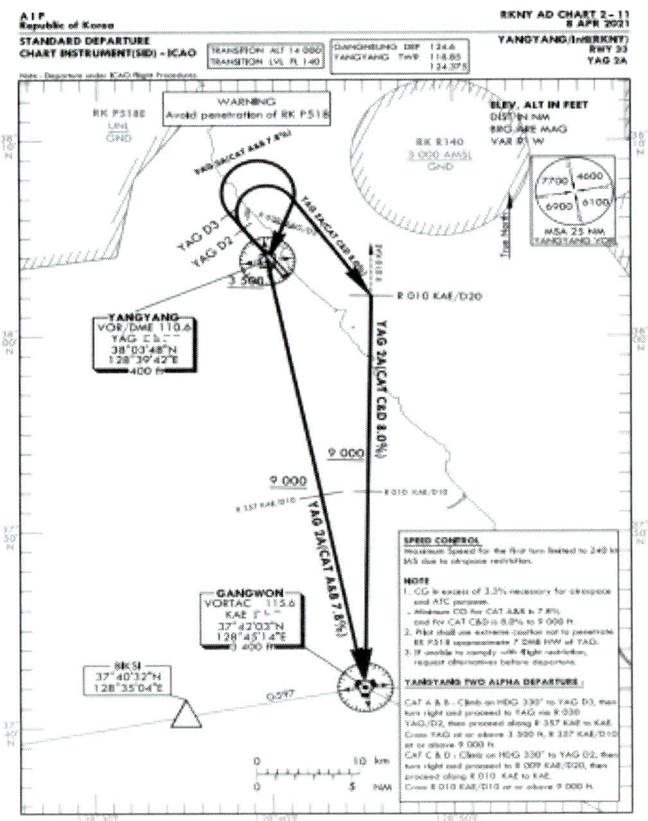

〈그림 1〉 양양국제공항 SID Chart

Gnagneung Departure :	HL123 Clear YAG 2A Departure, Climb to 5,000, Cancel level restriction after YAG.

02 Explain the altitude that HL123 can pass YAG during YAG 2A Departure.

가. At or above 3,500ft below 6,100ft

나. At or below 4,600ft

다. At or below 5,000ft

라. At or above 3,500ft below 5,000ft

03 Explain the altitude that HL123 can pass D10.0 KAE during YAG 2A Departure.

가. At or above 3,500ft below 6,100ft

나. At or below 4,600ft

다. At or below 5,000ft

라. At or above 3,500ft below 5,000ft

04 Instrument Departure Procedure 또는 Standard Instrument Departure 설명으로 <u>틀린</u> 것은?

가. Departure Proceure는 공항에서부터 En-route까지 항공기를 안전하고 신속하게 비행할 수 있도록 하기 위해 만들어진 절차이다.

나. Departure Proceure의 주된 목적은 IMC 상황에 있는 출발 항공기에 충분한 Obstacle clearance를 제공함에 있다.

다. Departure Proceuresms 바쁜 공항에서 조종사와 ATC 간의 통신을 줄이고, 출발 지연을 줄임으로써 신속하고 효율적인 항공기 출발을 가능하게 한다.

라. Departure Proceure의 최소 Climb Gradient는 500FPN이고, 더 큰 상승률을 요할 시에는 해당 Departure Proceure 차트에 박스로 Ground Speed별 요구되는 상승률이 표시된다.

05 Ground speed 가 300KTS이고 Obstacle Clearance Climb Gradient가 350FPN일 경우 최소 분당 상승률은?

가. 1,650 FPM　　나. 1,700 FPM

다. 1,750 FPM　　라. 1,800 FPM

06 다음 Jeppesen Chart에서의 표시가 가지는 의미는 무엇인가?

가. 공항 반경 10NM 내의 최고 장애물 높이
나. 차트상의 최고 장애물 높이
다. 출발 경로상 최고 장애물 높이
라. 공항참조지점(Airport Reference Point)의 높이

07 Wet 시 이륙경로에서 장애물 상공을 최소 얼마로 통과해야 하는가?

가. 15ft
나. 50ft
다. 35ft
라. 30ft

08 IFR 출발절차에서 이륙 후 선회 최저고도는 무엇인가?

가. AGL 159ft
나. AGL 300ft
다. AGL 400ft
라. AGL 500ft

09 다음이 설명하는 것이 무엇인지 보기에서 고르시오.

> An instrument approach based on a navigation system that is not required to meet the precision approach standards but provides course and glide-path deviation information.

가. Nonprecision Approach
나. Precision Approach
다. Approach with Vertical Guidance
라. ILS Approach

10 Departure Chart의 목적에 대해서 <u>잘못</u> 설명한 것은 무엇인가?

가. 복잡한 Clerance delivery procedure의 간소화를 위해

나. 공항 주변의 교통 흐름의 통제를 위해

다. 직진 출발절차를 만들기 위해

라. 조종사와 관제사의 업무량 감소를 위해

제2장 순항(EN-ROUTE)

11 다음 중 MEA(Minimum Enroute Altitude)에 대해서 가장 잘 설명하고 있는 것은?

가. 장애물 통과 필수조건(clearance requirements)을 충족하고, 수신 가능한 항법 신호 범위를 확보해 줄 수 있는 가장 낮게 공시된 고도

나. 장애물 통과 필수조건을 충족하고, 수신 가능한 항법 신호 범위와 쌍방향무선통신을 확보해 주는 가장 낮게 공시된 고도

다. 장애물 통과 필수조건을 충족하고, 수신가능한 항법 신호 범위, 쌍방향 무선통신, 적절한 레이더 범위, 그리고 정확한 DME 거리를 확보해 주는 가장 낮게 공시된 고도

라. 장애물 통과 필수조건을 충족하고, 쌍방향 무선통신을 확보해 주는 가장 낮게 공시된 고도

12 비항로(off-airway)에서 무선시설로부터 신호는 설정된 MEA에 있는 픽스에서 수신이 부적절하다. 이 같은 상황에서 이 픽스를 식별하기 위해 설정되는 고도는 무엇인가?

가. MRA(Minimum Reception Altitude)

나. MCA(Minimum Crossing Altitude)

다. MOCA(Minimum Obstruction Clearance Altitude)

라. MSA(Minimum Safe Altitude)

13 Intersection이나 다른 Fix를 형성하는 항법시설의 충분한 수신을 보장하는 가장 낮은 고도는 무엇인가?

가. MRA　　나. MCA

다. MOCA　　라. MSA

14 항로 선상에서 MOCA(Minimum Obstruction Clearance Altitude)가 지정되었을 때 어느 시설로부터 얼마의 거리까지 항법신호의 수신을 보장해 주는가?

가. VOR의 22NM　　나. VOR의 25NM

다. VOR의 30NM　　라. VOR의 35NM

15 MOCA(Minimum Obstruction Clearance Altitude)에서 항법신호의 수신은 VOR로부터 (   )의 거리까지 보장한다. (   ) 안에 들어갈 알맞은 것은 무엇인가?

가. 22NM　　나. 25NM　　다. 30NM　　라. 35NM

16 고도 1,500피트 상공의 MTR(Military Training Route)가 표기된 항법차트는 어느 것인가?

가. IFR 훈련차트　　나. IFR 저고도 항로도
다. IFR 고고도 항로도　　라. VFR 항공도 및 IFR 항로도

17 MEA(Minimum Enroute Altitude)를 보장해 줄 수 있는 것으로 수신 가능한 항법 신호 범위 외에 또 다른 사항은 무엇이 있는가?

가. DME 통달 범위　　나. 레이더 통달 범위
다. 쌍방향 무선통신 범위　　라. 장애물 통과 필수조건 충족

18 산악지형이 아닌 곳에서 다음 고도한계(MAA, MCA, MRA, MOCA, MEA) 모두를 보장하는 것은 무엇인가?

가. 정확한 항법신호　　나. 무선 통신 범위
다. 1,000ft 장애물 통과　　라. 2,000ft 장애물 통과

19 MCA(Minimum Crossing Altitude)가 공시되지 않았다면 더 높은 최저치가 적용된 그 이상의 무선 픽스(radio Fix)를 통과하기 위한 가장 낮은 고도는 무엇인가?

가. 접근하고 있는 픽스의 MEA(Minimum Enroute Altitude)
나. 접근하고 있는 픽스의 MRA(Minimum Reception Altitude)
다. 픽스를 넘어서 항로구간을 위한 MOCA(Minimum Obstruction Clearance Altitude)
라. 접근하고 있는 픽스로부터 1,000ft 고도

20 IFR 비행으로 최저고도가 지정되어 있지 않은 산악지형을 비행하고자할 때 항로로부터 얼마의 거리 내에 있는 가장 높은 장애물 위의 2,000피트 이상의 고도에서 비행할 수 있는가?

가. 비행 중인 항로로부터 3SM　　나. 비행 중인 항로로부터 3NM
다. 비행 중인 항로로부터 4SM　　라. 비행 중인 항로로부터 4NM

21 운상시계비행(VFR ON TOP)에 대한 설명 중 <u>틀린</u> 것은?

가. 다른 항공기와의 충돌을 회피할 책임은 조종사에게 있다.

나. IFR 비행계획을 취소하고 시계비행규칙에 따른다.

다. 조종사가 임의로 고도를 선택할 수 있다.

라. 지정된 VFR 고도를 준수한다.

22 What altitude do pilots choose as soon as VFR-ON-TOP clearance acuired?

가. Any altitude can be selectied at a minimum of 1,000ft above weather conditions.

나. VFR altitude appropriate for the direction of flight at least 1,000ft above weather conditions.

다. IFR Flight Altitude according to Direction Of Flight suitable for VFR Flight.

라. Appropriate VFR altitude above MEA in VFR weather conditions.

23 RVSM(Reduced Vertical Separation Minimum)에 대한 내용 중 <u>틀린</u> 것을 모두 고르면?

가. FL270~FL410에서 수직 간격 2,000ft에서 1,000ft로 축소해서 운영한다.

나. RVSM 운영 필수장비로 독립된 고도계 2대 이상 필요하다.

다. Moderate Icing 발생 시 RVSM 종료된다.

라. 필수장비로 고도경고 시스템 1대가 포함된다.

24 CFIT(Controlled Flight Into Terrain)의 정의로 옳은 것은 무엇인가?

가. 조종사가 사전인지 없이 장애물이나 수면에 충돌하는 것이다.

나. 조종사가 항공기의 기계적인 고장을 인지하지 못하여 장애물이나 수면에 충돌하는 것이다.

다. GPWS(Ground Proximity Warning System) 및 ACAS(Airborne Collision Avoidance System)의 장착으로 인한 항공기 사고

라. 조종사가 항로상 MEA를 인지하지 못하여 일어나는 사고

25 What is the name of the altitude which can provide at least 1,000ft of obstacle clearance within a 25NM radius of the navigation facility on an approach chart?

가. MSA(Minimum Safe Altitude)

나. MAA(Maximum Authorized Altitude)

다. MEA(Minimum Enroute Altitude)

라. MVA(Minimum Vector Altitude)

※ 〈그림 1〉을 참조하여 이어지는 물음에 답하시오. [26~30]

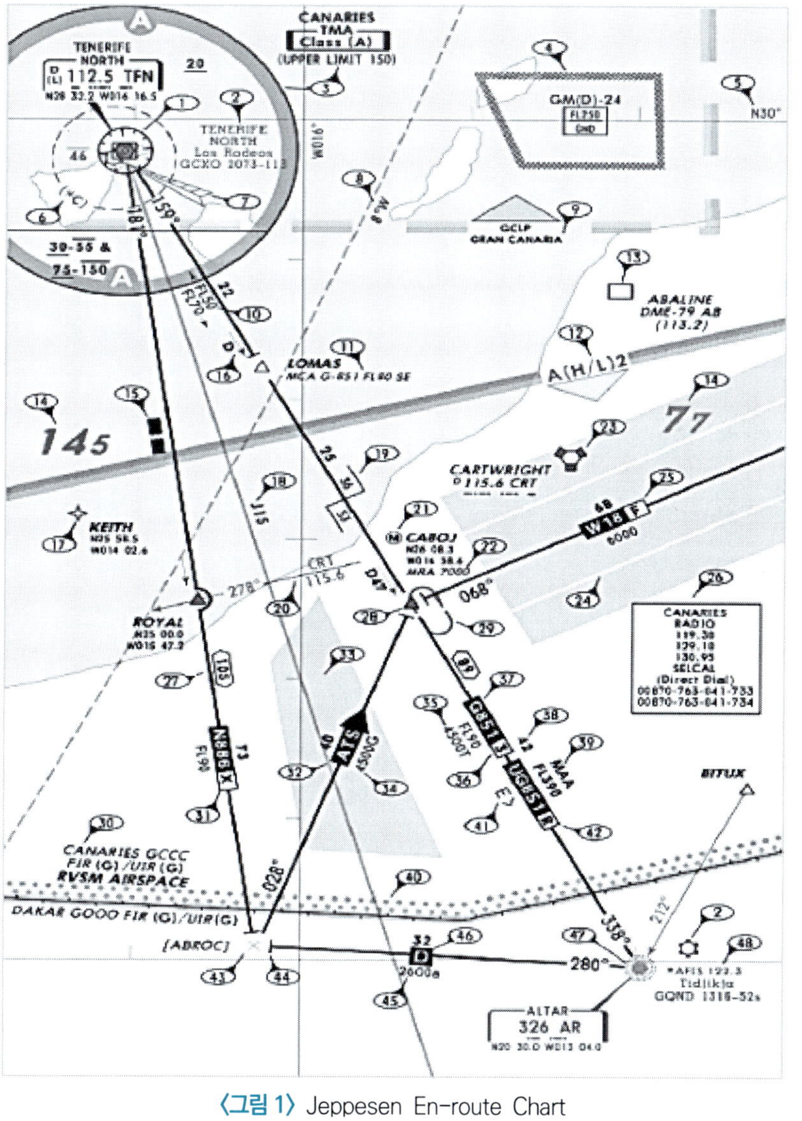

〈그림 1〉 Jeppesen En-route Chart

26 En-route Chart를 보고 (19) 번호의 의미는 무엇인가?

가. Non Standard Flight Level
나. Change Over Point(COP)
다. Mileage Brake
라. Met Report Required
마. GPS MEA
바. Altitude Change

27 En-route Chart를 보고 (21) 번호의 의미는 무엇인가?

가. Non Standard Flight Level
나. Change Over Point(COP)
다. Mileage Brake
라. Met Report Required
마. GPS MEA
바. Altitude Change

28 En-route Chart를 보고 (34) 번호의 의미는 무엇인가?

가. Non Standard Flight Level
나. Change Over Point(COP)
다. Mileage Brake
라. Met Report Required
마. GPS MEA
바. Altitude Change

29 En-route Chart를 보고 (43) 번호의 의미는 무엇인가?

가. Non Standard Flight Level
나. Change Over Point(COP)
다. Mileage Brake
라. Met Report Required
마. GPS MEA
바. Altitude Change

30 En-route Chart를 보고 (44) 번호의 의미는 무엇인가?

가. Non Standard Flight Level
나. Change Over Point(COP)
다. Mileage Brake
라. Met Report Required
마. GPS MEA
바. Altitude Change

31 다음 중 Holding의 필요성에 대한 잘못된 설명은 무엇인가?

가. 교통량이 많을 때 항적 흐름을 조절하고, 항적분리를 위해
나. 계기접근 항공기의 순서를 정하기 위해

다. Clearance Limit에 도달했을 때

라. 고도를 상승하기 위해 관제사가 요청할 때

32 만약 Clearance Limit에 3분 이내에 있고, 차후인가를 받지 못했다면 조종사가 취해야 하는 행동은 무엇인가?

가. 통신두절로 가정하고 비행계획서의 계획에 따라 계속 비행한다.

나. 차후인가(Further Clearance)를 받을 때까지 순항속도에서 체공을 계획한다.

다. Holding을 준비하기 위해 Holding Speed로 감속을 시작한다.

라. VFR 비행이 가능한 기상이면 VFR로 전환하여 가장 가까운 공항에 착륙한다.

33 Flight Director System을 사용 중일 때 Holding Pattern에서 선회 중 준수해야 하는 선회율 또는 경사각으로 알맞은 것은 무엇인가?

가. 초당 3° 또는 25° 경사 중 낮은 값

나. 초당 3° 또는 30° 경사 중 낮은 값

다. 초당 2° 또는 25° 경사 중 낮은 값

라. 초당 2° 또는 30° 경사 중 낮은 값

※ 〈그림 2〉를 참조하여 이어지는 물음에 답하시오. [34~37]

〈그림 2〉 Heading Indicator

34 당신이 ATC로부터 다음과 같은 지시를 받았을 때 Holding Pattern에 진입하기 위한 절차로 알맞은 것은 무엇인가?

> ... Hold east of the SOT VORTAC on the zero niner zero radial, left turns...

가. Parallel Entry
나. Direct Entry
다. Teardrop Entry
라. Teardrop or Direct Entry

35 당신이 ATC로부터 다음과 같은 지시를 받았을 때 Holding Pattern에 진입하기 위한 절차로 알맞은 것은 무엇인가?

> ... Cleared to the SOT VORTAC, Hold south on the one eight zero radial...

가. Parallel Entry
나. Direct Entry
다. Teardrop Entry
라. Teardrop or Parallel Entry

36 당신이 ATC로부터 다음과 같은 지시를 받았을 때 Holding Pattern에 진입하기 위한 절차로 알맞은 것은 무엇인가?

> ... Cleared to the SOT VORTAC, Hold north on the three six zero radial, left turns...

가. Parallel Entry
나. Direct Entry
다. Teardrop Entry
라. Direct or Parallel Entry

37 당신이 ATC로부터 다음과 같은 지시를 받았을 때 Holding Pattern에 진입하기 위한 절차로 알맞은 것은 무엇인가?

> ... Cleared to the SOT VORTAC, Hold west on the two seven zero radial...

가. Parallel Entry
나. Direct Entry
다. Teardrop Entry
라. Teardrop or Parallel Entry

※ 〈그림 3〉을 참조하여 이어지는 물음에 답하시오. [38~40]

〈그림 3〉 Heading Indicator

38 당신이 ATC로부터 다음과 같은 지시를 받았을 때 Holding Pattern에 진입하기 위한 절차로 알맞은 것은 무엇인가?

> ... Cleared to the SOT VORTAC, Hold west on the two seven zero radial...

가. Parallel Entry
나. Direct Entry
다. Teardrop Entry
라. Teardrop or Parallel Entry

39 당신이 ATC로부터 다음과 같은 지시를 받았을 때 Holding Pattern에 진입하기 위한 절차로 알맞은 것은 무엇인가?

> ... Cleared to the SOT VORTAC, Hold north on the three six zero radial, left turnsl...

가. Parallel Entry
나. Direct Entry
다. Teardrop Entry
라. Teardrop or Parallel Entry

40 당신이 ATC로부터 다음과 같은 지시를 받았을 때 Holding Pattern에 진입하기 위한 절차로 알맞은 것은 무엇인가?

> ... Cleared to the SOT VORTAC, Hold south on the one eight zero radial, left turnsl...

가. Parallel Entry

나. Direct Entry

다. Teardrop Entry

라. Teardrop or Parallel Entry

제3~5장 입항(Arrival)/접근(Approach)/계기접근(Instrument Approach)

41 다음 중 STAR(Standard Terminal Arrival Routes)의 주요 목적은 무엇인가?

가. 복잡한 허가 절차를 간소화하기 위해
나. IFR과 VFR 항공교통 사이의 분리를 제공하기 위해
다. 주파수 혼잡을 줄이기 위해
라. 특정 공항에서의 주변 교통 혼잡을 감소시키기 위해

42 다음 중 STAR(Standard Terminal Arrival Routes)에 대하여 설명한 내용 중 틀린 것은 무엇인가?

가. STAR는 어떤 목적지 공항의 도착에 적용하기 위한 ATC의 코드화된 IFR 루트이다.
나. STAR는 항로를 떠나 목적지를 항행하는 보편적인 방법이다.
다. STAR는 En-route structure에서 시작하여 목적지 공항에 착륙까지 연결한다.
라. STAR의 경우 ATC에 의해 지정된, RADAR Vector가 통상적으로 인계받는 Fix나 NAVAID에서 종료된다.

43 ATC(Air Traffic Control)가 STAR를 발령하는 시기는 언제인가?

가. 우선순위가 높은 항공기에 대해서만
나. 조종사의 요청이 있을 때만
다. En-route에서 지정된 위치와 고도를 떠날 때만
라. ATC가 적절하다고 판단했을 때만

44 현재 10,000ft에서 비행 중이다. ATC로부터 다음 지정된 위치까지 4,000ft까지 내려가라는 지시를 받았다. 이때 다음 지정된 위치 몇 NM 전에 하강을 시작하여야 하는가? (무풍, Descent rule of Thumb 사용 가정)

가. 다음 지정된 위치의 15NM 전
나. 다음 지정된 위치의 18NM 전
다. 다음 지정된 위치의 20NM 전
라. 다음 지정된 위치의 22NM 전

45 Radar contact가 되지 않는 상황에서 조종사가 ATC에게 보고해야 할 경우가 아닌 것은 무엇인가?

가. 모든 접근 시 IAF(Instrument Approach Fix)를 떠날 때
나. 비정밀 접근 시는 FAF(Final Approach Fix)를 떠날 때
다. 정밀 접근 시는 Out Marker Inbound를 할 때
라. ETA(Estimated Time of Arrival)가 3분을 초과할 때

46 Runway 09방향의 LDA(Landing Distance Available)는 7,700ft, TORA(Take Off Run Available)는 8,000ft, ASDA(Accelerate-Stop Distance Available)는 8,300ft 이다. Runway 27방향의 ASDA는 얼마인가?

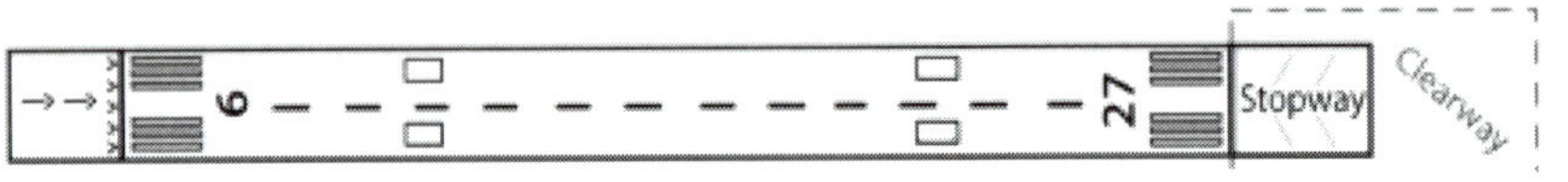

가. 7,700ft
나. 8,000ft
다. 8,300ft
라. 8,600ft

47 항로에서 계기접근 시작지점(IAF)으로 유도해주는 절차를 무엇이라 하는가?

가. STAR
나. SID
다. IAP
라. RNAV

48 Side Step Landing 시 Runway 간 최대 거리는 얼마인가?

가. 1,000ft
나. 1,200ft
다. 2,000ft
라. 2,400ft

49 Contact Approach에 대한 설명 중 옳은 것은?

가. 관제사, 조종사 모두 요청이 가능하다.
나. Ceiling 최소 1,000ft(AGL), 시정 최소 3SM 이상일 때 허가
다. 조종사가 공항 및 선행 항공기 확인 시 Wake turbulence와 간격분리 책임은 조종사에게 있다.
라. IFR 항공기 및 Special VFR 항공기와의 분리가 제공되며 접근 중 구름 및 장애물, 다른 항공기와의 간격분리 책임은 조종사에게 있다.

50 Contact Approach에 대한 설명 중 가장 정확한 설명은 무엇인가?

가. 관제사의 지시를 통해 Contact Approach를 시작한다.

나. 시정은 최소 1SM 이상이어야 한다.

다. 구름을 통과하면서 접근한다.

라. Contact Approach는 시계비행플랜으로 가능하다.

51 VISUAL APPROACH와 CONTACT APPROACH의 다른 점은 무엇인가?

가. 조종사가 CONTACT APPROACH를 요청해야만 한다. VISUAL APPROACH는 조종사가 승낙 가능하며 보다 높은 기상제한치가 요구된다.

나. ATC가 CONTACT APPROACH를 줄 수 있으나 VISUAL APPROACH는 줄 수 없다.

다. 언제나 조종사는 CONTACT APPROACH를 요청할 수 있지만, VISUAL APPROACH는 그렇지 않다.

라. CONTACT APPROACH는 IMC 상황에서도 요청이 가능하지만, VISUAL APPROACH는 그렇지 않다.

52 ATC의 "Pilot's Discretion"에 대하여 잘못 설명한 것은 무엇인가?

가. 조종사가 원할 때 상승 또는 하강을 시작할 수 있는 권한이다.

나. 어떠한 속도에서도 상승 또는 하강을 수행할 수 있는 권한이다.

다. 원하는 대로 중간 고도에서 일시적으로 수평을 유지할 수 있는 권한이다.

라. 항공기가 고도를 벗어나서 다시 해당 고도로 돌아갈 수 있는 권한이다.

53 다음은 ILS(Instrument Landing System)에 대한 설명이다. 맞는 설명은 무엇인가?

가. Localizer Signal의 유효 Coverage는 안테나로부터 18NM이다.

나. 통상 Glide Slop은 Runway로부터 10NM까지 사용이 가능하나, 일부 지역에서는 그 이상으로도 사용이 가능하다.

다. Approach Clearance를 받고, Localizer에 Capture 되기 전 Glide Slop이 먼저 On Glide Path가 될 경우 Localizer가 1 Dot 이내에 있을 때 강하할 수 있다.

라. 위의 설명이 모두 맞다.

54 Arrival 도중 ATC로부터 "Descend Via"라는 Clerance를 받았다. 다음 중 틀린 설명은 무엇인가?

가. Vertical & Lateral Clearance가 발부된 경우이므로 조종사는 차트에 있는 Arrival 절차를 그대로 수행하면 된다.

나. 차트에 있는 고도 제한사항을 준수해야 하며, 그 준수 범주 안에서 Vertical Navigation은 Pilot Discretion이다.

다. Lateral Clearance만 발부된 경우이므로, 현 고도를 유지해야 한다.

라. 조종사는 "Descend Via"를 수행하기 위해 Clearance가 발부된 해당 Arrival Chart를 보유하고 있어야 한다.

55 FL150에서 다음과 같은 지시를 받았다. "HL123, Maintain Speed 270.". 잠시 후 "Descend and Maintain 5,000."라는 지시도 받았다. 조종사는 10,000ft를 기준으로 항공기 속도를 어떻게 해야 하는가?

가. 10,000ft 통과 전에 항공기 속도를 250Knots 이하로 줄인 후 통과한다.

나. 10,000ft까지 270Knots를 유지한 후 5,000ft까지 250Knots로 줄인다.

다. 5,000ft까지 270Knots를 유지한다.

라. 5,000ft까지 250Knots로 속도를 줄인다.

56 당신은 비행 중일 때 아래의 표지를 볼 수 있다. 이 표지의 설명에 대하여 사실이 아닌 것은 무엇인가?

가. 이 표지는 활주로의 잔여 거리를 나타낸 기호이다.

나. 이 표지가 보이면 백색과 붉은색 중심선 불빛도 볼 수 있다.

다. 이 표지는 활주로의 남은 거리가 4,000ft임을 의미한다.

라. 이 표지는 활주로 가장자리에 위치한 것을 볼 수 있다.

57 아래의 Approach 방식 중 정밀 접근인 것은 무엇인가?

가. VOR　　나. LNAV/VNAV

다. LPV　　라. MLS

58 다음 중 계기접근에서 최종 하강 준비를 위한 구간은 무엇인가?

가. Arrival segment

나. Initial Approach segment

다. Intermidiate Approach segment

라. Missed Approach segment

59 다음 중 계기접근 중 DA/MDA에서 최종 착륙을 결심할 수 있는 시각 요소가 아닌 것은 무엇인가?

가. Sequenced Flash Approach Light

나. Red Terminate Bar of Approach Light System

다. Runway Centerline

라. REIL(Runway End Identifier Lights)

60 다음 중 CDFA(Continuous Descent Final Approach)의 장점이 아닌 것은 무엇인가?

가. More accurate than Step Down

나. Reduce noise level

다. Improved fuel efficiency

라. Improved Pilot situational awareness

61 다음 중 CDFA(Continuous Descent Final Approach)의 필수장비는 무엇인가?

가. DME　　나. VOR

다. GPS　　라. No specific equipment

※ 〈그림 1〉을 참조하여 이어지는 물음에 답하시오. [62~64]

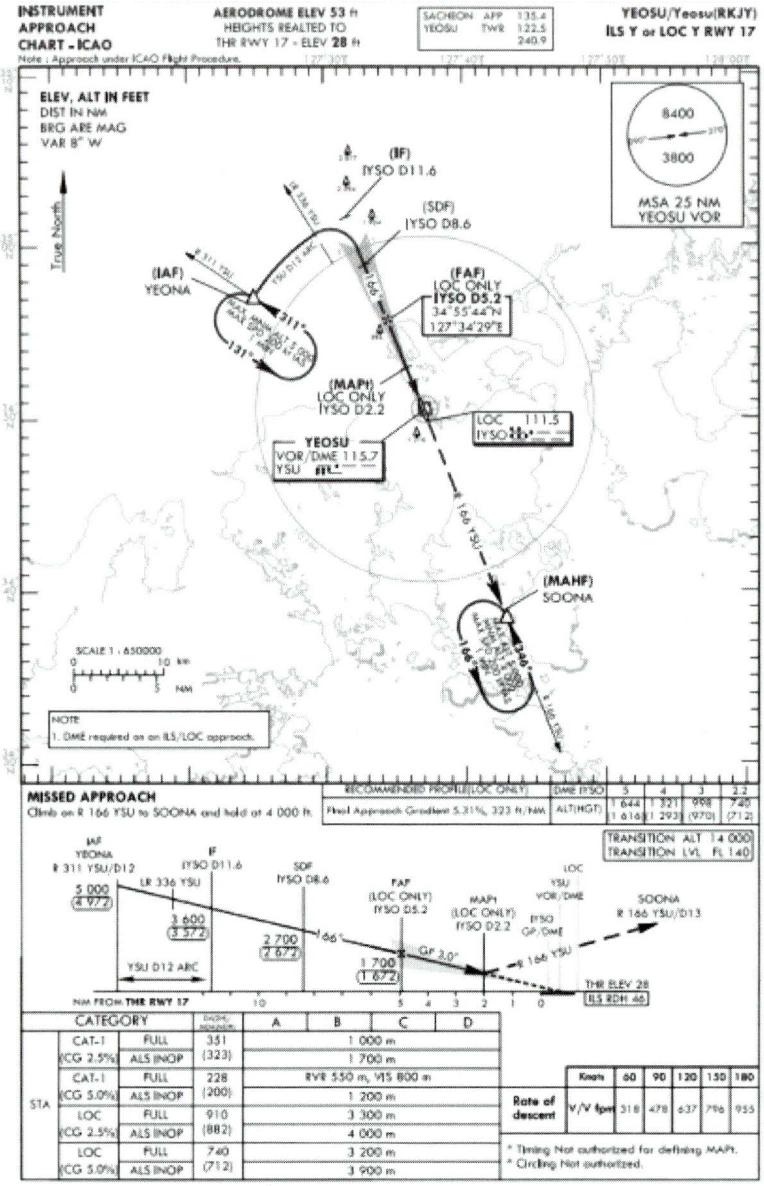

〈그림 1〉 여수국제공항 계기접근 Chart

62 당신은 계기접근 중 Final Course에 있다. 날씨는 VMC. 항공기는 4°의 상승각을 이룰 수 있다. 접근하는 과정에서 GS(Glide Slope)은 불안정하게 움직이다가 Flag가 떴다. 이때 당신은 어떻게 해야 하는가?

가. 계속 접근하되 MDA를 910ft로 적용한다.

나. 계속 접근하되 MDA를 740ft로 적용한다.
다. 계속 접근하되 DA를 351ft로 적용한다.
라. 계속 접근하되 DA를 228ft로 적용한다.

63 다음 중 내용에서 틀린 것은 무엇인가?

가. 해당 차트의 접근절차는 Strainght in Approach이다.
나. 해당 차트에서 알 수 있는 접근구간 최대 장애물 고도는 2,014ft이다.
다. GS을 정확하게 맞추고 접근할 경우 항공기가 Threshold를 지날 때 항공기의 GS 안테나가 46ft MSL을 통과할 것이다.
라. Circle to Land는 하면 안 된다.

64 차트를 이용하여 CG(Climb Gradient) 4%를 가진 항공기로 Approach Light와 Glide Slope이 작동하지 않는 상태에서 접근 중이다. 접근 가능한 최저고도와 최저시정은 얼마인가?

가. 228ft, 1,200m
나. 351ft, 1,700m
다. 740ft, 3,900m
라. 910ft, 4,000m

65 정밀도가 LOC(Localizer)보다 못하고 GS(Glide Slope)가 없고 최대 12°의 Course Width가 있는 접근 장비는 무엇인가?

가. LDA(Localizer type Directional Aid)
나. SDF(Simplified Directional Facility)
다. VOR(VHF Omnidirectional Range)
라. LNAV(Lateral Navigation)

66 비정밀 접근 중인 항공기가 MDA보다 더 낮은 고도에서 비행할 수 있는 조건이 아닌 것은 무엇인가?

가. Approach Light Systems(red terminating bars or red side row bars) insight
나. PAPI(Precision Approach Path Indicator) insight
다. REIL(Runway End Identifier Lights) insight
라. Airport Tower insight

67 Which of the following statements about LOCALIZER is wrong?

가. The localizer transmitter frequency range is 109.1~111.95MHz

나. The localizer signal is transmitted at the far end of runway.

다. In the opposite direction to the front course is called the back course.

라. The localizer provides course guidance throughout the descent path to the runway threshold from a distance 18NM from the antenna.

68 Which of the following is incorrect about Marker Beacon?

가. Marker Beacon provides range information.

나. OM light is blue.

다. MM light is amber

라. Category Ⅰ ILS must have Inner Marker.

69 What is not true about the ILS parallel approach?

가. There are 3 types of ILS parallel approach.

나. When commencing DEPENDENT ILS APPROACH, the distance between centerlines is at least 2,500ft.

다. Independent ILS approach require No Transgression zone.

라. PRM(Precision Runway Monitor) provides aircrafts information every 30 seconds. (PRM is used when commencing CLOSE PARALLEL ILS APPROACH)

70 What is not true about Compass locator?

가. Compass locator provides range information.

나. Compass locator are often situated at the MM and OM sites.

다. Compass locators transmit two letter identification groups.

라. The outer locator transmits the last two letters of the localizer identification group.

71 Which of the following is NOT true about Localizer back course approach?

가. Glide Slope cannot be used for Back Course Approach.

나. It can be used without ATC's Clearance.

다. Reverse sensing may occur when using Basic VOR.

라. This is a kind of an non precision approach.

72 Which of following is not true about the inoperative ILS components?

가. When the localizer fails, an ILS approach is not authorized.

나. When the glide slope fails, the ILS reverts to a non-precision localizer approach.

다. When the glide slope fails, the same approach minimum is applied.

라. Although the glide slope fails, approach can continue.

73 Which of the following is NOT true about Glide Slope?

가. The glide slope transmitter is located between 750ft and 1,250ft from the approach end of runway.

나. It transmits a glide path beam 1.4 degrees wide (vertically).

다. False courses and reverse sensing will occur at angles considerably greater than the published path.

라. Although the glide slope fails, approach minimum is not changed.

74 Which of the following report is always essential, regardless of ATC and Radar contact?

가. Leaving FAF or OM inbound on final approach.

나. Revised ETA of more than 3 minutes.

다. Position reporting at compulsory reporting points.

라. Meet unexpected weather or situation related to safety.

75 What is not true about Straight-in landing and circling approach??

가. If the degree between RWY and Final approach course is more than 30, Circle to land is required.

나. When conducting Straight in landing, you must align runway center line with minimum maneuver.

다. Straight-in approach and straight-in landing are not the same.

라. The same minimum will be applied when conducting Straight-in landing and Circle to land.

76 What is main advantage of the RNAV?

가. Provides optimum path and altitude.

나. Radio operation and controller communication are minimized.

다. STARs and DPs are not required.

라. No other navigation equipment is required at all.

77 Which information, in addition to headings, does the radar controller provide without request during an ASR(Airport Surveillance Radar) approach?

가. When reaching MDA.

나. When to commence descent to MDA, the aircraft's position each mile on final from the runway and arrival at the MAP.

다. The recommended altitude for each mile from the runway.

라. Navigation guidance in azimuth and glide path.

78 SDF와 ILS의 로컬라이저의 차이점은 무엇인가?

가. 로컬라이저의 OFF-COURSE 지지는 35°까지이지만 SDF는 90°까지이다.

나. SDF는 활주로와 정열되어있지 않으며 COURSE 또한 더 넓다.

다. SDF는 활주로와 정열되어있지 않지만 더 정교한 COURSE를 제공한다.

다. 로컬라이저의 Course 폭은 12°이고 SDF는 35°이다.

79 LDA와 ILS의 로컬라이저의 차이점은 무엇인가?

가. LDA는 활주로와 정열(ALIGNED)되어 있지 않다.

나. ILS의 COURSE의 폭은 6° 혹은 12°이며, ILS 로컬라이저는 17°이다.

다. ILS는 DME 정보를 가지고 있다.

라. LDA는 항상 BACK COURSE을 가지고 ILS는 그러지 아니하다.

80 SDF의 COURSE 폭은 어떠한가?

가. 3° 또는 6° 중 하나

나. 6° 또는 12° 중 하나

다. 6°에서 12°로 바뀐다.

라. 12° 또는 15° 중 하나.

정답

제1장 출항 (Departure)

01	02	03	04	05	06	07	08	09	10
라	라	다	라	다	가	가	다	다	다

제2장 순항 (En-route)

11	12	13	14	15	16	17	18	19	20
가	가	가	가	나	나	라	다	가	라
21	22	23	24	25	26	27	28	29	30
나	라	가,다	가	가	나	라	마	다	바
31	32	33	34	35	36	37	38	39	40
라	다	가	가	나	다	나	나	나	다

제3~5장 입항(Arrival)/접근(Approach)/계기접근(Instrument Approach)

41	42	43	44	45	46	47	48	49	50
가	다	라	다	가	나	가	나	라	나
51	52	53	54	55	56	57	58	59	60
가	라	라	다	가	나	라	다	가	가
61	62	63	64	65	66	67	68	69	70
라	나	다	라	나	라	가	라	라	라
71	72	73	74	75	76	77	78	79	80
나	다	라	라	라	가	나	나	가	나

참고문헌

1. 법률 제18789호, 항공안전법
2. 국토교통부고시 제2022-572호, 고정익항공기를 위한 운항기술기준
3. 국토교통부, 항공교통관제절차(국토교통부고시 제2020-715호)
4. 국토교통부, PILOT06 조종사 계기비행(2018)
5. 대한항공 비행훈련원, 계기비행(운항-1-27)
6. FAA-H-8083-15B Instrument Flying Handbook(2012)
7. FAA-H-8083-16B Instrument Procedures Handbook(2017)
8. Jeppesen, Instrument/commercial Manual(2006)
9. Jeppesen, Jeppesen Airway Manual - General(2021)
10. Barry Schiff, Pilot's Manual Vol. 3: instrument Flying, Seventh Edition
11. Cessna, CE-560 Training Manual
12. Cessna, CE-525 Training Manual
13. Cessna, CJ1+ Training Manual
14. Aeronautical Information Publication(E-AIP) - Republic of Korea
15. FAR/AIM, Federal Aviation Regulations/Aeronautical Information Manual(2022)
16. FAA, Aeronautical Information Services AJV-A
17. FAA, AC 120-57A
18. FAA, AeroNav Products Aeronautical Chart User's Guide
19. ICAO, Annex 2 Rules of the Air
20. ICAO, Annex 4 Aeronautical Charts
21. ICAO, Annex 6 Operation of Aircraft
22. ICAO, Annex 10 Aeronautical Telecommunications
23. ICAO, Annex 11 Air Traffic Services
24. ICAO, Annex 14 Aerodromes
25. ICAO, Annex 15 Environmental Protection
26. ICAO Doc 4444 Air Traffic Management
27. ICAO Doc 8126 Aeronautical Information Services Manual

찾아보기

저자와의
합의하에
인지를
생략합니다

알기 쉬운 계기비행의 이해 II

지은이 안영태 · 안기준
펴낸이 조경희
펴낸곳 경문사
펴낸날 2023년 1월 2일 1판 1쇄
등 록 1979년 11월 9일 제1979-000023호
주 소 04057, 서울특별시 마포구 와우산로 174
전 화 (02)332-2004 팩스 (02)336-5193
이메일 kyungmoon@kyungmoon.com

값 19,000원

ISBN 979-11-6073-548-2